Arbeiten aus der Biologischen Reichsanstalt für Land- u. Forstwirtschaft.

Erster Band. *Mit Textabbildungen und 5 Tafeln.* **Heft I.** R ö r i g, Magenuntersuchungen land- und forstwirtschaftlich wichtiger Vögel. F r a n k, Der Erbsenkäfer. F r a n k, Beeinflussung von Weizenschädigungen durch Bestellzeit und Chilisalpeter-Düngung. — **Heft II.** F r a n k, Bekämpfung des Unkrautes durch Metallsalze. H i l t n e r, Wurzelknöllchen der Leguminosen. J a c o b i, Aufnahme von Steinen durch Vögel. R ö r i g, Bekämpfung des Schwammspinners. — **Heft III.** R ö r i g, Die Krähen Deutschlands. — Untersuchung der Nahrung von Krähen.

Zweiter Band. *Mit Textabbildungen und 12 Tafeln.* **Heft I.** v. T u b e u f, Schüttekrankheit der Kiefer. — **Heft II.** v. T u b e u f, Brandkrankheiten des Getreides. — Schüttekrankheit der Kiefer. — **Heft III.** A p p e l, Einmieten der Kartoffeln. — v. T u b e u f, Brandkrankheiten des Getreides. — **Heft IV.** J a c o b i u. A p p e l, Kaninchenplage und ihre Bekämpfung. J a c o b i, Der Ziesel in Deutschland. — **Heft V.** A d e r h o l d, Clasterosporium carpophilum Aderh. — Fusicladium dendriticum Fuck. v. T u b e u f, Triebsterben der Weiden.

Dritter Band. *Mit Textabbildungen und 10 Tafeln.* **Heft I.** H i l t n e r, Keimungsverhältnisse der Leguminosensamen. — **Heft II.** M o r i t z, Wirkung insekten- und pilztötender Mittel auf Pflanzen. — **Heft III.** H i l t n e r u. S t ö r m e r, Wurzelknöllchen der Leguminosen. — **Heft IV.** A d e r h o l d, Kirschbaumsterben am Rhein. A p p e l, Schwarzbeinigkeit und Knollenfäule der Kartoffel. — **Heft V.** H i l t n e r u. S t ö r m e r, Bakterienflora des Ackerbodens.

Vierter Band. *Mit Textabbildungen und 7 Tafeln.* **Heft I.** R ö r i g, Wirtschaftliche Bedeutung der insektenfressenden Vögel. — Untersuchungen über die Nahrung unserer heimischen Vögel. — **Heft II.** M o r i t z u. S c h e r p e, Bodenbehandlung mit Schwefelkohlenstoff. R u h l a n d, Wirkung des unlöslichen basischen Kupfers auf Pflanzen. — **Heft III.** H i l t n e r u. P e t e r s, Keimlingskrankheiten der Zucker- und Runkelrüben. K r ü g e r, Gürtelschorf der Zuckerrüben. — **Heft IV.** B u s s e, Krankheiten der Sorghum-Hirse. — **Heft V.** A d e r h o l d u. R u h l a n d, Obstbaum-Sklerotinien. A p p e l u. B ö r n e r, Zerstörung der Kartoffeln durch Milben.

Fünfter Band. *Mit Textabbildungen und 11 Tafeln.* **Heft I.** M a a ß e n, Über Gallertbildungen in den Säften der Zuckerfabriken. — **Heft II.** R ö r i g u. B ö r n e r, Studien über das Gebiß mitteleuropäischer recenter Mäuse. — **Heft III.** H i l t n e r u. P e t e r s, Versuche über die Wirkung der Strohdüngung auf die Fruchtbarkeit des Bodens. K o s a r o f f, Beitrag zur Biologie von Pyronema confluens Tul. — A p p e l, Beiträge zur Kenntnis der Fusarien und der von ihnen hervorgerufenen Pflanzenkrankheiten. A p p e l u. W. F. B r u c k, Sclerotinia Libertiana Fuckel als Schädiger von Wurzelfrüchten. — **Heft V.** M a r c i n o w s k i, Zur Biologie und Morphologie von Cephalobus elongatus de Man und Rhabditis brevispina Claus, nebst Bemerkungen über einige andere Nematodenarten. R ö r i g, Magenuntersuchungen heimischer Raubvögel. Untersuchungen über die Verdauung verschiedener Nahrungsstoffe im Krähenmagen. — **Heft VI.** A d e r h o l d u. R u h l a n d, Der Bakterienbrand der Kirschbäume. B u s s e, Untersuchungen über die Krankheiten der Zuckerrübe. — **Heft VII.** Rudolf Aderhold. Ein Nachruf von O t t o A p p e l. A p p e l u. K o s k e, Versuche über die Wirkung einiger als schädlich verdächtiger Futtermittel. A p p e l, Beiträge zur Kenntnis der Kartoffelpflanze und ihrer Krankheiten I. G u t z e i t, Dauernde Wachstumshemmung bei Kulturpflanzen nach vorübergehender Kälteeinwirkung. C o l e m a n, Über Sclerotinia Trifoliorum Erikss., einen Erreger von Kleekrebs.

Sechster Band. *Mit Textabbildungen und 11 Tafeln.* **Heft I.** A p p e l, Beiträge zur Kenntnis der Kartoffelpflanze und ihrer Krankheiten II. A p p e l u. L a i b a c h, Über ein im Frühjahr 1907 in Salatpflanzungen verheerendes Auftreten von Marssonia Panattoniana Berl. F r i e d e r i c h s, Über Phalacrus corruscus als Feind der Brandpilze des Getreides und seine Entwicklung in brandigen Ähren. M a a ß e n, Zur Ätiologie der sogenannten Faulbrut der Honigbienen. — **Heft II.** B ö r n e r, Eine monographische Studie über die Chermiden. — **Heft III.** K r ü g e r, Untersuchungen über die Fußkrankheit des Getreides. B u s s e, Untersuchungen über die Krankheiten der Rüben. v. F a b e r, Untersuchungen über die Krankheiten des Kakaos. — **Heft IV.** M a r c i n o w s k i, Zur Kenntnis von Aphelenchus ormerodis Ritzema Bos. S c h w a r t z, Beiträge zur Ernährungsbiologie unserer körnerfressenden Singvögel. — **Heft V.** M o r i t z, Beobachtungen und Versuche, betr. die Reblaus, Phylloxera vastatrix Pl., und deren Bekämpfung.

Siebenter Band. *Mit Textabbildungen und 5 Tafeln.* **Heft I.** M a r c i n o w s k i, Parasitisch und semiparasitisch an Pflanzen lebende Nematoden. — **Heft II.** v. F a b e r, Die Krankheiten und Parasiten des Kakaobaumes. — **Heft III.** S c h e r p e, Über den Einfluß des Schwefelkohlenstoffs auf die Stickstoffumsetzungsvorgänge im Boden. — **Heft IV.** R ö r i g, Die nordische Wühlratte in Deutschland und ihre Verwandtschaft mit den russischen Arvicoliden. — Magen- und Gewölluntersuchungen heimischer Raubvögel.

Achter Band. *Mit Textabbildungen und 7 Tafeln.* **Heft I.** A p p e l u. W o l l e n w e b e r, Grundlagen einer Monographie der Gattung Fusarium (Link). — **Heft II.** B u s s e, Untersuchungen über die Krankheiten der Rüben. S c h w a r t z, Die Aphelenchen der Veilchengallen und der Blattflecken an Farnen und Chrysanthemum. — **Heft III.** A p p e l u. R i e h m, Die Bekämpfung des Flugbrandes von Weizen und Gerste. W e r t h, Zur Biologie des Antherenbrandes. — **Heft IV.** A p p e l, Beiträge zur Kenntnis der Kartoffelpflanze und ihrer Krankheiten III. — **Heft V.** C l a u s s e n, Über die Wirkung des Teers, insbesondere geteerter Straßen, auf den Pflanzenwuchs. S c h l u m b e r g e r, Untersuchungen über den Einfluß von Blattverlust und Blattverletzungen auf die Ausbildung der Ähren und Körner beim Roggen.

Neunter Band. *Mit Textabbildungen und 2 Tafeln.* **Heft I.** G e h r m a n n, Krankheiten und Schädlinge der Kulturpflanzen auf Samoa. Z a c h e r, Die Schädlinge der Kokospalmen auf den Südseeinseln. — Die afrikanischen Baumwollschädlinge, unter besonderer Berücksichtigung der von Busse und Kersting in Togo gesammelten Arten. — **Heft II.** K r ü g e r, Beiträge zur Kenntnis einiger Gloeosporien. F u c h s, Beitrag zur Kenntnis der Pleonectria Berolinensis Sacc. — **Heft III.** R ö r i g u. K n o c h e, Beiträge zur Biologie der Feldmäuse.

Zehnter Band. *Mit Textabbildungen und 5 Tafeln.* **Heft I.** M ü n c h, Naturwissenschaftliche Grundlagen der Kiefernharznutzung. — **Heft II.** S e e l i g e r, Die Abstoßung der primären Rinde und die Ausheilung des Wurzelbrandes bei der Zuckerrübe (Beta vulgaris L. var. rapa Dum.). — Untersuchungen über das Dickenwachstum der Zuckerrübe (Beta vulgaris L. var. rapa Dum.). — **Heft III.** M o r s t a t t, Die Schädlinge und Krankheiten der Kokospalme. — Die Schädlinge und Krankheiten der Sorghumhirse (Mtama) in Ostafrika. — Die wilden Seidenraupen in Ostafrika. — Die stachellosen Bienen (Trigonen) in Ostafrika und das Hummelwachs. — **Heft IV.** S c h e r p e, Untersuchungen über die Ursache der Dörrfleckenkrankheit des Hafers. R e i l i n g, Beiträge zur Kenntnis der Kartoffelblüte und -frucht. — **Heft V.** B ö r n e r, Insekten-Zeitschlüssel. B ö r n e r, Beiträge zur Kenntnis vom Massenwechsel (Gradation) schädlicher Insekten. — **Heft VI.** C l a u s s e n, Entwicklungsgeschichtliche Untersuchungen über den Erreger der als »Kalkbrut« bezeichneten Krankheit der Bienen I. B o r c h e r t, Die Formaldehyddesinfektion in der Bienenwirtschaft in der Form des Autanverfahrens sowie experimentelle Untersuchungen über die Tiefenwirkung des mit Wasserdampf gesättigten Formaldehydgases.

Jahresheft 1922

des

Phänologischen Reichsdienstes

Bearbeitet im Laboratorium für Meteorologie
und Phänologie der Biologischen Reichsanstalt

Leiter:

Regierungsrat Prof. Dr. E. Werth

Springer-Verlag Berlin Heidelberg GmbH

ISBN 978-3-662-01799-9   ISBN 978-3-662-02094-4 (eBook)
DOI 10.1007/978-3-662-02094-4

Inhalt.

I.

Beobachtungen des Phänologischen Reichsdienstes im Jahre 1922

Die folgenden Blätter bringen das gesamte Beobachtungsmaterial des Jahres 1922 des Phänologischen Reichs-
bienstes. Soweit möglich, wurde dasselbe übersichtlich in
Tabellenform zusammengestellt; der aus dem Rahmen dieser
Tabellen herausfallende Rest folgt nach Beobachtungsorten
und Daten geordnet nach. Die Tabellen 1—18 enthalten die
Beobachtungen über den Entwicklungsgang der Kulturpflanzen,
Tabellen 19—24 diejenigen über Schädlinge und Krankheiten
der Kulturgewächse und Tabellen 25—38 faffen die allgemeinen
phänologischen Beobachtungen zusammen.

Dem auf diese Weise jedem zur weiteren Benutzung und
Auswertung zugänglich gemachten Beobachtungsmaterial sind
drei Karten beigegeben, welche Apfelblüte, Roggenblüte und
Roggenreife 1922 zur Darstellung bringen und mit dem viel-
jährigen Durchschnitt sowie mit den meteorologischen Faktoren
zu vergleichen gestatten.

Phänologische Beobachtungen an landwirtschaftlichen Kulturpflanzen in Ostpreußen.

1922	Fischhausen Kuhnke	Gumbinnen Dr. Ehlert	Marggrabowa Ziehr	Rössel Ldw.-Schule	Allenstein Dr. Radgien	Heilsberg Rogalski, Dir.
Meereshöhe in Metern..........	2	47	160		128	70
Winterroggen						
Sorte.................	—	*(lehmiger Sandboden)*	Johanniroggen	—	*(leicht)* Petkuser	*(Sand)* Petkuser
Aussaat.............	—	8./15. Sept.	5./11. Sept.	—	5. Sept.	8 Sept.
Beginn der Blüte........	—	8. Juni	8. Juni	—	15. Juni	22. Juni
Nachtfröste während der Blüte ..	—	—	*(Humoser Lehm)* —	—	—	22.6. + 2° C.
Ende der Blüte.........	—	—	21. Juni	—	24. Juni	—
Beginn der Ernte.........	29. Juli	25. Juli	—	—	27. Juli	14. Juli
Sommergerste						
Sorte.................	—	—		—	Hanna	Hanna
Aussaat.............	—	—	1. Mai	20./30. April	*(mittel)* 15. April	*(Sand)* 2. Mai
Beginn der Blüte........	—	—	*(Humoser Lehm)* —	—	20. Juni	30. Juni
Ende der Blüte.........	—	—	—	—	27. Juni	—
Beginn der Ernte.........	11. August	—	—	—	12. August	—
Winterweizen						
Sorte.................	—	—	Eppweizen	—	—	—
Aussaat.............	—	*(strenger Lehmboden, bräniert)* 13./28.Sept.	9./18. Sept.	—	—	—
Beginn der Blüte........	—	27. Juni	*(Humoser Lehm)* 18. Juni	—	—	10. Juli
Ende der Blüte........	—	—	26. Juni	—	—	—
Beginn der Ernte...........	—	8. August	—	—	—	—
Hafer						
Sorte.................	—	Landsorte	Goldregenhafer	—	*(mittel)* Petkuser	*(Sand)* Siegeshafer
Aussaat.............	—	*(strenger Lehmboden, nicht bräniert)* 25. 4./7. 5.	22./28. April	18./25. April	20. April	2. Mai
Beginn der Blüte........	—	—	*(Humoser Lehm)* —	—	15. Juli	30. Juni
Ende der Blüte.........	—	—	—	—	25. Juli	—
Beginn der Ernte.........	20. August	9. August	—	—	5. Sept.	—

Kartoffel

		sandiger Lehmboden, draniert	Mittelboden		mittel	Sand
Sorte	—	—	Wohltmann	—	Modell	Wohltmann
Aussaat	—	3. 5./11 6.	11./14. Mai	25.Apr./15.Mai	25. April	4. Mai
Beginn der Blüte	—	12. August	2. Juli	—	15. August	19. Juli
Ende der Blüte	—	12. Sept.	—	—	20. Sept.	—
Beginn der Ernte	25. Sept.	29. Sept.	—	—	29. Sept.	—

Rübe

			Lehm			
Sorte	—	—	Eckendorfer	—	—	—
Aussaat	—	—	4. Mai	25.Apr./15.Mai	—	—

Lupine

					leicht	
Sorte	—	—	—	—	Gelbe	—
Aussaat	—	—	—	18./30. April	18. April	—
Beginn der Blüte	—	—	—	—	25. August	—
Ende der Blüte	—	—	—	—	10. Sept.	—
Beginn der Ernte	—	—	—	—	20. Sept.	—

Klee

			humoser Lehm		leicht	
Sorte	—	Rotklee	Rotklee	—	—	Rotklee
Aussaat	—	—	29.Apr./1.Mai	18./30. April	5. April	—
Beginn der Blüte	—	12. Juni	25. Juni	—	10. Juni	13. Juni
Ende der Blüte	—	—	—	—	20. Juni	—
Beginn der Ernte	—	—	1. Juli	—	30 Juni	—

Erbse

					mittel	Sand
Sorte	—	—	—	—	Weiße	Felderbse
Aussaat	—	—	—	18./30. April	—	3. April
Beginn der Blüte	—	—	—	—	10. Juli	13. Juni
Ende der Blüte	—	—	—	—	25. August	—
Beginn der Ernte	—	—	—	—	5. Sept.	—

Phänologische Beobachtungen an Obstgewächsen

1922	Kiel Finken, Dir.	Rendsburg Dr. A. Carl	Einfeld bei Neumünster H. Schröder	Oldenburg i. H. Ldw.-Schule
Meereshöhe in Metern	47	5	23	5
Apfel				
Sorte	—	—	—	—
Austrieb......................	—	—	—	Ende März
Beginn der Blüte	5. Mai	Mitte Mai	7. Mai	Mitte Mai
Ende der Blüte	20. Mai	—	—	Anf. Juni
Beginn der Ernte...............	1. Okt.	—	Sept./Okt.	Anf. Sept.
Birnen				
Sorte	—	—	—	—
Austrieb......................	—	—	—	Ende März
Beginn der Blüte	10. Mai	Mitte Mai	3. Mai	Mitte Mai
Ende der Blüte	25. Mai	—	—	Anf. Juni
Beginn der Ernte...............	1. Okt.	—	August	Anf. Sept.
Süß- und Sauerkirsche				
Sorte	Sauerkirsche	—	—	—
Austrieb......................	—	—	—	Anf. April
Beginn der Blüte	1. Mai	Mitte Mai	23. April	Mitte Mai
Nachtfröste während der Blüte.......	—	—	—	—
Ende der Blüte	20. Mai	—	—	Anf. Juni
Beginn der Ernte...............	15. Juli	—	August	Mitte Juli
Pflaume und Zwetschge				
Sorte	—	—	—	—
Austrieb......................	—	—	—	Anf. April
Beginn der Blüte	20. Mai	—	18. April	Mitte Mai
Ende der Blüte	30. Mai	—	—	Ende Mai
Beginn der Ernte	15. Sept.	—	Sept.	Mitte August
Pfirsich				
Austrieb......................	—	—	—	Anf. April
Beginn der Blüte	—	—	—	Ende Mai
Ende der Blüte	—	—	—	Anf. Juni
Beginn der Ernte...............	—	—	—	Mitte Juli
Stachelbeere				
Austrieb......................	—	—	—	Mitte April
Beginn der Blüte	1. April	20. April	15. April	Ende Mai
Nachtfröste während der Blüte	—	—	—	—
Ende der Blüte	25. April	—	—	Mitte Juni
Beginn der Ernte	13. Juli	—	Juli	Anf. Juli
Johannisbeere				
Austrieb......................	—	—	—	Ende März
Beginn der Blüte	1. April	Anf. Mai	21. April	Anf. Mai
Nachtfröste während der Blüte	—	—	—	—
Ende der Blüte	25. April	—	—	Mitte Mai
Beginn der Ernte...............	15. Juli	—	Ende Juli	Mitte Juli
Erdbeere				
Sorte	—	—	—	Deutscher Sieger
Austrieb......................	—	—	—	Ende März
Beginn der Blüte	20. Mai	20. Mai	24. Mai	Anf. Mai
Ende der Blüte	15. Juni	—	—	Mitte Juni
Beginn der Ernte	1. Juli	20. Juni	Juli	Mitte Juni

In der Spalte Oldenburg i. H. durchgehend: guter Lehmboden.

¹) Sauerkirsche: Beginn der Blüte 15. Mai, Ende der Blüte 1. Juni, Beginn der Ernte 15. Juli.　　　²) Früh- und Haus

in Ostpreußen und Schleswig-Holstein. Tabelle 2.

(Boden)	Fischhausen Kuhnke	Rössel Lbw.-Schule	(Boden)	Allenstein Dr. Radgien	(Boden)	Bad Oldesloe Lbw.-Schule	Lokstedt bei Hamburg Berendes
	2			128		18	8
	Winter	—	mittel	Parmäne	durchlässiger Lehm	—	—
	—	—		—		—	April
	25. Mai	—		20. Mai		12. Mai	Mai
	10. Juni	—		30 Mai		25. Mai	—
	27. Sept.	—		20. Sept.		—	Sept.
lehmiger Sand, trocken	Gute Luise	—	mittel	Bergamott	durchlässiger Lehm	—	—
	—	—		—		—	April
	20. Mai	—		15. Mai		10. Mai	Mai
	5. Juni	—		25. Mai		25. Mai	—
	27. Sept.	—		20. Sept.		—	Sept.
lehmiger Sand, trocken	Hedelfinger Riesen	—		—	durchlässiger Lehm	—	—
	—	—		—		—	—
	10. Mai	12. Mai		—		7. u. 20. Mai	April
	—	11. Mai		—		—	—
	25. Mai	17. Mai		—		15. u. 25. Mai	April
	24. Juni [1]	—		—		20. Juli	Juli u. August
lehmiger Sand, trocken	Viktoria	—	mittel	Bauern	durchlässiger Lehm	—	—
	—	—		—		—	—
	15. Mai	12. Mai		28 Mai		8. u. 17. Mai	April
	28. Mai	—		10. Juni		20. u. 25. Mai	Mai
	1. Sept. [2]	—		25. Sept.		26. Aug. u. 5. Sept.	August u. Sept.
lehmiger Sand, trocken	—	—		—	durchläss. Lehm	—	—
	25. April	—		—		30. April	März
	ca. 31. Mai	—		—		18. Mai	April
	15 August	—		—		—	August
lehmiger Sand, trocken	—	—		—	durchlässiger Lehm	—	—
	1. Mai	30. April		—		28. April	April
	—	11. Mai		—		—	—
	15. Mai	15. Mai		—		10. Mai	April
	1. Juli	—		—		15. Juli	Juli
lehmiger Sand, trocken	—	—	mittel	—	durchlässiger Lehm	—	—
	1. Mai	5. Mai		—		3. Mai	April
	—	11. Mai		—		—	—
	15. Mai	18. Mai		—		12 Mai	April
	1. Juli	—		10. Juli		30. Juli	Juli
lehmiger Sand, trocken	—	—	mittel	Garten	durchlässiger Lehm	—	—
	20. Mai	—		5. Juli		24. Mai	Mai
	15. Juni	—		10. August		—	Mai
	25. Juni	—		20. Juli		17. Juni	Juli

Zwetsche: Beginn der Blüte 20. Mai, Ende der Blüte 1. Juni, Beginn der Ernte 11. Sept.

Phänologische Beobachtungen an landwirtschaft

1922	Kiel Finken, Dir.	Rendsburg Dr. A. Carl	Schülp b. Notorf, Kr. Rendsburg H. Sachau	Einfeld b. Neumünster H. Schröder
Meereshöhe in Metern	47	5		23
Winterroggen				
Sorte	Petkuser	—	Petkuser	Petkuser
Aussaat	15./20. Okt.	—	28. Sept.	25. Sept.
Beginn der Blüte	12. Juni	—	29. Mai	2. Juni
Nachtfröste während der Blüte	—	—	—	—
Ende der Blüte	30. Juni	—	11. Juni	—
Beginn der Ernte	13. August	—	2. August	4. August
Sommerroggen				
Aussaat	1./15. April	—	—	—
Beginn der Blüte	30. Juni	—	—	—
Ende der Blüte	15. Juli	—	—	—
Beginn der Ernte	5. Sept.	—	—	—
Wintergerste				
Sorte	—	—	--	—
Aussaat	10./15. Sept.	—	—	—
Beginn der Blüte	15. Mai	—	—	—
Nachtfröste während der Blüte	—	—	—	—
Ende der Blüte	1. Juni	—	--	—
Beginn der Ernte	1. August	—	—	—
Sommergerste				
Sorte	—	—	Sandgerste	—
Aussaat	20 April	—	15. Mai	—
Beginn der Blüte	10. Juni	—	12. Juli	—
Ende der Blüte	25. Juni	—	24. Juli	—
Beginn der Ernte	5. Sept.	—	7. Sept.	—
Winterweizen				
Sorte	C. Dickkopf	—	—	—
Aussaat	1. Oktober	—	—	—
Beginn der Blüte	15. Juni	—	—	—
Nachtfröste während der Blüte	—	—	—	—
Ende der Blüte	30. Juni	—	—	—
Beginn der Ernte	25. August	—	—	—
Sommerweizen				
Sorte	—	Schlanstedter	Schlanstedter	—
Aussaat	1./15. April	12. April	5. Sept.	23. April
Beginn der Blüte	30. Juni	15. Juli	21. Mai	—
Ende der Blüte	30. Juli	—	2. Juni	—
Beginn der Ernte	10. Sept.	5. Oktober	1. August	5. Sept.
Hafer				
Sorte	Schlanstedter	—	Beseler	—
Aussaat	20. April	—	29. März	—
Beginn der Blüte	25. Juni	—	21. Juli	—
Ende der Blüte	10. Juli	—	2. August	—
Beginn der Ernte	15. August	—	8. Sept.	—

Bodenangaben (senkrecht gedruckt): Rendsburg — sand. Boden m. b. Schlick; Einfeld — mittlerer Sandboden / anmooriger Boden.

lichen Kulturpflanzen in Schleswig-Holstein. Tabelle 3.

Bodenart	Oldenburg i. H. Lbw.-Schule	Padenstedt b. Neumünster A. Nickel	Margarethenhof b. Segeberg Desenip, Gutsbes.	Elmshorn Lbw.-Schule	Bad Oldesloe Lbw.-Schule	Lokstedt b. Hamburg Berendes
	5	16—18.			18	8
leichter Boden	Petkuser Ende Okt. Anfg. Mai — Ende Mai Anfg. August	(sand. Moorboden, 1.00 m) Petkuser 30. Sept. Mai — Anfg. Juni 8. August	(humoser Sand, 1.45 m) Petkuser 21. Nov. 14. Juni 18. Juni 19. Juni 10. Aug.	Petkuser 27. Sept. 2. Juni 5./7. Juni 10. Juni 18. Juli	(durchlässiger Lehm) — 6. Juni — — 26. Juli	— Oktober Juli — Juli August
	— — — —	— — — —	— — —	— — —	— —	April Juni Ende Juli
	—	— — Juni	(Lehm, 0.65 m) Friedrichsw. Berg 22. Sept. — — 25. Juli	Mettes Chevalier 28. Sept. 6. Juni 6./7. Juni 15. Juni 18. Juli	(durchlässiger Lehm) — 8. Juni — 3. August	August Juni — Juni Juli
Humusreicher Lehmboden	Goldtorp Ende April Mitte Juni 20. Juni Mitte Aug.	(Sandboden) — 28. April Juni Ende Juni September	(humoser Sand) Baltersbacher 15. April — — 8. August	— — — — —	(durchlässiger Lehm) — 15. April — — 18. August	— April Juli Juli August
guter Lehmboden	Strube Ende Okt. Anfg. Juni — Mitte Juni Anfg. Aug.	— Mai — — Juli	(lehmiger Sand, 1.10 m) Teverson 19. Okt. — — 7. August	Criewener 23. Sept. 6. Juni 6./7. Juni 16. Juni 25. Juli	(durchlässiger Lehm) — 21. Juni — 25. August	Oktober Juli — Juli August
	— — — —	(Moorboden) — Ende März Juni Ende Juni September	— — — —	— — — —	— —	— März Juli Juli August
guter Lehmboden	Strube Mitte April — — Ende Aug.	(Moorboden) Moorhafer April Juni Ende Juni 25. August	(schwerer Lehm, 1 m) Beseler II 28. April — — 7. Sept.	— — — —	(durchlässiger Lehm) Siegeshafer 20. April — 16. August	— März Juli Juli August

Noch: Phänologische Beobachtungen an landwirtschaft

1922	Kiel Finken, Dir.		Rendsburg Dr. A. Carl	Schülp b. Notorf, Kr. Rendsburg H. Sachau		Einfeld b. Neumünster H. Schröder
Meereshöhe in Metern.........	47		5			23
Kartoffel						
Sorte	Industrie		—	Buntkopf		Gelbe Industrie
Aussaat	1. Mai	Schlick mit Sanduntergrund	15./22. April	3. Mai	leichter Sandboden	5. Mai
Beginn der Blüte	3. Juli		—	29. Juni		—
Ende der Blüte	30. Juli		—	8. Juli		—
Beginn der Ernte.........	10. Oktober		Mitte Sept.	8. Sept.		3. Oktober
Rübe						
Sorte	—		—	Blaue Wiener		Wilhelmsburger
Aussaat	1. Mai		—	24. Juni	sandiger Lehm	28. April
Beginn der Ernte.........	10. Oktober		—	25. Oktober		25. Oktober
Raps						
Sorte	—		—	—		—
Aussaat	1. August		—	—		.
Beginn der Blüte	15. Juni		—	—		—
Ende der Blüte	25. Juni		—	—		—
Beginn der Ernte.........	20. Juli		—	—		—
Klee						
Sorte	Rotklee		—	Rotklee		—
Aussaat	—		5. Mai	29. März	sandiger Lehm	24. April
Beginn der Blüte	25. Juni		August	24. Juni		9. Juni
Ende der Blüte	—		—	20. Juli		—
Beginn der Ernte.........	1. Juli		—	15. Juli		9. Juni
Erbse						
Sorte	—		Viktoria	—		—
Aussaat	15. April	Lehmboden	10. April	—		—
Beginn der Blüte	30. Mai		Juni	—		—
Ende der Blüte	15. Juni		—	—		—
Beginn der Ernte	1. Juli		—	—		—
Ackerbohne (Vicia faba)						
Sorte	—		—	—		—
Aussaat	1. April		—	—	lehmiger Sand	6. April
Beginn der Blüte	10. Juni		—	—		—
Ende der Blüte	20. Juni		—	—		—
Beginn der Ernte.........	10. Sept.		—	—		13. Sept.

lichen Kulturpflanzen in Schleswig-Holstein.   Noch: Tabelle **3.**

Oldenburg i. H. Lbw.-Schule	Padenstedt b. Neumünster A. Nickel	Margarethenhof b. Segeberg Desenip, Gutsbes.	Elmshorn Lbw.-Schule	Bad Oldesloe Lbw.-Schule	Lokstedt b. Hamburg Berendes
5	16—18			18	8
guter Lehmboden Wohttmann Anfg. April Juni Mitte Juli Anfg. Okt.	Moorboden Gelbe Industrie April Juli/August Ende August Anfg. Okt.	sandiger Lehm Hindenburg 10. Mai — — 25. Sept.	Gelbe Industrie 20. April 25. Juli 15. August 12. Sept.	durchlässiger Lehm — 4. Mai 10. Juli — —	— April u. Mai Juli August September
guter Lehmboden Eckendorfer Ende April Mitte Okt.	s. oben — — Anfg. Nov.	Lehmboden Eckendorfer 12. Mai 15. Okt.	— — —	— — —	— Mai Oktober
leichter Boden Holsteiner Anfg. Aug. Ende Mai Mitte Juni Mitte Juli	Winter — Mai — —	— — — — —	— — — — —	— — — —	— August Juni Juni Juli
guter Lehmboden hiesiger Mitte April — — Mitte Juni	— — Juni — —	— — — —	— — — —	durchlässiger Lehm Rotklee — 14. Juli —	— Mai August —
guter Lehmboden Gr. Talger Anfg. April Ende Mai Ende Juni Mitte Juli	— — — —	— — — —	— — — —	durchlässiger Lehm Markerbse 23. April — — 12. Juli	— März Juni Juni Juli
guter Lehmboden Norfolk Mitte April Anfg. Juni Mitte Juni Anfg Sept.	— — — — —	— — — — —	— — — — —	— — — — —	— — — — —

Phänologische Beobachtungen an landwirt

1922	Hammer am Finow-Kanal Beob.: W. Bohm		Sacro bei Forst N.-L. Beob.: Schulze, Amtsvorst.	
Meereshöhe in Metern				
Winterroggen				
Sorte	*mittel, Sand und Lehm*	Petkuser	*guter Mittelboden, 3 m*	Petkuser
Aussaat		25. Sept./20. Okt.		15. Sept./15. Okt.
Beginn der Blüte		25 Mai		27. Mai
Ende der Blüte		25 Juni		10. Juni
Beginn der Ernte......................		21. Juli		20. Juli
Sommergerste				
Sorte.................................	*mittel, Lehm*	Schlanstedter	*guter Mittelboden, 3 m*	Hanna
Aussaat...............................		5./10 April		10./15. April
Beginn der Blüte......................		25. Juni		Anfang Juni
Ende der Blüte........................		16. Juli		Mitte Juni
Beginn der Ernte......................		10. Aug.		Anfang August
Winterweizen				
Sorte.................................		—	*kalte Lage, guter Boden*	—
Aussaat...............................		—		20./30. Sept.
Beginn der Blüte......................		—		Mitte Juni
Ende der Blüte........................		—		Ende Juni
Beginn der Ernte		—		Mitte August
Hafer				
Sorte.................................	*mittel, Lehm und Sand*	Siegfrieds	*guter Mittelboden*	Bäseler II
Aussaat...............................		8./30. April		April
Beginn der Blüte......................		25. Juni		Anfang Juni
Ende der Blüte.....		30. Juli		Mitte Juni
Beginn der Ernte......................		20. Aug.		Mitte August
Kartoffel				
Sorte.................................	*mittel, Lehm und Sand*	Wohltmann	*guter Mittelboden*	Wohltmann
Aussaat...............................		24. April/6. Mai		April
Beginn der Blüte......................		10. Juli		Mitte Juni
Ende der Blüte........................		10. Aug.		Ende Juli
Beginn der Ernte		25. Sept.		—
Rübe				
Sorte	*mittel, Lehm und Moor*	Eckendorfer	*guter Mittelboden*	Eckendorfer
Aussaat...............................		26./30. April		Mitte April
Beginn der Ernte				
Lupine				
Sorte	*mittel, Sand*	Gelbe		—
Aussaat		20. April/30. Mai		—
Beginn der Blüte......................		1. Juli		—
Ende der Blüte		15. Aug.		—
Beginn der Ernte......................		1. Okt.		—
Klee				
Sorte.................................		—	*guter Boden*	—
Aussaat...............................		—		Mitte April
Beginn der Blüte......................		—		Anfang Mai

...schaftlichen Kulturpflanzen in Brandenburg.   Tabelle 4.

Gr. Babemeusel bei Forst N.-L. (Beob.: O. Hielke)		Rohrbeck, Kr. Jüterbog-Luckenwalde (Beob.: W. Niendorf)		Langenlipsdorf, Kr. Jüterbog (Beob.: W. Schütze)		Bornsdorf bei Luckau (Beob.: W. Richter)	
Boden	Daten	Boden	Daten	Boden	Daten	Boden	Daten
östlich, Kl. 4, Grundw. 1 m	Petkuser 1. Oktober Ende Mai Mitte Juni Ende Juli	uneben, mittl. Boden	Petkuser 28. Sept./5. Okt. 2. Juni 10. Juni 19. Juli	mittel, lehm. Sand und sand. Lehm, ca. 10 m	Petkuser 17./22. Sept. 1. Juni 13. Juni 17. Juli	humoser Sand mit starkem Grundw.	Petkuser 28. Sept. 1. Juni 10. Juni 10. Juli
	— Ende März Anfang Juni Ende Juni Anfang August	eben, lehmig	Hanna 25. April — — 30. Juli	mittel, lehm. Sand und sand. Lehm, ca. 10 m	Hanna 23. April 12. Juni 20. Juni 5. Aug.	sandiger Lehm	— 20. April 20. Juni 28. Juni 15. Juli
östlich, Kl. 3, Grundw. 0,80 m	Dickkopf Ende Sept./Okt. Anfang Juni Ende Juni Mitte August	eben, lehmig	Schlanstedter 1. Okt. 12. Juni 20. Juni 14. Aug.	mittel, lehm. Sand und sand. Lehm, ca. 10 m	Criewener Nr. 104 22./25. Sept. 8. Juni 22. Juni 4./6. August	sandiger Lehm	Criewener Nr.104 7 Okt. 21. Juni 27. Juni 16. Aug.
östlich, Kl. 3, Grundw. 0,80 m	Petkuser Gelb Mitte März — —	bergig, mittl. Boden	Petkuser 20./22. April — 8. August	mittel, lehm. Sand und sand. Lehm, ca. 10 m	Petkuser 21./24. April 10. Juni 20. Juni 7. Aug.	lehmiger Sand	Petkuser Gelb 19. April 24 Juni 29. Juni 25. Juli
östlich, Kl.3 u.4, Grundw.0,80 m	— Ende April/Anf. Mai Anfang Juli Ende Juli Ende Sept.	bergig u. eben, sand. und mittl. Boden	Wohltmann, v. Kameke 2./15. Mai 6. Juli 28. Juli 4. Okt.	mittel, lehm. Sand und sand. Lehm, ca. 10 m	Feodora, v. Kameke, Wohltmann 28. April/10. Mai 26. Juni 1. Aug. —	humoser Sand	Wohltmann 34 2. Mai 25. Juni — 15. Sept.
	— — —	eben	Oberndorfer 10. April 20. Okt.	mittel, lehm. Sand und sand. Lehm	Eckendorfer 12. Mai —	Humusboden	Gelbe Eckendorfer 19. April 10. Okt.
östlich, Kl.4 u.5, Grundw.1,10 m	Gelbe April Mitte Juli Mitte August Anfang Okt.	bergig, ganz sandig	Gelbe 18. Mai 10. Juni 2. Aug. —	mittel, lehm. Sand und sand. Lehm	— 25. April 7. Juli 20. Juli 22. Aug.	Sandboden	Bunte 28. April 28. Juni 14. Juli 5. Sept.
	— — —	eben, sandig. Lehm	Rot- und Weißklee 28. April	mittel, lehm. Sand u. sand. Lehm, ca.10 m	heimischer 25. April	nasser Humusboden	Rotklee 5. Mai 5. Juni

Phänologische Beobachtungen an Obstgewächsen in

1922	Stotel	Lüneburg	Triptis b. Jena, Kinzel, Lbw.-Inst. der Universität
Meereshöhe in Metern		20	370
Apfel			lehmiger Sand
Sorte	—	—	
Beginn der Blüte	—	—	6. Mai
Ende der Blüte	—	—	23. Mai
Beginn der Ernte	—	—	15. Okt.
Birne	lehmiger Sand, trocken		lehmiger Sand
Sorte	Diels Butterb.	Frühe	—
Austrieb	April	—	—
Beginn der Blüte	Anfang Mai	—	10. Mai
Nachtfröste während der Blüte	—	—	—
Ende der Blüte	—	—	24. Mai
Beginn der Ernte	ohne Frucht	ca. 20. Juni	10. Okt.
Süß- und Sauerkirsche			lehmiger Sand
Austrieb	—	—	
Beginn der Blüte	—	—	8. u. 12. Mai
Ende der Blüte	—	—	20. Mai
Beginn der Ernte	—	—	5. u. 18. Juni
Pflaume und Zwetschge			lehmiger Sand
Sorte	—	Pflaume	—
Austrieb	—	—	—
Beginn der Blüte	—	—	14. u. 15. Mai
Nachtfröste während der Blüte	—	—	—
Ende der Blüte	—	—	18. Mai
Beginn der Ernte	—	ca. 20. August	25. Sept.
Pfirsich			
Beginn der Blüte	—	—	10. Mai
Ende der Blüte	—	—	16 Mai
Beginn der Ernte	—	ca. 25. August	10. Juli
Stachelbeere			
Beginn der Blüte	Anfang Mai	—	15. Mai
Ende der Blüte	—	—	22. Mai
Beginn der Ernte	5. Juli	ca. 8. Juli	15. Juli
Johannisbeere			
Beginn der Blüte	—	—	15. Mai
Nachtfröste während der Blüte	—	—	—
Ende der Blüte	—	—	22. Mai
Beginn der Ernte	—	—	16. Juli
Erdbeere			
Beginn der Blüte	—	—	18. Mai
Ende der Blüte	—	—	—
Beginn der Ernte	—	—	20. Juni

[1]) Hedelfinger Riesen (Süß-) und Kreellen (Sauer-).　　[2]) Frühe von Neuwied.　　[3]) Rote Holländer.　　[4]) König Albert.
[10]) Austrieb 15. April.　　[11]) Austrieb 14. April.　　[12]) Austrieb 14. April.　　[13]) Austrieb 16. April.

Mecklenburg, Brandenburg, Hannover und Thüringen. Tabelle 5.

Boden	Hilbburghausen Dr. Gaue, Dir. d. Lbw.-Schule	Northeim Dr. Bartels, Lbw.-Lehrer	Boden	Schweinert bei Schwerin, Schlüter	Gr. Babemeusel bei Forst N.-L., O. Hielke	Boden	Langenlipsdorf, Kr. Jüterbog, W. Schütze	Boden	Bornsdorf bei Luckau W. Richter
	381								
Südhang, kalk. Lehm	Borsdorfer 22. Mai 28. Mai 1. Sept.	Gravensteiner 14. Mai 25. Mai —		Casseler Reinette 20. Mai 1. Juni —	— Mitte Mai Ende Mai —		— 17. Mai 25. Mai — 6)	Humoser Sand	Schöner v. Boskop 14. Mai 20. Mai 20. Okt. 10)
Südhang, kalkiger Lehm	Williams Christbirne — 12. Mai 12./13. Mai 23. Mai 5. Sept.	Tafelbirne — 13. Mai — 22. Mai —		— — — — — —	— Anfang Mai — Ende Mai —	mittel, lehm. Sand u. sand. Lehm, ca. 10 m	— 1. Mai 15. Mai — 23. Mai	Humoser Sand	— 16. April 9. Mai — 14. Mai 18. Sept.
Südhang, kalk. Lehm	— 3. u. 20. Mai 1) 7. u. 27. Mai 5. u. 12. Juli	— 8. u. 16. Mai 19. u. 20. Mai 22. 6. u. 1. 7.	lehmiger Sand, südwest	— — — —	— Ende April 5) Mitte Mai —	f. o.	27. April 13. Mai 23. Mai 8. Juli	Humoser Sand	18. April 10. Mai — 20. Aug.
Südhang, kalkiger Lehm	Kaiserpfl. und Hauszw. 4. u. 18. Mai 11./13. Mai 14. u. 25. Mai —	— 14. Mai — 22. Mai —		Doppelte Agenar 10. Mai — 19. Mai —	— Anfang Mai — Ende Mai —	f. o.	— 28. April 13. Mai — 23. Mai —	Humoser Sand	Viktoria — 15. Mai — 19. Mai 19. Sept.
f. o.	— — —	— — —		— — —	Ende April 5) Mitte Mai —	f. o.	15. Mai 22. Mai — 7)	f. o.	16. April 18. April 15. Sept. 11)
f. o.	4. Mai 2) 10. Mai 15. Juli	26. April 4. Mai 5. Juli	f. o.	27. April 8. Mai —	Mitte April Anfang Mai —	f. o.	11. Mai 16. Mai 14. Juli	f. o.	20. April 25. April 10. Juli
f. o.	9. Mai 3) 11./13. Mai 16. Mai —	17. Mai — 26. Mai 20. Juni	f. o.	3. Mai — 12. Mai —	Ende April 1. u. 2. Mai Mitte Mai —	f. o.	10. Mai — 16. Mai 15. Juli 8)	f. o.	20. April — 25. April 12. Juli 12)
f. o.	2. Juni 4) 18. Juni 25. Juni	20. April 4. Mai 30. Juni	f. o.	— — —	— — —	f. o.	17. Mai 25. Mai 15. Juli 9)	f. o.	25. Mai 5. Juni 20. Juli 13)

5) Nachtfröste 1. und 2. Mai.   6) Austrieb 1. Mai.   7) Austrieb 29. April.   8) Austrieb 23. April.   9) Austrieb 27. April.

Phänologische Beobachtungen an Obstgewächsen in

1922	Frankfurt a. M. Lange, Obstbauinspektor	Coswig i. Sa. Tietze, Oberpostsekretär	Töpchin, Kr. Teltow Siedlerverein
Meereshöhe in Metern	104	150	
Apfel			
Sorte..........	—	— *(Westhang d. Elbetales Grundwasser 10 m)*	Weiß. Klarapfel *(Sandboden am Wald Grundwasser 7 m)*
Beginn der Blüte..............	8. Mai	8. Mai	15. Mai
Ende der Blüte..............	—	—	22. Mai
Beginn des Austriebes	—	—	3. Juni
Beginn des Johannistriebes	—	—	13. Juni
Beginn der Baumreife	—	—	2. August
Beginn der Genußreife	—	—	15. August
Ende des Laubabfalls	—	—	20. Okt.
Sorte..........	—	Edelapfel	Goldparmäne *(Sandboden am Wald Grundwasser 7 m)*
Beginn der Blüte..............	—	13. Mai	16. Mai
Ende der Blüte..............	—	—	25. Mai
Beginn des Austriebes	—	—	7. Juni
Beginn des Johannistriebes	—	—	16. Juni
Beginn der Baumreife	—	—	21. Sept.
Beginn der Genußreife	—	—	12. Nov.
Ende des Laubabfalls	—	—	28. Okt
Birne	*(durchlässiger Boden, tiefer Grundwasserst.)*		
Sorte..........	Pastorenbirne	—	Williams Christbirne *(Sandboden am Wald Grundwasser 7 m)*
Beginn der Blüte..............	3. Mai	29. April	12. Mai
Ende der Blüte..............	—	—	22. Mai
Beginn des Austriebes	7. Mai	—	3. Juni
Beginn des Johannistriebes	—	—	13. Juni
Beginn der Baumreife	—	—	1. Sept.
Beginn der Genußreife	—	—	16. Sept.
Ende des Laubabfalls	—	—	14. Nov.
Sorte..........	Gute Luise *(durchlässiger Boden, tiefer Grundwasserst.)*	Boscs Flaschenbirne	Gute Luise *(Sandboden am Wald Grundwasser 7 m)*
Beginn der Blüte..............	4. Mai	5. Mai	13. Mai
Ende der Blüte..............	—	—	20. Mai
Beginn des Austriebes	7. Mai	—	2. Juni
Beginn des Johannistriebes	—	—	14. Juni
Beginn der Baumreife	—	—	14. Sept.
Beginn der Genußreife	—	—	15. Okt.
Ende des Laubabfalls	— ³)	—	12. Nov.
Süßkirsche			
Sorte..........	—	—	Früheste der Mark *(Sandboden am Wald Grundwasser 7 m)*
Beginn der Blüte..............	16. April	30. April	6. Mai
Ende der Blüte..............	—	—	15 Mai
Beginn des Austriebes	—	—	20. Mai
Beginn des Johannistriebes	—	—	16. Juni
Beginn der Fruchtreife	—	—	2. Juni
Ende des Laubabfalls	—	—	30. Okt.
Sorte..........	—	—	—
Beginn der Blüte..............	—	7. Mai	—
Ende der Blüte..............	—	—	—
Beginn des Austriebes	—	—	—
Beginn des Johannistriebes	—	—	—
Beginn der Fruchtreife	—	—	—
Ende des Laubabfalls	—	—	—

¹) Nachtfröste vom 14. bis 15. April.   ²) In der Nacht zum 12. Mai starker Reif.   ³) Weitere Sorten im Nachtrag.

Brandenburg, Frankfurt a. M. und Coswig i. Sa. — Tabelle 6.

Alt Glienicke Schumacher, Obst- u. Gartenbauverein	Alt Glienicke Obst- u. Gartenbau- verein 1)	Petershagen a. d. Ost- bahn G. Reichardt, Tischlermeister	Kaulsdorf Th. Grünhut, Haus- u. Grundbes.- Verein	Bln.-Pankow u. Umgebung Gartenbauverein 2)
Höhenlage, Brunnen 48 m tief Jakob Lobel 13. Mai 23. Mai 1. Juni 15. Juni 25. Sept. 15. Okt. —	mittelhoch — tief Charlamowsky 1. Mai 16. Mai 20. Mai 15. Juni 10. August 15. August 28. Sept.	Sandboden Weiß. Klarapfel 11. Mai 30 Mai — — 1. Juli — 10. Nov.	Sandboden Weißer und Rot. Astrachan 16. Mai 25. Mai — — — —	Freie Lage. Guter Sandboden mit 55 cm Ackerkrume, darunter durchlässiger Sand, Grundwasserstand 2 m Virginischer Rosen 14. Mai 26. Mai 18. Mai 30. Juni 22. August 22. August 16. Okt.
Höhenlage, Brunnen 48 m tief Goldparmäne 14. Mai 23. Mai 1. Juni 15. Juni 25. Sept. 15. Okt. 5. Okt.	mittelhoch — tief Goldparmäne 4. Mai 18. Mai 25. Mai 15. Juni 15. Sept. 10 Okt. 30. Sept 3)	Sandboden Goldparmäne 12. Mai 30. Mai — — 25. Sept. — 12. Nov.	Sandboden Goldparmäne 18 Mai 26. Mai — — — — —	Landsberger Reinette 15. Mai 28. Mai 19. Mai 19. Juni 5. Okt. 25. Okt. 18. Okt.
Höhenlage, Sand; Ries Esperens Herrenbirne 9. Mai 25. Mai 25. Mai 10. Juni 15. Sept. — 30. Sept.	mittelhoch — tief Pastorenbirne 2. Mai 15. Mai 1. Juni 15. Juni 20. Sept. 15. Okt. 15. Okt.	Sandboden Williams Christbirne 9. Mai 19 Mai 6. Mai 25. Juni 8. Sept. 12. Sept. 28. Okt.	Sandboden Williams Christbirne 9. Mai 25. Mai — — — —	Williams Christbirne 9. Mai 25. Mai 18. Mai 26. Juni 8. Sept. 20. Sept. 18. Okt.
Gute Luise 7. Mai 25. Mai 25. Mai 10. Juni 15. Sept. — 30. Sept.	mittelhoch — tief Gute Luise 10. Mai 18. Mai 28. Mai 10. Juni 15. Sept. 20. Sept. 20. Sept 3)	Sandboden Gute Luise 10. Mai 19. Mai — — 26. Sept. — 30. Okt. 3)	Sandboden Gute Luise 10. Mai 20. Mai — — — — — 3)	Frühe aus Trevoux 8. Mai 20. Mai 16. Mai 18. Juni 18. August 30. August 8. Okt. 3)
— — — — — — —	gutes Gartenland, Grundwasser 3 m Früheste der Mark 1. Mai 10. Mai 15. Mai 20. Mai — 20. Sept.	trockener Sandboden Früheste der Mark 2. Mai 13. Mai — — 10. Juni 20. Okt	Sandboden, Grundwasser 2 m Frühe Kassius 5. Mai — — — —	—
Höhenlage, mit Riesunterlage Beste Werdersche 5. Mai 15. Mai 20. Mai 10. Juni — —	mittelhoch — tief Podbielski 2. Mai 12. Mai 15. Mai 20. Juni 25. August 1. Okt.	Sandboden Herzkirsche 6. Mai 19. Mai 6. Mai — 26. Juni 18 Okt. 3)	—	—

Noch: Phänologische Beobachtungen an Obstgewächsen in

1922	Frankfurt a. M. Lange, Obstbauinspektor	Coswig i. Sa. Tietze, Oberpostsekretär	Töpchin, Kr. Teltow Siedlerverein
Meereshöhe in Metern	104	150	
Sauerkirsche			Sandboden am Wald Grundwasser 7 m
Sorte...........................	Schattenmorelle	—	Schattenmorelle
Beginn der Blüte.................	1. Mai	2. Mai	7. Mai
Ende der Blüte..................	—	—	20. Mai
Beginn des Austriebes	—	—	30. Mai
Beginn des Johannistriebes.........	—	—	14. Juni
Beginn der Fruchtreife	—	—	27. Juni
Ende des Laubabfalls	—	—	30. Okt.
Pflaume und Zwetschge			
Sorte...........................	Kleine blaue Pflaume	—	Königin Viktoria
Beginn der Blüte.................	16. April	29. April	7. Mai
Ende der Blüte..................	—	—	18. Mai
Beginn des Austriebes	—	—	3. Juni
Beginn des Johannistriebes.........	—	—	14. Juni
Beginn der Fruchtreife	—	—	20. August
Ende des Laubabfalls	—	—	12. Nov.
Sorte...........................	Hauszwetschge	—	—
Beginn der Blüte.................	6. Mai	9. Mai	—
Ende der Blüte..................	—	—	—
Beginn des Austriebes	—	—	—
Beginn des Johannistriebes.........	—	—	—
Beginn der Fruchtreife	—	—	—
Ende des Laubabfalls	— [3]	—	—
Pfirsich			
Sorte...........................	—	—	—
Beginn der Blüte.................	15. April	30. April	—
Ende der Blüte..................	—	—	—
Beginn des Austriebes.............	—	—	—
Beginn der Fruchtreife	—	—	—
Ende des Laubabfalls	—	—	—
Aprikose			
Beginn der Blüte.................	15. April	25. April	—
Stachelbeere			
Sorte...........................	—	—	—
Beginn der Blüte.................	16. April	28. April	—
Ende der Blüte..................	—	—	—
Beginn des Austriebes.............	—	—	—
Beginn der Fruchtreife	—	—	—
Ende des Laubabfalls	—	—	—
Johannisbeere			
Sorte...........................	—	Kirschjohannisbeere	—
Beginn der Blüte.................	18. April	30. April	—
Ende der Blüte..................	—	—	—
Beginn des Austriebes.............	—	—	—
Beginn des Johannistriebes.........	—	—	—
Beginn der Fruchtreife	—	—	—
Ende des Laubabfalls	—	— [3]	—
Erdbeere			
Sorte...........................	—	Deutsch Evern	—
Beginn der Blüte.................	—	2. Mai	—
Ende der Blüte..................	—	— [3]	—

---

¹) s auf S. 20.   ²) s. auf S. 20.   ³) s. auf S. 20.

Alt Glienicke Schumacher, Obst- u. Gartenbauverein	Alt Glienicke Obst- u. Gartenbau- verein [1]	Petershagen a. d. Ost- bahn G. Reichardt, Tischlermeister	Kaulsdorf Th. Grünhut, Haus- u. Grundbes.- Verein	Bln.-Pankow u. Umgebung Gartenbauverein [2]
— — — — — —	mittelhoch — tief Schattenmorelle 1. Mai 10. Mai 20. Mai 20. Juni 28. August 1. Okt.	Sandboden Amarellen 7. Mai 23. Mai — — 20. Juli 23. Oktober	Sandboden Grundw. 2 m Schatten-morelle 9. Mai 22. Mai — — — —	— — — — — —
— — — — — —	mittelhoch — tief Bichlers Frühzwetschge 10. Mai 20. Mai 1. Juni 10. Juni 15. Sept. —	— — — — — —	Sandboden Wilhelmine Späth 5. Mai 21. Mai — — — —	f. oben Kirkes Pflaume 7. Mai 19. Mai 21. Mai 29 Juni 14. Sept. 18. Oktober
— — — — — —	mittelhoch — tief Hauszwetsche 10. Mai 20. Mai 1. Juni 10. Juni 15. Sept. —	Sandboden Hauszwetschge 8. Mai 22. Mai — — 25. Sept. 28. Oktober	Hauspflaume 10. Mai — — — — — [3]	f. oben Bauernpflaume 12. Mai 23. Mai 20. Mai 28. Juni 9. Oktober 18. Oktober
— — — — — —	— — — — — —	Sandboden Reichardts 2. Mai 23. Mai — 28. Sept. 10. Nov.	Sandboden Alexander 8. Mai 17. Mai — — —	— — — — — —
— — — — — —	mittelhoch — tief Industrie 28. April 15. Mai — — —	— — — — — —	— — — — — —	— — — — — —
— — — — — —	mittelhoch — tief Große Holländische 30. April 15. Mai — — —	— — — — — —	— — — — — —	— — — — — —
— — —	mittelh. — tief Caxtons Noble 20. April 10. Mai	— — —	Sieger 22 Mai 6. Juni [3]	— — —

Noch: Phänologische Beobachtungen an Obstgewächsen in

1922	Großkreuz B.D.O., Ortsgruppe	Nauen, Kr. Osthavelland Krüger, Kreisgärtner ¹)	Kyritz (Priegnitz) Gartenbauverein
Meereshöhe in Metern			
Apfel	*Lehm und lehmiger Sandb., Grundwasser ca. 35 cm*	*sand. Lehm, Grundwasser mittel*	*gesch. Lage. Gut. Mutterbod., dar. in 70—90 cm Tiefe Lehmschicht (Ton), Grundw. 1—1½ m*
Sorte...............................	Weißer Klarapfel	Roter Trierscher Weina.	Goldgelbe Reinette
Beginn der Blüte...................	5. Mai	12. Mai	14. Mai
Ende der Blüte.....................	16. Mai	25. Mai	25. Mai
Beginn des Austriebes..............	20. Mai	15. Mai	A. Juni
Beginn des Johannistriebes.........	—	30. Juli	E. Juni
Beginn der Baumreife...............	26. Juni	30. Okt.	E. Sept.
Beginn der Genußreife..............	1. Nov.	30. Dez.	A. Nov.
Ende des Laubabfalls	1. Nov.	30. Nov.	M. Nov.
Sorte...............................	Landsberger Reinette	Goldparmäne	—
Beginn der Blüte...................	7. Mai	30. April	—
Ende der Blüte.....................	16. Mai	8. Mai	—
Beginn des Austriebes..............	19. Mai	15. Mai	—
Beginn des Johannistriebes.........	6. Aug.	25. Juli	—
Beginn der Baumreife...............	25. Sept.	15. Okt.	—
Beginn der Genußreife..............	1. Nov.	15. Nov.	—
Ende des Laubabfalls	1. Nov. ⁴) *(sand. Bruchboden, Grundwasser hoch)*	25. Nov.	—
Birne			
Sorte...............................	—	—	—
Beginn der Blüte...................	—	—	—
Ende der Blüte.....................	—	—	—
Beginn des Austriebes.............	—	—	—
Beginn des Johannistriebes.........	—	—	—
Beginn der Baumreife...............	—	—	—
Beginn der Genußreife..............	—	—	—
Ende des Laubabfalls	—	—	—
Sorte...............................	—	Gute Luise *(sandiger Lehm, Grundwasser mittel)*	Gute Luise
Beginn der Blüte...................	—	12. April	11. Mai
Ende der Blüte.....................	—	18. April	20. Mai
Beginn des Austriebes..............	—	30. April	A. Juni
Beginn des Johannistriebes.........	—	20. Juli	E. Juni
Beginn der Baumreife...............	—	30. Sept.	E. Sept.
Beginn der Genußreife..............	—	—	A. Nov.
Ende des Laubabfalls	—	15. Okt.	M. Nov. (s. oben)
Süßkirsche			
Sorte...............................	Früheste der Mark	—	Früheste der Mark
Beginn der Blüte...................	25. April	—	6. Mai
Ende der Blüte.....................	6. Mai	—	14. Mai
Beginn des Austriebes	2. Mai	—	A. Juni
Beginn des Johannistriebes.........	—	—	E. Juni
Beginn der Fruchtreife	4. Juni	—	Mai
Ende des Laubabfalls	—	—	M. Nov. (s. oben)
Sorte...............................	Knupper	—	—
Beginn der Blüte...................	28. April	—	—
Ende der Blüte.....................	6. Mai	—	—
Beginn des Austriebes	10. Mai	—	—
Beginn des Johannistriebes.........	—	—	—
Beginn der Fruchtreife	2. Juli	—	—
Ende des Laubabfalls	—	—	—

¹) 24. Mai: Schnee, während der Zwetschgenblüte Nachtfrost. ²) Nachtfröste bis 15. Mai. ³) Lage etwas rauh, nach Osten
In der Bruchgegend ist der Grundwasserstand schätzungsweise 0.60—1.70 m. Beim Grundwasserstand von 1.70 m gedeihen die Obstbäume

Wittstock Pfeil	Pritzwalk W. Parden [2]	Kreis Prenzlau [3]	Dahlem Biologische Reichsanstalt
Gravensteiner	Charlamowsky	Charlamowsky	Charlamowsky
20 Mai	17. Mai	18. Mai	15. Mai
26. Mai	24. Mai	27. Mai	23. Mai
2. Mai	23. Mai	3. Mai	—
24. Juni	—	—	—
5. Sept.	—	—	—
5. Sept.	—	—	—
—	—	—	—
Goldparmäne	Goldparmäne	Goldparmäne	Roter Herbst-Calvill
21. Mai	18. Mai	18 Mai	9. Mai
31. Mai	25. Mai	29. Mai	31. Mai
7. Mai	23. Mai	4 Mai	—
28. Juni	—	—	—
21. Sept.	—	—	—
16. Okt.	—	—	—
— [4]	— [4]	— [4]	— [4]
Pastorenbirne	Williams Christb.	Pastorenbirne	Napol. Butterbirne
17. Mai	14. Mai	9. Mai	9. Mai
22. Mai	21. Mai	19. Mai	—
3. Mai	20. Mai	4. Mai	—
22. Juni	—	—	—
29. Sept.	—	—	—
—	—	—	—
2. Nov.	—	—	—
Gute Luise	Gräfin von Paris	Gute Luise	Gute Luise
19. Mai	12. Mai	8. Mai	12. Mai
23. Mai	20. Mai	22. Mai	23. Mai
5. Mai	20. Mai	5. Mai	—
27. Juni	—	—	—
21. Sept.	—	—	—
7. Okt.	—	—	—
— [4]	— [4]	— [4]	— [4]
Frühe Maiherzkirsche	Früheste der Mark	Frühe Herzkirsche	—
13. Mai	10. Mai	4. Mai	27. April
17. Mai	20. Mai	15. Mai	—
14. Mai	25. Mai	6. April	—
21. Juni	20. Juni	—	—
12. Juni	18. Juni	—	—
31. Okt.	—	—	—
Königin Hortense	Königin Hortensia	Ochsenherzkirsche	—
14. Mai	12. Mai	6. Mai	—
20. Mai	21. Mai	17. Mai	—
16. Mai	—	6. April	—
25. Juni	10. Juli	—	—
30. Juni	10. Juli	—	—
2. Okt.	—	— [4]	—

In der Spalte Pritzwalk (W. Parden) senkrecht eingetragen, von oben nach unten: *Berg, Schlußsand, trockener Lehm, Grundwasser 15 m* — *Berg, trockener Lehm und Sand, Grundwasser 15 m* — *Berg, trockener Lehm, Grundwasser 15 m* — *Berg, Schlußsand, Grundwasser 15 m*

offen; an feuchten Stellen, z. B. im Bruch, häufig Nachtfröste. Der Boden besteht zum größten Teil aus reichlich kalkhaltigem Lehm und Ton.
sehr gut. Auch im übrigen Teil des Kreises ist der Boden für Obstbau sehr gut geeignet.   [4] Weitere Sorten im Nachtrag.

Noch: Phänologische Beobachtungen an Obstgewächsen in

1922	Großkreuz B. D. O., Ortsgruppe	Nauen, Kr. Osthavelland Krüger, Kreisgärtner [1]	Kyritz (Priegnitz) Gartenbauverein
Meereshöhe in Metern			
Sauerkirsche			
Sorte	Schattenmorelle	—	Schatten-morelle
Beginn der Blüte	5. Mai	—	14. Mai
Ende der Blüte	13. Mai	—	24. Mai
Beginn des Austriebes	8. Mai	—	Anf. Juni
Beginn des Johannistriebes	—	—	Ende Juni
Beginn der Fruchtreife	24. Juli	—	Anf. Aug.
Ende des Laubabfalls	—	—	Mitte Nov. [4]
(Kyritz, Sauerkirsche: gesch. Lage. Guter Mutterb., dar. in 70–90 cm Tiefe Lehmschicht (Ton), Grundwasser $1\text{–}1^{1}/_{2}$ m*)*			
Pflaume und Zwetschge			
Sorte	—	—	—
Beginn der Blüte	—	—	—
Ende der Blüte	—	—	—
Beginn des Austriebes	—	—	—
Beginn des Johannistriebes	—	—	—
Beginn der Fruchtreife	—	—	—
Ende des Laubabfalls	—	—	—
Sorte	—	Bl. Hauszw.	—
Beginn der Blüte	—	15. Mai	—
Ende der Blüte	—	23. Mai	—
Beginn des Austriebes	—	—	—
Beginn des Johannistriebes	—	—	—
Beginn der Fruchtreife	—	20. Sept.	—
Ende des Laubabfalls	—	30. Oktober	—
(Nauen: sandiger Lehm, Grundwasser hoch*)*			
Pfirsich			
Sorte	Amsden	—	—
Beginn der Blüte	10. April	—	—
Ende der Blüte	16. Mai	—	—
Beginn des Austriebes	10. Mai	—	—
Beginn der Fruchtreife	25. August	—	—
Ende des Laubabfalls	— [4]	—	—
Aprikose			
Beginn der Blüte	—	—	—
Stachelbeere			
Sorte	Industrie	—	—
Beginn der Blüte	12. April	—	—
Ende der Blüte	20. April	—	—
Beginn des Austriebes	25. April	—	—
Beginn der Fruchtreife	2. August	—	—
Ende des Laubabfalls	1. Nov.	—	—
Johannisbeere			
Sorte	Rote Holländer	—	gelbe u. rote
Beginn der Blüte	25. April	—	1. Mai
Ende der Blüte	2. Mai	—	14. Mai
Beginn des Austriebes	28. April	—	Anf. Juni
Beginn des Johannistriebes	—	—	Ende Juni
Beginn der Fruchtreife	—	—	Mitte Juni
Ende des Laubabfalls	—	—	Mitte Nov.
(Kyritz: s. oben*)*			
Erdbeere			
Sorte	Ananas	—	König Albert
Beginn der Blüte	18. Mai	—	24. Mai
Ende der Blüte	2. Juni	—	8. Juni
(Kyritz: freie Lage, Grundw. 2 m*)*			

[1] s. auf S. 24.   [2] s. auf S. 24. — [3] s. auf S. 24.   [4] s. auf S. 25.   [5] Ambrosia: Ende der Blüte 7. Mai,

Brandenburg, Frankfurt a. M. und Coswig i. Sa. —

Wittstock Pfeil	Pritzwalk W. Parden [2]	Kreis Prenzlau [3]	Dahlem Biologische Reichsanstalt
Schattenmorelle	Schattenmorelle	Schattenmorelle	—
15. Mai	16. Mai	9. Mai	6. Mai
27. Mai	25. Mai	22. Mai	19. Mai
17. Mai	26. Mai	4. Mai	—
26. Juni	—	—	—
28. Juli	—	—	—
29. Oktober [4]	— [4]	— [4]	—
Frühe aus d. Bühlertal	Viktoria	Reineklaude	Ontario
10. Mai	13. Mai	7. Mai	10. Mai
13. Mai	17. Mai	16. Mai	—
7. Mai	—	2. Mai	—
23. Juni	—	—	—
9. Sept.	Mitte September	—	—
3. Nov.	— [4]	—	—
Hauszwetschge	Hauszwetschge	Bl. Hauszwetschge	Hauszwetschge
12. Mai	15 Mai	10. Mai	10. Mai
16. Mai	22. Mai	20. Mai	—
7. Mai	—	5. Mai	—
27. Juni	—	—	—
21. Sept.	1. Oktober	—	—
1. Nov.	—	— [4]	—
Triumph	—	Alexander	Proskauer
4 Mai	—	1. Mai	19. April
13. Mai	—	15. Mai	19. Mai
1. Mai	—	6. Mai	—
31. Juli	—	—	—
30. Oktober	—	—	—
—	—	26. April [5]	18. April [6]
Berliner Grüne	—	Gr. Sammtbeere	—
1. Mai	8. Mai	1. Mai	25. April
9. Mai	17. Mai	13. Mai	—
10. März	—	7. April	—
13. Juli	—	—	—
3. Nov.	—	—	—
Rote Holländer	—	Rote Holländer	Rote
5. Mai	14. Mai	2 Mai	25. April
11. Mai	22. Mai	12. Mai	—
12. März	—	8. April	—
18. Juni	—	—	—
20. Juli	—	—	—
31. Oktober [4]	—	—	— [4]
Laxtons Noble	—	—	—
25. Mai	—	—	9. Mai
15. Juni	—	—	—

Vertical note in the Pritzwalk column: Berg, Schluffsand, Grundwasser 15 m — Berg, Schluffsand, Grundw. 15 m

Beginn des Austriebes 3. Mai   [6] 5. Mai fast verblüht.

Phänologische Beobachtungen an landwirtschaftlichen Kultur

1922	Weener	Stotel	Lüneburg
Meereshöhe in Metern			20
Winterroggen	*Sand, Moor, Grundw. 1.70m*	*lehmiger Sand*	*leicht, trockener Sand*
Sorte.....................	Petkufer	Landsorte	Petkufer
Aussaat..................	1./5. Sept.	5. Okt.	—
Beginn der Blüte...........	10. Juni	Anfang Juni	—
Ende der Blüte............	20. Juni	14. Juni	—
Beginn der Ernte..........	20. August	1. August	ca. 20. Juli
Wintergerste			
Sorte.....................	—	—	—
Aussaat..................	—	—	—
Beginn der Blüte...........	—	—	—
Ende der Blüte............	—	—	—
Beginn der Ernte..........	—	—	—
Sommergerste	*Marsch, Grundw. 0.65m*		
Sorte.....................	Ostfriesische	—	—
Aussaat..................	20. März	—	—
Beginn der Blüte...........	20. Juni	—	—
Ende der Blüte............	30. Juni	—	—
Beginn der Ernte..........	20. August	—	—
Winterweizen			
Sorte.....................	—	—	—
Aussaat..................	—	—	—
Beginn der Blüte...........	—	—	—
Ende der Blüte............	—	—	—
Beginn der Ernte..........	—	—	—
Sommerweizen	*Marsch, Grundw. 1.10m*		
Sorte.....................	Square head	—	—
Aussaat..................	—	—	—
Beginn der Blüte...........	—	—	—
Ende der Blüte............	—	—	—
Beginn der Ernte..........	10. Sept.	—	—
Hafer			*Höhenlage, Sand*
Sorte.....................	—	—	—
Aussaat..................	—	—	—
Beginn der Blüte...........	—	—	—
Ende der Blüte............	—	—	—
Beginn der Ernte..........	—	—	ca. 5. August

pflanzen in Provinz Sachsen, Hannover und Thüringen.

	Calbe (Saale)	Delitzsch M. Schöne, Dir. d. lbw. Schule	Triptis b. Jena Kinzel, lbw. Inst. b. Univ.	Hildburghausen Dr. Gaue, Dir. d. lbw. Schule	Northeim Dr. Bartels, Lbw. Lehrer
	60		370	381	
Humoser Lehm Grundw. 1.50 bis 2.00 m	Petkuser 25. Sept. 29. Mai 12. Juni 25. Juli	eben, sandiger Lehm — Petkuser 21./28. Sept. Mitte Juni — 29. Juli	lehmiger Sand — Petkuser 15. Okt. 6. Juni 12. Juni 16. August	Südhang, tal-tiger Lehm — Petkuser 12. Sept. 5. Juni 14. Juni 7. August	schwerer Lehm-boden (Drän) — Petkuser Ende Sept. 30. Mai 15. Juni 29. Juli
Humoser Lehm Grundw. 2 bis 3 m	Groninger 18. Sept. 18. Mai 30. Mai 17. Juli	eben, sandiger Lehm — Friedrichs-werther 2./11. Sept. — — 25. Juli	lehmiger Sand — Friedrichs-werther 20. Sept. — — 20. Juli	— — — —	Friedrichs-werther Mitte Sept. 31. Mai 10. Juni 14. Juli
Humoser Lehm Grundw. 5 bis 6 m	Rimpaus. H. 20. März 24. Juni 6. Juli 26. Juli	eben, humoser Lehm — Bethge III 23. 3./4. 4. 15. Juni 25. Juni 10./14. August	lehmiger Sand — Hanna 28. April — — 2. Sept.	Südhang, tal-tiger Lehm — Heils Frankengerste 6. Mai — — 15. August	Hanna Ende April Ende Juni Anfang Juli
Humoser Lehm Grundw. 3 bis 3.50 m	Friedrichs-werther 2. Nov. 2. Juni 18. Juni 28. Juli	eben, mittlerer Lehm — Svalöfs Panzer 5./15. Okt. 25. Juni — 10. August	lehmiger Sand — Criewener 10. Nov. — — 30. Aug.	Südhang, tal-tiger Lehm — Criewener 104 25. Okt. 8. Juli 20. Juli 22. August	Strubes Dickkopf Okt./Dez. 25. Juni 5. Juli 15. August
Humoser Lehm Grundw. 1 bis 2 m	Strubes Schlanst. 18. März 29. Juni 12. Juli 6. August	eben, humoser Lehm — Rud. Bethge 18. 3./16. 4. — — —	lehmiger Sand — 10. März — — 18. Sept.	Südhang, tal-tiger Lehm — Borreau 27. April 27. Juli 7. August 1. Sept.	Roter Schlanst. Ende April 30. Juni 10. Juli 22. August
Humoser Lehm Grundw. 0.50 bis 1 m	Siegesh. 7. April 27. Juni 16. Juli 30. Juli	eben, mittlerer Lehm — Petkuser 8./29. April — — —	lehmiger Sand — Goldregen 26. April — — 28. August	Südhang, tal-tiger Lehm — Siegeshafer 8. Mai — — 7. Sept.	Beseler Anfang Mai 25. Juni 8. Juli 21. August

Noch: Phänologische Beobachtungen an landwirtschaftlichen

1922	Weener	Stotel	Lüneburg
Meereshöhe in Metern			20
Kartoffel	*Sand u. Moor*	*lehmiger Sand*	*Sand*
Sorte.........................	Odenwälder	Juliniere	Frühe
Aussaat.......................	25. April	4. April	—
Beginn der Blüte..............	5. Juli	15. Juni	—
Ende der Blüte................	—	Ende Juli	—
Beginn der Ernte..............	15. Sept.	Anfang Aug.	ca. 18. Juli
Rübe	*Marsch u. Geest*		
Sorte.........................	Eckendorfer	—	—
Aussaat.......................	25. Juni	—	—
Beginn der Ernte..............	25. Sept.	—	—
Raps			
Sorte.........................	—	—	—
Aussaat.......................	—	—	—
Beginn der Blüte..............	—	—	—
Ende der Blüte................	—	—	—
Beginn der Ernte..............	—	—	ca. 20. Juli
Klee	*Marsch*		
Sorte.........................	Rotklee	—	—
Aussaat.......................	10. Juni	—	—
Beginn der Blüte..............	—	—	—
Ende der Blüte................	—	—	—
Beginn der Ernte..............	—	—	—
Erbse	*Marsch, Grundw. 1,20 m*	*lehmiger Sand*	
Sorte.........................	Graue ostfr.	Viktoria	—
Aussaat.......................	10. März	13. März	—
Beginn der Blüte..............	2. Juli	12. Juni	—
Ende der Blüte................	—	—	—
Beginn der Ernte..............	30. Aug.	17. August	ca. 16. Juli
Ackerbohne (Vicia faba)	*Marsch, Grundw. 1,25 m*	*lehmiger Sand*	
Sorte.........................	Mansholt	Thüringer	—
Aussaat.......................	—	11. März	—
Beginn der Blüte..............	—	7. Juni	—
Ende der Blüte................	—	—	—
Beginn der Ernte..............	25. Sept.	—	—

Kulturpflanzen in Provinz Sachsen, Hannover und Thüringen.

Calbe (Saale)		Delitzsch M. Schöne, Dir. d. lbw. Schule	Triptis b. Jena Kinzel, lbw. Inst. d. Univ.	Hilbburghausen Dr. Gaue, Dir. d. lbw. Schule	Northeim Dr. Bartels, lbw. Lehrer
	60		370	381	
Humofer Lehm Grundw. 2 bis 3 m	Industrie 21. April 10. Juli 3. August 15. Sept.	— — — — —	*lehmiger Sand* — 4. Mai — — 25. Sept.	*Südhang, kal-tiger Lehm* Deodara 14. Mai 11. Juli 4. August —	Deodara Anf./Mitte Mai 2. Juli 30. Juli —
Humof. Lehm Grundw. 1 bis 2 m	Klein Wanz-lebener 21. April —	— — —	*lehmiger Sand* Eckendorfer 28. April 15. Okt.	*Südhang, kalkiger Lehm* Eckendorfer 9. Mai —	— Mitte April —
Humofer Lehm Grundw. 1 m	Lembkes 3. August 2. Mai 19. Mai 15. Juni	— — — —	*lehmiger Sand* — 20. Aug. 18. Mai 26. Mai 20. Juli	— — — 14. Juli	Lochows Winter Ende August 20. Mai 2. Juni 10. Juli
Humofer Lehm Grundw. 1 bis 2 m	Rotklee 30. März 2. Juni 18. Juni	— — — —	*lehmiger Sand* — 26. April 10. Juni —	— — —	Schlesischer — 2. Juni 28. Juni
	— — — —	*eben, humofer Lehm* Viktoria 10. März/18. April — — —	*lehmiger Sand* — 10. Mai 15. Juni 2. Oktober	*Südhang, kal-tiger Lehm* Concordia 4. Mai 11. Juli 3. August —	Viktoria Ende April 2. Juni 25. Juni 20. Juli
	— — — —	— — —	*lehmiger Sand* — 15. Mai 20. Juni 10. Oktober	— — — —	— Ende April 3. Juni 25. Juni —

Phänologische Beobachtungen an landwirtschaftlichen

1922	Saarburg		Niederbieber Kr. Neuwied Ldw.-Schule		Geilenkirchen	
Meereshöhe in Metern.............		175				74
Winterroggen						
Sorte......................	schwerer Lehm ob. Tonboden¹⁾	Petkufer	humoser Bimssand	Petkufer	lehmiger Sand und sand. Lehm	Petkufer und Zeeländer
Aussaat....................		25. 9./20. 10.		Mitte Nov.		26./29. Sept.
Beginn der Blüte..............		Anfang Juni		Anfang Juni		Anfang Juni
Ende der Blüte		Ende Juni		Mitte Juni		Ende Juni
Beginn der Ernte.............		Anfang August		Ende Juli		18. Juli
Sommerroggen						
Sorte		—		—		—
Aussaat....................		—		—		—
Beginn der Blüte.............		—		—		—
Ende der Blüte..............		—		—		—
Beginn der Ernte		—		—		—
Wintergerste						
Sorte	schwerer Lehm ob. Tonboden¹⁾	—		—		—
Aussaat		Ende Sept.		—		—
Beginn der Blüte		Anfang Juni		—		—
Ende der Blüte		Ende Juni		—		—
Beginn der Ernte.............		Ende Juli		—		—
Sommergerste						
Sorte......................	schwerer Lehm ob. Tonboden¹⁾	—	humoser Bimssand	Hanna		—
Aussaat....................		Ende März		25. April		—
Beginn der Blüte		Ende Juni		Ende Juni		—
Ende der Blüte		—		8. Juli		—
Beginn der Ernte.............		Ende August		Ende Juli		—
Winterweizen						
Sorte	schwerer Lehm ob. Tonboden¹⁾	Siegerländer	humoser Bimssand	Kraffts Dickkopf	sandiger Lehmboden	Kraffts Siegerländer
Aussaat....................		Ende Okt./Nov.		Mitte Nov.		4. und 18. Okt.
Beginn der Blüte		Mitte Juni		Ende Juni		15. Juni
Ende der Blüte		Ende Juni		10. Juli		ca. 3. Juli
Beginn der Ernte.............		Mitte Sept.		Mitte August		31. Juli
Sommerweizen						
Sorte	schwerer Lehm ob. Tonboden¹⁾	—	humoser Bimssand	Kraffts Sieger		—
Aussaat....................		Ende März		Mitte/Ende No.		—
Beginn der Blüte.............		wenig angebaut		Ende Juni		—
Ende der Blüte				—		—
Beginn der Ernte............				Mitte August		—
Hafer						
Sorte......................	schwerer Lehm ob. Tonboden¹⁾	Petkufer und v.Lochows gelb.	humoser Bimssand	Svalöfs Sieger	lehmig. Sand u. sand. Lehmbod.	Kraffts Beseler II ²⁾
Aussaat....................		Ende März/A.		12. April		12./15. April
Beginn der Blüte		—		Ende Juni		20. Juli
Ende der Blüte		—		10. Juli		ca. 28. Juli
Beginn der Ernte..............		—		Mitte August		15. August

¹⁾ Teilweise auf Kalk in der Höhenlage; Alluvial- und Schieferboden in der Tallage.　　²⁾ Lochows Gelbhafer, Strubes

Kulturpflanzen in Westfalen und der Rheinprovinz. Tabelle 8.

Ratingen Werbel, Direktor	Lindlar	Waldbröl	Sprakel Kr. Münster Dr. Kotthof	Erndtebrück i. Westf.
30—90	230		49—50	
sandig bis lehmig Petkuser Sept./Okt. — ca. Mitte Juli	*Gebirgiger Lehmboden* Petkuser Sept./Nov. Ende Mai Anfang Juni Anfang August	*südl. Abhang sand. Lehm, 2m* Petkuser 15. Okt. 30. Mai 13. Juni 25. Juli	*Ebene, Sand* Petkuser Original 5. Okt. 1. Juni 16. Juni —	*Höhenlage, Verwitterungsb.* Petkuser E. Sept./E. Okt. Juni Mitte Juli Mitte August
— — — —	— — — —	— — — —	*Ebene, Sand* Petkuser 14. April 19. Juni — —	*Höhenlage, Verwitterungsb.* — Anfang Mai Juni Ende Juli Mitte August
sandig bis lehmig Mammuth und Gröninger Sept. — Anfang Juli	Mammuth — Mai Anfang Juni Anfang August	*Höhenlg., sand. Lehm, 1.50 m* Friedrichswerther Berg 20. Sept. 26. Mai 7. Juni 3. Juli	—	*Höhenlage, Verwitterungsb.* Friedrichswerther Sept./Anf. Okt. Juni Juni Anfang August
— — — —	— — — —	*Höhenlg., sand. Lehm, 1.50 m* Friedrichswerther 30. April 15. Juli 29. Juli 6. Sept.	— — — —	— — — —
sandig bis lehmig Siegerländer und Kirsches Okt./Nov. — ca. Ende Juli	Siegerländer — — Anfang August	*Südhang, sand. Lehm, 2 m* Dickkopf 25. Okt. 25. Juni 8. Juli 7. Aug.	*Ebene, lehmiger Sand* Kraffts Siegerländer 15. April 27. Juni — —	—
— — — —	— — — —	*Südhang, sand. Lehm, 2 m* Dickkopf 10. März 10. Juli 23. Juli 27. Aug.	— — — —	*Höhenlage, Verwitterungsb.* Landsorte April/Mai Juli Juli/August Ende August
sandig bis lehmig Petkuser März/April — Mitte August	*Höhenlage, schwerer Boden* Petkuser Mitte/E. Apr. — Ende August	*Höhenlage, Lehm, sandig u. steinig, 3 m* Fichtelgebirgshafer 20. April 8. Juli 20. Juli 27. Aug.	Petkuser Gelb 29. April — —	*Höhenlage, Verwitterungsb.* Petkuser April/Mai Juli —

Schlanstedter.

Noch: Phänologische Beobachtungen an landwirtschaftlichen

1922	Saarburg	Niederbieber Kr. Neuwied Ldw.-Schule	Geilenkirchen
Meerestiefe in Metern	175		74
Kartoffel	*schwerer Lehm- od. Tonboden*[1]	*humofer Bimssand*	*lehmiger Sandboden*
Sorte	w. Riesen, Industrie	Industrie	Modrows Industrie[2]
Aussaat	Ende April	12. Mai	4./27. Mai
Beginn der Blüte..............	Juni	10. Aug.	Mitte Juli
Ende der Blüte................	Mitte August	25. Aug.	Ende August
Beginn der Ernte..............	Ende Sept.	Mitte Okt.	26. Sept.
Rübe	*schwerer Lehm oder Tonbod.*[1]	*humofer Bimssand*	*lehmiger Sandboden*
Sorte	Eckendorfer	Eckendorfer	Runkelrübe
Aussaat	M. Mai/Juni	9. Mai	21. April
Beginn der Ernte..............	Okt./Nov.	Ende Okt.	19. Okt.
Raps		*humofer Bimssand*	*lehmiger Sandboden*
Sorte........................	—	Winterrübsen	—
Aussaat	—	15. Sept.	4. Juli
Beginn der Blüte..............	—	Anf./Mitte Mai	—
Nachtfröste während der Blüte.......	—		—
Ende der Blüte................	—	—	—
Beginn der Ernte	—	Anfang Juli	—
Klee		*humofer Bimssand*	*lehmiger Sandboden*
Sorte........................	—	Rotklee	Rotklee und Inkarnatklee
Aussaat......................	—	—	8./10. März
Beginn der Blüte..............	—	Anfang Juni	—
Ende der Blüte................	—	20. Juni	—
Beginn der Ernte.............	—	Anf./M. Juni	—
Erbse		*humofer Bimssand*	*lehmiger Sandboden*
Sorte........................	—	Viktoria	—
Aussaat......................	—	—	15. März
Beginn der Blüte..............	—	Mitte Juni	10. Juni
Ende der Blüte................	—	3. Juli	—
Beginn der Ernte.............	—	Mitte August	12. Aug.
Ackerbohne (Vicia faba)		*humofer Bimssand*	*lehmiger Sandboden*
Sorte........................	—	Thüringer Feldbohnen	—
Aussaat	—	—	26. April
Beginn der Blüte..............	—	Ende Juni	20. Aug.
Beginn der Ernte..............	—	Ende Sept.	28. Sept.

[1]) Teilweise auf Kalk in der Höhenlage; Alluvial- und Schieferboden in der Tallage. [2]) Und Niedersachsen, deren Ernte 14

Kulturpflanzen in Westfalen und der Rheinprovinz.

Ratingen Werbel, Direktor	Lindlar	Waldbröl	Sprakel Kr. Münster Dr. Kotthoff	Erndtebrück i. Westf.
30—90	230		49—50	
sandig bis lehmig Industrie und Juli E. u Anf. April — — Sept und Juli	*Höhenlage, schwerer Boden* Industrie Anfang Mai — — Anfang Oktober	*Südhang, sand. Lehm, 2 m* Industrie 15. Mai 15. Juli 5. Aug. 9. Okt.	*Ebene, Sand* 3) 15. April 22. Juni 16. Juli —	*Höhenlage, Verwitterungsb.* — Mitte Mai Juli Mitte Sept. —
sandig bis lehmig Eckendorfer E. Apr./Anf. Mai Oktober	—	—	—	—
— — — —	— — — —	— — — —	— — — —	— — — —
sandig bis lehmig Rotklee März — —	—	*Südhang, sand. Lehm, 2 m* Dtsch. Rotklee — 6. Juni —	*Ebene, lehmiger Sand* Rotklee — 28. Mai —	*Verwitterungsb.* Mai/Juni Ende Juni Ende Juli
— — — —	— — — —	*Nordhang, sand. Lehm, 2.5 m* Viktoria 15. Mai 1. Juli 30. Juli 27. Sept.	—	—
— — — —	— — — —	— — — —	— — — —	— — — —

Tage früher vorgenommen wurde.   3) Allerfrüheste von Böhmen.

Phänologische Beobachtungen an Obstgewächsen in der Rheinprovinz und Westfalen.

1922	Saarburg	Siegen Sonnemann Wiesenbauschullehrer	Niederbieber Kr. Neuwied Landw.-Schule	Lindlar	Waldbröl	Brakel Kreis Höxter R. Steppes Landw.-Schule
Meereshöhe in Metern	175	260—270		230		141
Apfel	*schwerer Lehm- ob. Tonboden¹)*		*humoser Bimsfand*			
Sorte	Rhein-Anbausortiment²)	—	Schöner v. Boskop	—	—	—
Austrieb	—	—	—	Mitte April	—	—
Beginn der Blüte.............	Mitte Mai	15. Mai	8. Mai	Anfang Mai	—	Mai
Nachtfröste während der Blüte ...	b. Frühsort.	—	—	13./14. Mai	—	—
Ende der Blüte.............	Ende Mai	—	25. Mai	Ende Mai	—	—
Beginn der Ernte	Mitte Sept.	—	Mitte Oktober	Anfang Sept.	—	—
Birne	*schwerer Lehm- ob. Tonboden¹)*		*humoser Bimsfand*	*Höhenlage, schwerer Boden*		
Sorte	Rhein-Anbausortiment	—	Edelcarassano	—	Williams Christ	—
Austrieb	—	—	—	Mitte April	—	—
Beginn der Blüte.............	Mitte Mai	8. Mai	5. Mai	Anfang Mai	8. Mai	Ende April
Nachtfröste während der Blüte ...	b. Frühsort.	—	—	13./14. Mai	10./11., 13./14. Mai	—
Ende der Blüte.............	Ende Mai	—	23. Mai	Ende Mai	26. Mai	—
Beginn der Ernte	—	—	Ende Oktober	Anfang Sept.	—	—
Süß- und Sauerkirsche	*schwerer Lehm- ob. Tonboden¹)*		*humoser Bimsfand*	*Höhenlage, schwerer Boden*		
Sorte	Süßkirsche	Süßkirsche	Morelle	—	Süßkirsche	Süßkirsche
Austrieb	—	—	—	Mitte April	—	—
Beginn der Blüte.............	Mitte Mai	7. Mai	5. Mai	Anfang Mai	3. Mai	April
Nachtfröste während der Blüte ...	—	—	—	13./14. Mai	10./11. Mai	—
Ende der Blüte.............	—	—	18. Mai	Ende Mai	20. Mai	—
Beginn der Ernte	—	—	Mitte Juni	Anfang Juli	—	—
Pflaume und Zwetschge			*humoser Bimsfand*	*Höhenl., schwerer Boden*		
Sorte	—	Zwetschge	Hauszwetschge	—	Eierpflaume	Zwetschge
Austrieb	—	—	—	Mitte April	—	—
Beginn der Blüte.............	—	13. Mai	3. Mai	Anfang Mai	18. Mai	Ende März

Nachtfröste während der Blüte ...	—	—	humoser Bimssand	Höhenl., schwerer Boden 13./14. Mai	—	—
Ende der Blüte	—	—	15. Mai	Ende Mai	—	—
Beginn der Ernte	—	20. Sept.	Mitte Oktober	Mitte Sept	—	—
Pfirsich						
Sorte	schwerer Lehm- oder Tonboden 1)	—	humoser Bimssand Amsden	Höhenl., schwerer Boden	Früher	—
Beginn der Blüte	Mitte Mai	17. April	—	—	10. Mai	Anfang März
Nachtfröste während der Blüte ...	—	—	1. Mai	—	10./11., 13./14. Mai	—
Ende der Blüte	Ende Mai	—	12. Mai	—	18. Mai	—
Beginn der Ernte	—	—	Anfang Juli	—	—	—
Stachelbeere						
Sorte	—	—	humoser Bimssand Früheste v. Neuwied	Höhenlage, schwerer Boden	—	—
Austrieb	—	—	—	Anfang April	—	—
Beginn der Blüte	—	—	Ende April	—	3. Mai	—
Nachtfröste während der Blüte ...	—	—	—	—	10./11. Mai	—
Ende der Blüte	—	—	10. Mai	—	17. Mai	—
Beginn der Ernte	—	—	Mitte Juli	—	—	—
Johannisbeere						
Sorte	—	—	humoser Bimssand Rote Holländische	Höhenlage, schwerer Boden	—	—
Austrieb	—	—	—	Anfang April	—	—
Beginn der Blüte	—	24. April	Ende April	—	5. Mai	Anfang Mai
Nachtfröste während der Blüte ...	—	—	—	—	10./11. Mai	—
Ende der Blüte	—	—	12. Mai	—	—	—
Beginn der Ernte	—	16. Juli	—	—	—	—
Erdbeere						
Beginn der Blüte	—	—	humoser Bimssand Ende April	Höhenl., schwerer Boden Mitte Mai	20. Mai	—
Ende der Blüte	—	—	10. Mai	—	—	—
Beginn der Ernte	—	—	Ende Juli	Ende Juli	—	—

---

1) Teilweise auf Kalk in der Höhenlage; Alluvial- und Schieferboden in der Tallage.

2) Trierer Weinapfel.

Phänologische Beobachtungen an landwirt

1922	Geisenheim (Rhein) Prof. Dr. Lüstner	Biedenkopf Dr. Tornede, Tierzuchtinspektor	Harleshausen
Meereshöhe in Metern	100—103		
Winterrogen		*Lehm, Sand, Schiefer, Letteboden*	*bis 2 m – mittl. Lehm 1-3.75 m*
Sorte..................	—	Petkufer	Petkufer
Aussaat..................	—	Anfang Okt.	Anfang Okt.
Beginn der Blüte..............	28. Mai[1]	Ende Mai	Anfang Mai
Ende der Blüte..............	—	—	Ende Mai
Beginn der Ernte	20. Juli	Anfang Aug.	August
Sommerroggen			*bis 2 m – mittl. Lehm 1-3.75 m*
Sorte..................	—		Petkufer
Aussaat	—		Anf. März
Beginn der Blüte..............	—	wird nicht angebaut	Juni
Ende der Blüte..............	—		Juli
Beginn der Ernte	—		August
Wintergerste			*1.50 m – schw. Lehm 1-3.75 m*
Sorte..................	—	—	Mammut
Aussaat..................	—	—	Anfang Aug.
Beginn der Blüte..............	—	—	Juni
Ende der Blüte..............	—	—	Juli
Beginn der Ernte	15. Juli	—	Juli
Sommergerste		*Lehm, Sand, Schiefer, Letteboden*	*1.50 m – mittl. Lehm 1-3.75 m*
Sorte..................	—	Landgerste	Hanna
Aussaat..................	—	Ende April	Anf. April
Beginn der Blüte..............	—	—	Juni
Ende der Blüte..............	—	—	Juli
Beginn der Ernte	9. August	Mitte Aug.	August
Winterweizen		*Lehm, Sand, Schiefer, Letteboden*	*1.50 m 1-3.75 m*
Sorte..................	—	Criewener 104	Panzerweiz.
Aussaat..................	—	Mitte Okt.	Anfang Okt.
Beginn der Blüte..............	4. Juni	—	Juni
Ende der Blüte..............	—	—	Juli
Beginn der Ernte	4. August	—	Anf. Sept.
Sommerweizen			*1.50 m 1-3.75 m*
Sorte..................	—		Strubes
Aussaat	—		Anf. März
Beginn der Blüte..............	—	wird nicht angebaut	Juni
Ende der Blüte..............	—		Juli
Beginn der Ernte	—		Anf. Sept.
Hafer			*2 m – 1-3.75 m*
Sorte..................	—	Petkufer Gelbh.	Kirsche
Aussaat	—	Anfang April	März
Beginn der Blüte..............	—	—	Mai
Ende der Blüte..............	—	—	Juni
Beginn der Ernte	25. August	Mitte Aug.	Ende Juli

(Geisenheim: *Löß*)

---

[1]) Beginn des Schossens 30. Mai.

...schaftlichen Kulturpflanzen in Hessen-Nassau.　　Tabelle 10.

Cassel / Scheer	Melsungen (Boden)	Melsungen	Hünfeld, Hügel, Landw.-Schule (Boden)	Hünfeld, Hügel, Landw.-Schule	Keulos-Fulda, Eurefeld, Holzhausen, Gutsverwaltung	Fulda (Boden)	Fulda, Tremmel, Direktor der landw. Schule
200	166				350		
—	lehmiger Sandboden	Petkuser	Buntsand-steinbd.u.tief. Grdw.-Stand	Petkuser	Petkuser	ob. Buntsand-stein, Verwitte-rungsboden, Grundw. tief	Petkuser
September		Ende Sept.		15. Okt.	—		Ende Okt.
1. Juni		Anfang Juni		6. Juni	4. Juni		1. Juni
—		Mitte Juni		10. Juni	15. Juni		8. Juni
—		Anfang August		1. August	14. August		24. Juli
—		—		—	—		—
April		—		—	—		—
—		—		—	—		—
—		—		—	—		—
—	sandiger Lehmboden	Sechszeilige		—	Mammut	ob. Buntsand-stein, Verwitte-rungsboden, Grundw. tief	Friedr., Mammut
August-Sept.		Ende Sept.		—	—		—[1]
—		Anfang Mai		—	8. Juni		25 Mai
—		10. Juni		—	19. Juni		—
—		Anfang August		—	2. August		20. Juni
—		—	Basaltboden	Hanna	—	ob. Buntsand-stein, Verwitte-rungsboden, Grundw. tief	Hanna
April		—		10. Mai	—		15. Mai
—		—		4. Juli	—		5. Juli
—		—		—	—		—
—		—		10. August	—		15. August
—	Lehmboden	Dickkopf	Buntsand-steinboden	Dickkopf	Eriewener	ob. Buntsand-stein, Verwitte-rungsboden, Grundw. tief	—
Oktober		Anfang Nov.		25. Nov.	—		Oktober
1. Juli		15. Juni		—	1. Juni		20. Juni
—		25. Juni		—	16. Juni		—
—		Anfang Sept.		28. August	17. August		25. August
—		—	Basaltboden	Landforte	—	ob. Buntsand-stein, Verwitte-rungsboden, Grundw. tief	Bordeaux
—		—		15. Mai	—		5. Mai
April		—		15. Juli	—		5. Juli
—		—		—	—		—
—		—		20. Sept.	—		Anfg. Sept.
—	Lehmboden	Beseler	Basaltboden	Gelbhafer	Weißhafer	ob. Buntsand-stein, Verwitte-rungsboden, Grundw. tief	Lochows Gelbhafer
April		Mitte April		10. Mai	—		8. Mai
—		10 Juli		12. Juli	3. Juli		15. Juli
—		20. Juli		—	18. Juli		—
—		Mitte Sept.		12. Sept.	11. Sept.		8. Sept.

Noch: Phänologische Beobachtungen an landwirt

1922	Geisenheim (Rhein) Prof. Dr. Lüstner	Biedenkopf Dr. Tornede, Tierzuchtinspektor	Harleshausen
Meereshöhe in Metern	100—103		

Kartoffel — Geisenheim: Löß; Biedenkopf: Lehm, Sand, Schiefer, Letteboden; Harleshausen: bis 1 m – leicht. Lehm – 1–3.75 m

1922	Geisenheim	Biedenkopf	Harleshausen
Sorte	—	Industrie	Industrie
Aussaat	—	Mitte April	April
Beginn der Blüte	25. Juni	—	Juli
Ende der Blüte	—	—	Juli
Beginn der Ernte	—	Ende Sept.	Okt.

Rübe — Biedenkopf: Lehm, Sand, Schiefer, Letteboden; Harleshausen: bis 0.50 m – schw. Lehm – 1–3.75 m

1922	Geisenheim	Biedenkopf	Harleshausen
Sorte	—	Eckendorfer	Eckendorfer
Aussaat	—	Anfang Mai	April
Beginn der Blüte	—	—	Juli
Ende der Blüte	—	—	Juli
Beginn der Ernte	—	Mitte Okt.	Oktober

Raps — Biedenkopf: Lehm, Sand, Schiefer, Letteboden; Harleshausen: bis 1.50 m – schw. Lehm – 1–3.75 m

1922	Geisenheim	Biedenkopf	Harleshausen
Sorte	—	Sommerraps	Holländer Winterraps
Aussaat	—	—	August
Beginn der Blüte	—	—	Juli
Ende der Blüte	—	—	Juli
Beginn der Ernte	—	Mitte Sept.	September

Klee — Geisenheim: Löß; Biedenkopf: Lehm, Sand, Schiefer, Letteboden; Harleshausen: bis 0.75 m – schw. Lehm – 1–3.75 m

1922	Geisenheim	Biedenkopf	Harleshausen
Sorte	Rotklee	Rotklee	Böhmischer Rotklee
Aussaat	—	—	März
Beginn der Blüte	16. Mai	Ende Mai	Mai
Ende der Blüte	—	—	Juli
Beginn der Ernte	—	—	—

Erbse — Harleshausen: bis 1 m – schw Lehm – 1–3.75 m

1922	Geisenheim	Biedenkopf	Harleshausen
Sorte	—	—	Viktoria
Aussaat	—	—	März
Beginn der Blüte	—	—	Mai
Ende der Blüte	—	—	Juni
Beginn der Ernte	—	—	August

Ackerbohne (Vicia faba) — Harleshausen: bis 1.50 m – schw. Lehm – 1–3.75 m

1922	Geisenheim	Biedenkopf	Harleshausen
Sorte	—	—	Halberstädter
Aussaat	—	—	März
Beginn der Blüte	—	—	Mai
Ende der Blüte	—	—	Juni
Beginn der Ernte	—	—	August

---

¹) Stecklinge.　　²) Luzerne: Aussaat 2. Mai, Beginn der Ernte 15. Juni (I. Schnitt).　　³) Gesetzt 20. Ju l

schaftlichen Kulturpflanzen in Hessen-Nassau.

Cassel / Scheer		Melsungen		Hünfeld Hügel, Landw.- Schule	Keulos-Fulda Eurefeld, Holzhausen Gutsverwaltung			Fulda Tremmel, Direktor der landw. Schule
200		166			350			
—	*sand. Lehmboden*	Industrie	*Sandboden*	Industrie	Kaiserkrone		*oben Buntsandstein, Kalkboden*	Industrie
Ende April		Anfang Mai		12. Juni	—			10. Mai
25. Juni		25. Juni		20. Juli				5. Juli
—		12. August		25. August	ganz unnormal			15. August
—		Ende Sept.		10. Oktober				28. Sept.
—	*sand. Lehmboden*	Eckendorfer	*Basaltboden*	Kirsches Ideal [1]	—		*oben Buntsandstein, Kalkboden*	Runkel und Steckrübe
Anfang Mai		15. Mai		20. Juni	—			5. Mai
—		—		—	—			— [3]
—		Mitte Oktober		15. Oktober	—			15. Oktober
Winter	*sand. Lehmboden*	—		—	—	*Lehmboden*	*oben Buntsandstein, Kalkboden*	—
August		Ende August		—	24. August			—
15. Mai		Mitte Mai		—	—			27. Mai [4]
—		Ende Mai		—	—			15. Juni
—		Anfang Juli		—				
Rotklee		—	*Basaltboden*	Rotklee	—			Rotklee
Anfang Mai		—		10. Mai	—			—
25. Mai		—		—	12. Juni			25. Mai
—		—		—	—			—
20. Juni		—		10. Juni [2]	—			Ende Mai [5]
—	*sand. Lehmboden*	Viktoria	*Basaltboden*	Viktoria	Grüne		*Basaltboden*	Viktoria
März		Anfang April		15. Mai	—			15. Mai
10. Juni		24. Juni		28. Juni	25. Juni			28. Juni
—		10. Juli		—	21. Juli			—
15. August		Anfang Sept.		28. Sept.	—			25. August
—	*schwerer Lehmboden*	—	*Basaltboden*	Landsorte	—			Halberstädter
März		Ende April		15 März	—			Anfang März
—		15 Juni		15. Juni	—			17. Juni
—		30. Juni		15 August	—			4. August
—		Ende Oktober		25. Sept.	—			20. Sept.

[4] Raps im Kreise Seefeld: Beginn der Blüte 20. Mai. [5] Fränkische Luzerne: Austrieb ca. Mitte April, Ernte 15. Juni (I. Schnitt).

Phänologische Beobachtungen an

1922	Geisenheim (Rhein) Prof. Dr. Lüstner	Harleshausen	Cassel Scheer
Meereshöhe in Metern	100—103		200
Wein	Löß		
Beginn der Blüte	10. Juni	—	1. Juli
Apfel			
Sorte	—	Gravensteiner	Weißer Klarapfel
Austrieb	Löß	3 m	
Beginn der Blüte	6. Mai	April	20. Mai
Ende der Blüte	—	—	
Beginn der Ernte	—		10. August
Birne			
Sorte	—	Gute Graue	—
Austrieb	3. Mai	April	16. Mai
Beginn der Blüte	Löß	3 m	—
Ende der Blüte	—	—	—
Beginn der Ernte	—	—	—
Süß- u. Sauerkirsche			
Sorte	—	Knorpel- und Nord-Ki.	Süß
Austrieb	Löß	3 m	
Beginn der Blüte	17.April,4.Mai	April	8. Mai
Nachtfröste während der Blüte	—	—	—
Ende der Blüte	—	—	—
Beginn der Ernte	—	—	1. Juli u. 1. August
Pflaume u. Zwetschge			
Sorte.....................	Zwetschge	Reineclaude u. Hauszw.	Zwetschge Anfang Mai
Austrieb	Löß	2 m	
Beginn der Blüte..................	21. April	April	7. Mai
Ende der Blüte..................	—	—	
Beginn der Ernte	2. August		10. August
Pfirsich			
Sorte	—	Mignon	—
Austrieb	Löß	3 m	Mitte April
Beginn der Blüte..................	16 April	April	15. April
Stachelbeere			
Sorte.....................	—	Grüne	—
Austrieb	Löß	1 m	März
Beginn der Blüte..................	15. April	Mai	7. Mai
Ende der Blüte.............	—	—	
Beginn der Ernte.............	26. Juni	—	5. Juli
Johannisbeere			
Sorte.....................	—	Gr. Rote Holländer	—
Austrieb	Löß	1 m	März
Beginn der Blüte..................	15. April	Mai	10. Mai
Ende der Blüte.............	—	—	
Beginn der Ernte	20. Juni	—	5. Juli
Erdbeere			
Sorte.....................	—	Monatserdb.	—
Austrieb	—	1 m	
Beginn der Blüte..................	—	Mai	15. Mai
Ende der Blüte..................	—	—	
Beginn der Ernte.............	—	—	20. Juni

[1]) Blütenbeginn bei Pflaume teils schon früher.

Obstgewächsen in Hessen-Nassau. — Tafel 11.

Oberzwehren b. Cassel Obstbauanstalt	Hünfeld Hügel, Landw.-Schule	Keulos-Fulda Eurefeld, Holzhausen Gutsverwaltung	Fulda Tremmel, Dir. der landw. Schule
		350	250
—	—	—	—
schwerer Lehm, leichte Neigung Landsberger Rtte. — 18. Mai 25. Mai 28. Sept.	*Basaltboden* Goldparmäne 28. Mai 25. Mai 31. Mai 25. Sept.	*Lehmboden* Schöner von Boskop — 20. Mai — —	*Alluvium, Schwemmland im Fuldatal* Rosenapfel 25. Mai 20. Mai 28. Mai 19. Sept.
nasser Lehm, Grundw.1.50m Williams Christ 14. Mai — 20. Mai 7. Sept.	*Basaltboden* Mostbirne 25. Mai 20. Mai 25. Mai 20. Sept.	*Lehmbodeu* Frühe — 18. Mai — —	*Alluvium, Schwemmland im Fuldatal* — 20. Mai 16. Mai 28. Mai 17. Sept.
Früheste der Mark und Schattenmorelle — 7. u. 9. Mai 15. Mai —10 13. Mai 15. Juni, 22. Juli	*Kalkboden* Süßkirsche 15. Mai 7. Mai 10./11. Mai 16. Mai 10. Juli	*Lehmboden* Herzkirsche — 15. Mai — — —	*Alluvium, Schwemmland im Fuldatal* Süßkirsche 15. Mai 8. Mai 10./11. Mai ca. 20. Mai 25. Juni
Wiener Früh-Zwetschge — 8. Mai 14. Mai 27. Juli	*Schwemmland* — 21. u. 25. Mai 12. u. 18. Mai 17. u. 27. Mai 2. u. 20. Sept.	*Lehmboden* Heckenpflaume — 10. Mai — —	*Alluvium, Schwemmland im Fuldatal* — 20. Mai 16. u. 18. Mai 1) 22. u. 25. Mai 28.Aug. u.15.Sept.
— — 14. April	— — —	— — —	— — —
— — — — —	*Gartenboden* — 5. Mai 3. Mai 8. Mai 25. Juli	— — 25. April — —	— 28. April ca. 1. Mai 5. Mai 10. Juli
Rote Holländer — 25. April 10. Mai 12. Juli	*Gartenboden* — 4. Mai 2. Mai 5. Mai 10. Juli	*Lehmboden* Rote — 6. Mai — —	— — — — —
— — — — —	*Gartenboden* — 1. Mai 12. Mai 2. Juni 5. Juli	*Lehmboden* König Albert — 28. Mai — —	— 3. Mai 19. Mai 1. Juni —

Tabelle **12**.

Phänologische Beobachtungen an landwirtschaftlichen Kulturpflanzen in Hessen.

1922	Gau-Algesheim, südöstl. v. Bingen, Dr. Ph. Rupp, Landw.-Schule	Friedberg (Hessen), Dr. Heßler, Studienrat	Grünberg (Hessen)	Reichelsheim (Odenwald), Dr. Keil, Landw.-Schule
Meereshöhe in Metern.........	95	148.39	273	260
Winterroggen				
Sorte	—	Petkuser *(Lehm mittel-schwer)*	Siegfrieds Riesenroggen *(sandiger Lehm)*	Petkuser *(lehm. Sandb.)*
Aussaat oder Austrieb.......	—	16. Sept.	2. Nov.	Oktober
Beginn der Blüte	27. Mai	28. Mai	5. Juni	18. Mai
Ende der Blüte	10. Juni	ca. 10. Juni	14. Juni	2. Juni
Beginn der Ernte	21. Juli	24. Juli	10. August	28. Juli
Sommergerste				
Sorte	Pfälzer Landgerste *(lehm. Sand)*	Fuchsverb. Pfälzer *(Lehm mittel-schwer)*	— *(Tonboden)*	Landsorte *(lehm. Sandb.)*
Aussaat	6. April	Anf. April	9. Mai	Mai
Beginn der Blüte	22. Juni	—	—	—
Beginn der Ernte	30. Juli	5. Aug.	25. August	9. August
Winterweizen				
Sorte	—	Strubes Square head *(Lehm mittel-schwer)*	— *(sand. Lehmb.)*	Strubes Square head *(Lehmboden)*
Aussaat oder Austrieb.......	—	15. Okt.	—	November
Beginn der Blüte	12. Juni	18. Juni	—	20. Juni
Beginn der Ernte	30. Juli	12. Aug.	29. August	24. August
Hafer				
Sorte	Beseler II u. Gelbhafer *(lehm. Sand)*	Beseler II *(Lehm mittel-schwer)*	— *(Lehmboden)*	Beseler II *(Sandboden)*
Aussaat	6. April	12./21. Apr.	10. Mai	4. Mai
Beginn der Blüte	30. Juni	—	—	—
Beginn der Ernte	4. August	21. Aug.	4. Sept.	26. August
Kartoffel				
Sorte	— *(lehm. Sand)*	Kaiserkrone *(Lehm mittel-schwer)*	Königsniere *(Gart., sand. Lehm)*	Industrie *(sandig. Lehm)*
Aussaat	20. April	8. April	9. Mai	Anfang Mai
Beginn der Blüte	20. Juni	ca. 15 Juni	3. Juli	—
Ende der Blüte	—	5. Juli	August	—
Beginn der Ernte	16. Okt	ca. 8. Aug.	8. Sept.	Ende Sept.
Rübe				
Sorte	—	Eckendorfer *(Lehm m.-schwer)*	—	—
Aussaat	27. April	2. Mai	—	—
Klee				
Sorte	—	Deutscher *(Lehm mittel-schwer)*	Rotklee *(humos. Lehmb.)*	—
Aussaat	—	—	—	—
Beginn der Blüte	—	1. Juni	—	—
Beginn der Ernte	—	—	3. Juni	—
Erbse				
Sorte	—	—	Maierbse *(Garten)*	—
Aussaat	—	nur als Grün-düngungs-pflanze angebaut	13.5. (Austrieb)	—
Beginn der Blüte	—		3 Juni	—
Ende der Blüte	—		Juli	—
Beginn der Ernte	—		30. Juli	—

Tabelle **13**.

Phänologische Beobachtungen an Obstgewächsen in Hessen.

1922	Gau-Algesheim, südöstl. v. Bingen, Dr. Ph. Rupp, Landw.-Schule	Friedberg (Hessen) Dr. Heßler, Studienrat	Grünberg (Hessen)	Reichelsheim (Odenwald) Dr. Keil, Landw.-Schule
Meereshöhe in Metern	95	149.39	273	260
Apfel		*Lehm (mittelschwer)*	*Chausseeboden*	
Sorte	—	Goldparmäne	Gravensteiner	—
Austrieb	—	—	—	—
Beginn der Blüte	6. Mai	15. Mai	15. Mai	16. Mai
Ende der Blüte	23. Mai	25. Mai	23. Mai	—
Beginn der Ernte	15. Sept.	21. Sept.	8. Sept.	—
Birne		*Lehm (mittelschwer)*	*Garten*	
Sorte	—	Ratzekopf	Frühbirne	—
Austrieb	—	—	—	—
Beginn der Blüte	28. April	15. Mai	10. Mai	5. Mai
Ende der Blüte	17. Mai	23. Mai	19. Mai	—
Beginn der Ernte	—	12. Okt.	18. Sept.	—
Süß- und Sauerkirsche		*Lehm (mittelschw.)*	*Wiese, feucht*	
Sorte	Süßkirsche	Früh. b. Mark u. Osth. Weichs.	Süßkirsche	Süßkirsche
Austrieb	—	—	—	—
Beginn der Blüte	18. April	28. 4. u. 7. 5.	4. Mai	10. Mai
Nachtfröste während der Blüte	—	29.4.,3.,11.u.14.5.	—	—
Ende der Blüte	17. Mai	8 u. 19. Mai	12. Mai	—
Beginn der Ernte	15. Juni	14. 6. u. 10.7.	2. Juli	—
Pflaume und Zwetschge		*Lehm (mittelschwer)*	*Garten*	
Sorte	Zwetschge	Kirschpflaume u. Hauszw.	Zwetschge	Zwetschge
Beginn der Blüte	4. Mai	4. u. 8. Mai	12. Mai	29. April
Nachtfröste während der Blüte	—	3 , 11. u. 14. 5.	—	—
Ende der Blüte	20. Mai	11. u. 16 Mai	24. Mai	—
Beginn der Ernte	25. August	Anfang Sept.	—	—
Pfirsich		*Lehm (mittelschwer)*		
Sorte	—	Amsden	—	—
Beginn der Blüte	15. April	7. Mai (voll)	—	28. April
Nachtfröste während der Blüte	—	11. u. 14. Mai	—	—
Ende der Blüte	1. Mai	17. Mai	—	—
Beginn der Ernte	—	31. Juli	—	—
Stachelbeere			*Garten*	
Beginn der Blüte	14. April	—	30. April	—
Ende der Blüte	28. April	—	6. Mai	—
Beginn der Ernte	12. Juli	—	—	—
Johannisbeere		*Lehm (mittelschwer)*		
Sorte	—	Rote Holländer	—	—
Beginn der Blüte	14. April	15. April	—	4. Mai
Nachtfröste während der Blüte	—	20. u. 22. April	—	—
Ende der Blüte	28. April	ca. 6. Mai	—	—
Beginn der Ernte	30. Juni	18. Juli	—	—
Erdbeere		*Lehm (mittelschwer)*		
Sorte	—	Flandern	—	—
Beginn der Blüte	—	17. Mai	—	—
Ende der Blüte	—	2. Juni	—	—
Beginn der Ernte	—	12.Juni/7.Juli	—	—

Phänologische Beobachtungen an landwirtschaftlichen Kulturpflanzen in Württemberg und Baden.

1922	Weinsberg Schoffer, Landesökonomierat	Bräumersberg, O.-A. Crailsheim Lang, Anwalt	Aalen Landw.-Schule	Hohenheim b. Stuttgart Dr. Gaule	Radolfzell Stengele, Landesökonomierat	Ettenheim Wiek, Vorsteher der Landw.-Schule
Meereshöhe in Metern......	205	459	428	400		
Winterroggen		*Sand, Grundwasser stellenweise*	*fand. Lehm, durchläffig*	*Bind. Lehmb. m. unburchl. Untergrund*	*Kiesboden, tiefliegend*	*Lößboden*
Sorte.................	—	Landroggen	Petkuser	Petkuser	Petkuser	Petkuser
Aussaat...............	—	September	Anfang Oktober	27. Sept.	2. Hälfte Sept.	25. Sept.
Beginn der Blüte	—	Anfang Juni	Mitte Juni	27. Mai	20. Mai	26. Mai
Ende der Blüte	—	20. Juni	—	10. Juni	—	2 Juni
Beginn der Ernte.......	—	Ende Juli	Mitte August	20. Juli	Anfang August	15. Juli
Sommerroggen				*Hochebene (Silber-plateau)*		
Sorte.................	—	—	—	Petkuser	—	—
Aussaat...............	—	—	—	29. April	—	—
Beginn der Blüte	—	—	—	22. Juni	—	—
Ende der Blüte	—	—	—	10. Juli	—	—
Beginn der Ernte.......	—	—	—	25. August	—	—
Wintergerste			*lehm. Sand, durchläffig*	*f. o.*	*Kiesboden, tiefliegend*	*Lößboden*
Sorte.................	—	—	Friedrichs-werther Berg	Eckend. Mammuth	Friedr. Berg Mammuth	—
Aussaat...............	—	—	Anfang Sept.	26. Sept.	Mitte Sept.	—
Beginn der Blüte	—	—	—	25. Mai	15. Mai	20. Mai
Ende der Blüte	—	—	—	—	—	30. Mai
Beginn der Ernte.......	—	—	Ende August	1. Juli	Ende Juli	21. Juni
Sommergerste		*Sand, Grundwasser stellenweise*	*Sandboden*	*f. o.*	*Kiesboden, tiefliegend*	*Lößboden*
Sorte.................	—	Lange	Goldthorpe	Zeiners Frankengerste	Hanna Goldthorpe	Bethges
Aussaat...............	—	April	Anfang Mai	28. April	Anfang März	7. April
Beginn der Blüte	—	Ende Juni	—	25. Juni	zw. 20. u 30 Mai	22. Juni
Ende der Blüte	—	Anfang Juli	—	—	—	7. Juli
Beginn der Ernte.......	—	August	Ende August	10. August	5. August	18. Juli
Winterweizen		*Sand, Grundwasser stellenweise*	*Lehmboden, unburchläffig*	*f. o.*	*Kiesboden, tiefliegend*	*Lößboden*
Sorte.................	—	Schlanstedter	Bestandsweizen	Hohenheimer Dickkopf	—	—
Aussaat...............	—	Oktober	Mitte Oktober	18. Oktober	Oktober/Dez.	2. Oktober
Beginn der Blüte	—	Juli	—	20. Juni	25. Mai	10. Juni
Ende der Blüte	—	Ende Juli	—	8. Juli	—	20. Juni
Beginn der Ernte.......	—	August	Ende August	14. August	5. August	25. Juli
Sommerweizen	*toniger Lehm*	*Sand, Grdw. stell.*		*f. o.*	*Kiesb., tief-liegend*	
Sorte.................	—	Kolbenweizen	—	Hohenh. S.-W.	—	—
Aussaat...............	12. März	April	—	15. April	Mitte März	—

Angabe	Boden	Angaben	Boden	Angaben	Boden	Angaben	Boden	Angaben	Boden	Angaben	Boden	Angaben
Beginn der Blüte	toniger Lehm	—	Sand, Grdw. stell.	August		—	f. o.	4. Juli	Rießb., tief liegend	Ende Mai		—
Ende der Blüte		—		Ende Juli		—		31. Juli		—		—
Beginn der Ernte		—		August		—		1. Sept.		5. August		—
Hafer												
Sorte	Lehmboden	—	Sand, Grundwasser stellenweise	Rispenhafer	sand. Lehm, durchlässig	Fichtelgebirgshafer	f. o.	F. v. Lochows Gelbhafer	Rießboden, tiefliegend	—	Lößboden	Lochows
Aussaat		10. März		April		Anfang März		21. April		Ende März		28. März
Beginn der Blüte		—		August		—		2. Juli		Ende Mai		4. Juni
Ende der Blüte		—		Ende Juli		—		24. Juli		—		17. Juni
Beginn der Ernte		—		—		Ende Sept.		28. August		zw. 15. u. 30. Aug.		28. Juli
Kartoffel												
Sorte	Lehmboden	—	Sand, Grundwasser stellenweise	Wohltmann	lehm. Sand, durchlässig	Industrie	f. o.	Industrie	Rießboden, tiefliegend	—	Lößboden	Wohltmann
Aussaat		1. Mai		Mai		Anfang Mai		8. Mai		Ende März		10. Mai
Beginn der Blüte		—		Juli		15. Juni		12. Juli		Mitte Juni		10. Juli
Ende der Blüte		—		August		15. Juli		—		—		5. Juli
Beginn der Ernte		—		September		Ende Sept.		15 Oktober		Mitte Oktober		8. Oktober
Rübe												
Sorte	Lehmboden	—	Sand, Grdw. stell.	Kohlrübe		Eckendorfer	f. o.	Eckendorfer	Rießb., tief liegend	Eckendorfer		—
Aussaat		2. Mai		März/Juni		Anfang April		1. Mai		zw.1. u.15. Mai		—
Beginn der Ernte		—		Oktober		Ende Sept.		10. Oktober		Ende Oktober		—
Raps												
Sorte		—		—		—	f. o.	Hohenheimer Winterraps	Rießboden, tiefliegend	—	Lößboden	—
Aussaat		—		—		—		24. August		Ende August		—
Beginn der Blüte		—		—		—		15. Mai		zw. 1. u.15.Mai		8. Mai
Ende der Blüte		—		—		—		15. Juli		—		19. Juni
Beginn der Ernte		—		—		—		7. August		—		3. Juli
Klee												
Sorte		—	Sand, Grundwasser stellenweise	Rotklee		—	f. o.	—	Rießboden, tiefliegend	Rotklee		—
Aussaat		1. Mai		April		—		—		Mitte März		—
Beginn der Blüte		—		Juni		—		—		Ende Mai		—
Ende der Blüte		—		Juli		—		—		—		—
Beginn der Ernte		—		Juli		—		—		—		—
Erbse												
Sorte		—	Sand, Grundwasser stellenweise	Viktoria		—	f. o.	Hohenheimer grüne Viktoria	Rießboden, tiefliegend	Viktoria		—
Aussaat		10. April		April		—		24 Mai		Anfang März		—
Beginn der Blüte		—		Juli		—		18. Juni		Mai		—
Ende der Blüte		—		August		—		15. Juli		—		—
Beginn der Ernte		—		September		—		1. August		Anfang August		—
Ackerbohne (Vicia faba)												
Sorte		—		—	Lehmboden, durchlässig	—	f. o.	Strubes	Rießboden, tiefliegend	—		—
Aussaat		—		—		Anfang Mai		29. April		Ende Febr./März		—
Beginn der Blüte		—		—		August		13. Juni		Mai		—
Ende der Blüte		—		—		September		25. August		—		—
Beginn der Ernte		—		—		Ende Oktober		4. Sept.		Ende August		—

Phänologische Beobachtungen an Obstgewächsen in Württemberg und Baden.

1922	Weinsberg Schoffer, Landesökonomierat	Bräumersberg, O.-A. Crailsheim Lang, Anwalt	Aalen Landw.-Schule	Hohenheim bei Stuttgart Dr. Gaule	Radolfzell Stengele, Landesökonomierat	Ettenheim Wiek, Vorsteher der Landw.-Schule
Meereshöhe in Metern	205	459	428	400	—	—
Wein						
Beginn der Blüte	15. Juni	—	—	—	Kiesb., tiefl. · Mitte Juni	—
Beginn der Fruchtreife	15. Oktober	—	—	—	Anf. Okt. ²)	—
Apfel						
Sorte	—	Mostapfel	—	Sch. v. Boskop	—	—
Austrieb	—	—	—	—	Mitte Mai	Lößboden · 20. April
Beginn der Blüte	6. Mai	Mai	13. Mai	10. Mai	Riesboden, tiefliegend · Mitte Mai	10. Mai
Ende der Blüte	—	Mai	—	21. Mai	—	18. Mai
Beginn der Ernte	—	Oktober	—	—	zw.1 u.15.10.?	17. Sept.
Birne						
Sorte	—	—	—	gelbe Wadelbirne	—	—
Austrieb	—	—	—	—	zw. 1. u. 10.5.	—
Beginn der Blüte	1. Mai	—	7. Mai	8. Mai	Riesboden, tiefliegend · Mitte Mai	12. Mai
Ende der Blüte	—	—	—	20. Mai	—	19. Mai
Beginn der Ernte	—	—	—	—	zw.1.u.15.10.?	12. Sept.
Süßkirsche						
Sorte	—	—	—	—	—	—
Austrieb	—	—	—	—	zw. 1. u. 10.5.	16. April
Beginn der Blüte	14. April	—	6. Mai	—	Riesboden, tiefliegend · Anfang Mai	28. April
Ende der Blüte	—	—	—	10. Mai	—	6. Mai
Beginn der Ernte	—	—	—	—	zw. 15 u. 31.7.	17. Juni
Sauerkirsche						
Sorte	—	Schwarze u. Rote	—	—	—	—
Austrieb	—	—	—	—	zw. 1. u. 10.5.	—
Beginn der Blüte	14. April	April	—	—	Riesboden, tiefliegend · Anfang Mai	—
Ende der Blüte	—	Anfang Mai	—	—	—	—
Beginn der Ernte	—	Anfang Juli	—	—	zw. 15. u. 31.7.	—

						Kiesboden, tiefliegend	Lößboden
Pflaume							
Sorte	—	Blaue	—	—		—
Austrieb	—	—	—	—	Anfang Mai	8. April
Beginn der Blüte	20. April	Mai	—	—	Anfang Mai	18. April
Ende der Blüte	—	Ende Mai	—	—	—	25. April
Beginn der Ernte	—	August	—	—	August	Ertrag = 0
Zwetschge							
Sorte	—	Große Blaue	—	—	Hauszwetschge	—
Austrieb	—	—	—	—	Mitte Mai	7. April
Beginn der Blüte	2. Mai	Mai	10. Mai	—	Anfang Mai	16. April
Ende der Blüte	—	Ende Mai	—	—	—	24. April
Beginn der Ernte	12. September	Oktober	August [1]	—	Ende August	Ertrag = 0
Pfirsich							
Austrieb	—	—	—	—	Ende April	—
Beginn der Blüte	12. April	—	—	—	Anfang Mai	16. April
Ende der Blüte	—	—	—	—	—	25. April
Beginn der Ernte	—	—	—	—	September	—
Stachelbeere							
Sorte	—	Rote	—	—	—	—
Austrieb	—	—	—	—	zw. 15. u. 30. 4.	—
Beginn der Blüte	15. April	April	—	—	zw.15. u.30.4.?	18. April
Ende der Blüte	—	Mai	—	—	—	25. April
Beginn der Ernte	—	Juli	—	—	August	—
Johannisbeere							
Sorte	—	Rote	—	—	Holländer	—
Austrieb	—	—	—	—	Ende April	—
Beginn der Blüte	5. April	April	8. Mai	—	zw.15. u.30.4.?	19. April
Ende der Blüte	—	Mai	—	—	—	27. April
Beginn der Ernte	10. Juni	Ende Juni	Anfang August	—	August	10. Juli
Erdbeere							
Sorte	—	Rote	—	—	—	—
Austrieb	—	—	—	—	Mitte Mai	—
Beginn der Blüte	18. Mai	Mitte Mai	—	17. Mai	Mitte Mai	20. Mai
Ende der Blüte	—	Ende Mai	—	—	Mitte Mai	2. Juni
Beginn der Ernte	—	Juni	—	—	Mitte Juni	28. Juni

[1] Frühzwetschge; Hauszwetschge, Beginn der Ernte: Mitte Oktober. [2] Beginn des Austriebs zwischen 1. und 15. Mai.

Phänologische Beobachtungen an landwirt

1922	Kuharbt, Bez. Germersheim (Pfalz) H. Kiefer, Lehrer	Schweinfurt a. M. Landwirtschaftsrat	Bodenreuth Post Falkenberg, Bez.-A. Tirschenreuth (Oberpfalz) J. Keck, Ökonomssohn	Oberölsbach bei Neumarkt (Oberpfalz) Beyer, Bürgermeister
Meereshöhe in Metern.........		200	518	
Winterroggen	*Sandboden*	*milder Lehm und lehmiger Sand*	*Sandboden Granitwitterg.*	*Mittelboden*
Sorte	—	Nachb.v.Petk. u. Schlanst.	Petkuser	Petkuser
Aussaat	Sept.	—	—	Mitte Okt.
Beginn der Blüte	26. Mai	1. Juni	9. Juni	12. Juni
Ende der Blüte	5. Juni	—	22. Juni	20. Juni
Beginn der Ernte	10. Juli	25 Juli	5. Aug.	1. Aug.
Sommerroggen				*Sandboden*
Sorte	—	—	—	Petkuser
Aussaat	—	—	—	Ende März
Beginn der Blüte	—	—	—	25. Juni
Ende der Blüte	—	—	—	2. Juli
Beginn der Ernte	—	—	—	15 Aug.
Wintergerste	*Sandb. (schwer)*	*milder Lehm und lehmiger Sand*		
Sorte	—	Eckendorfer	—	—
Aussaat	Okt.	—		
Beginn der Blüte	—	—		
Ende der Blüte	—	—		
Beginn der Ernte	—	21. Juli		
Sommergerste	*Sandb. (schwer)*	*milder Lehm und lehmiger Sand*		
Sorte	—	Frankeng.	—	—
Aussaat	April	—	—	—
Beginn der Blüte	—	—	—	—
Ende der Blüte	—	—	—	—
Beginn der Ernte	—	31. Juli	—	—
Winterweizen	*Lehm u. Sandb.*	*milder Lehm und lehmiger Sand*	*Sandboden Granitwitterg.*	*schwerer Boden*
Sorte	—	braun Landw.	Dickkopf	Dickkopf
Aussaat	Ende Okt.	—	—	Ende Okt.
Beginn der Blüte	10. Juni	20. Juni	2. Juli	10. Juli
Ende der Blüte	20. Juni	—	14. Juli	20. Juli
Beginn der Ernte..........	20. Juli	31. Juli	19. Sept.	20. Aug.
Sommerweizen	*Lehm u. Sandb.*	*milder Lehm und lehmiger Sand*	*Sandboden Granitwitterg.*	
Sorte	—	Japhet	—	—
Aussaat	Ende März	—	10. Mai	—
Beginn der Blüte	10. Juni	—	18. Juli	—
Ende der Blüte	20. Juni	—	—	—
Beginn der Ernte..........	20. Juli	5. August	19. Sept.	—
Hafer	*Sandboden*	*sandiger Lehm*	*Sandboden Granitwitterg.*	*Mittelboden*
Sorte	—	Lochows Gelbhafer	Fichtelgebirgshafer	Frühhafer
Aussaat	Ende März	—	8. April	Mitte März
Beginn der Blüte	—	—	—	30. Juli
Ende der Blüte	—	—	—	10. Aug.
Beginn der Ernte..........	—	3. August	25. August	Anf. Sept.

schaftlichen Kulturpflanzen in Bayern. Tabelle 16.

	Eichstätt (Mittelfr.) Prof. A. Knörzer	Dentlein a. Farst b. Feuchtwangen (Mfr.) F. Meyer, Lehrer	Thalhausen, Bez.-A. Freising (Obb.) Gg. Grabwohl	Bockhorn, Bez.-A. Erding Hörmann, Hauptlehrer	Guttenberg H. Fiedler, Lehrer	Memmingen (Schwaben) Schüler, Verbandsinspektor	Zw. Lindau und Bregenz im Delta b. Laiblach Holtzhey, Major a. D.
	400—450	448	490	440	451	600	400
Kalkboden, im allg. trockener	—	*sandig* —	*sand. Lehmboden* Petkuser	*eben* —	—	*sand. Lehmboden 50 cm Tiefe* Petkuser	—
	—	—	Ende Sept.	15. Sept.	15. Sept.	—	—
	31. Mai	27. Mai	27. Mai	26. Mai	28. Mai	9. Juni	—
	—	5. Juni	8. Juni	6. Juni	7. Juni	15. Juni	—
	18. Juli	4. Juli	Ende Juli	23. Juli	12. Juli	15. Aug.	—
	—	—	—	—	—	—	—
	—	—	—	—	—	—	—
	—	—	—	—	—	—	—
	—	—	—	—	—	—	—
	—	—	—	—	—	—	—
	—	—	*sand. Lehmboden* —	*Lehmboden* —	—	—	—
	—	—	—	—	26. Sept.	—	—
	—	27. Mai	—	—	20. Mai	—	—
	—	12. Juni	—	—	31. Mai	—	—
	—	18. Juni	—	9. Juli	4 Juli	—	—
	—	—	*sand. Lehmboden* Moos-burger	—	—	*sand. Lehmboden 50 cm Tiefe* Rhätia	—
	—	—	23. März	13. April	1. April	24. April	—
	—	—	—	—	20. Juni	—	—
	—	—	—	—	24. Juni	—	—
	10. Aug.	—	—	27. Juli	15. Juli	20. Juli	—
im allgemeinen trock. Kalkboden	—	—	*sand. Lehmboden* Taga	—	—	—	—
	—	—	Ende Sept.	26. Sept.	19. Sept.	—	—
	10. Juni	4. Juni	16. Juni	8. Juni	7. Juni	—	—
	—	20. Juni	30. Juni	—	10. Juni	—	—
	5. Aug.	3. Aug.	15. Aug.	25. Juli	25 Juli	—	—
	—	—	—	—	—	—	—
	—	—	—	—	—	—	—
	—	—	—	—	—	—	—
	—	—	—	—	—	—	—
	—	—	—	—	—	—	—
	—	—	*sand. Lehmboden* Gelbhafer	—	—	*sand. Lehmboden 50 cm Tiefe* Fichtel-gebirgshaf.	—
	—	—	1. H März	20. März	10. März	22. April	—
	—	—	27. Juni	—	20. Juni	—	—
	—	—	5. Juli	—	27. Juni	—	—
	25. Aug.	—	10. Aug.	4. Aug.	15. Aug.	25. Aug.	—

1922	Kuhardt, Bez. Germersheim (Pfalz) H. Kiefer, Lehrer	Schweinfurt a. M. Landwirtschaftsrat	Bodenreuth, Post Falkenberg, Bez.-A. Tirschenreuth (Oberpfalz) J. Keck, Ökonomssohn	Oberölsbach bei Neumarkt (Oberpf.) Beyer, Bürgermeister
Meereshöhe in Metern........		200	518	
Kartoffel	Sandb. u. Lehm			Sandboden
Sorte	—	Frühe Rosen	—	Frühe
Aussaat	Anfang Mai	--	6. Mai	Ende April
Beginn der Blüte	22. Juni	19. Juni	12. Juli	Ende Juli
Ende der Blüte	—	—	14. Sept.	August
Beginn der Ernte........	—	10. Aug.	2. Okt.	—
Rübe		Lehmboden		
Sorte	—	Oberndorfer	—	—
Aussaat	—		—	—
Beginn der Blüte	—	--	—	—
Beginn der Ernte..........	—	20. Okt.	—	—
Raps	Sandb. u. Lehm	lehmig. Sandb.		
Sorte	—	Lembke?	—	—
Aussaat	Sept.	--	—	—
Beginn der Blüte	April	—	—	—
Ende der Blüte	Mai	--	—	—
Beginn der Ernte..........	—	5. Juli	—	—
Klee	Sandboden			
Sorte	—	—	Rotklee	—
Aussaat	März/April	—	—	—
Beginn der Blüte	Mai	—	18. Juni	—
Ende der Blüte	—	—	—	—
Beginn der Ernte..........	—	—	—	—
Erbse		lehmig. Sandb.		
Sorte	—	Viktoria	—	—
Aussaat	—	--	—	—
Beginn der Blüte	—	20. Juni	—	—
Ende der Blüte	—	—	—	—
Beginn der Ernte	—	--	—	—
Ackerbohne (Vicia faba)				
Aussaat ....·.....	—	—	—	—
Beginn der Blüte	—	—	—	—
Beginn der Ernte..........	—	—	—	—

---

[1] Frühe Rosen, Beginn der Blüte: 10. Juni. [2] Späte Sorten, Beginn der Blüte: 10. Juli.

wirtschaftlichen Kulturpflanzen in Bayern. Noch: Tabelle **16.**

Eichstätt (Mittelfr.) Prof. A. Knörzer	Dentlein a. Farst b. Feuchtwangen (Mfr.) F. Meyer, Lehrer	Thalhausen, Bez.-A. Freising (Obb) Gg. Gradwohl	Bockhorn, Bez.-A. Erding Hörmann, Hauptlehrer	Guttenberg H. Fiebler, Lehrer	Memmingen (Schwaben) Schüler, Verbands-inspektor	Zw. Lindau und Bregenz im Delta d. Laiblach Holzhey, Major a. D
400—450	448	490	440	451	600	400
im allgemeinen trock. Kalkboden — 20. Juni — —	— 5. Mai 15. Aug. 30. Aug. 4. Okt.	fand. Lehmboden Wohltm. u. up to date 2. Mai Anf. Aug. — Anf Sept.	— 16. Juli 19. Aug. —	— 20. Mai 3. Juli 12. Juli 1. Okt.	fand. Lehmboden Wohltmann 28. April 28. Juni[1] — 5. Okt.	Moränenschutt u. fand. Lehmb. — 10. Juni[2] — fr. 9. Juli
—	— 7. Juni —	fand. Lehmb. Runkeln gelbe Walze 10. Juni — Mitte Okt.	—	—	fand. Lehmb. Remling — — 10. Okt.	—
— — —	— — 5. April — —	— — —	— — — —	Winter 1. Sept. 16. Mai 5. Juni 20. Juni	— — — —	— — — —
—	Rotklee — 5. Juni — —	— — — —	Rotklee — 9. Juli — —	— 1. April 24. Mai 10. Juni 24. Juni	— — — 15. Mai	—
— — — —	— — — —	— — — —	— — — —	10. März 10. Juni 24. Juni 15. Aug.	— — — —	nur in Gärten, Moränenschutt u. fand. Lehmb. 12. Apr. 10. Mai 24. Mai
— —	— —	— —	— —	1. März 7. Juni	— —	nur i. Gärt., Moränensch. u. fand. Lehm 12. April 23. Mai 10. Juli

Phänologische Beobachtungen

1922	Kuhardt, Bez. Germersheim (Pfalz) H. Kiefer, Lehrer	Schweinfurt a. M. Landwirtschaftsrat	Eichstätt, (Mfr.) Prof. A. Knörzer	Deutlein a. Farst b. Feuchtwangen (Mfr.) F. Meyer, Lehrer
Meereshöhe in Metern.........		200	400—450	448
Wein				
Beginn der Blüte..........	—	2. Juni	—	—
Beginn der Ernte..........	—	—	—	—
Apfel		Landsberger Reinette		
Sorte.....................	—		—	—
Austrieb..................	—	—	—	—
Beginn der Blüte..........	Mitte Mai	20. Mai	9. Mai [5]	15. Mai
Ende der Blüte............	Ende Mai	—	—	7. Juni
Beginn der Ernte..........	—	ca. 28. Sept.	—	12. Okt.
Birne		Pastorenbirne		
Sorte.....................	—		—	—
Austrieb..................	—	—	—	—
Beginn der Blüte..........	Anfang Mai	15. Mai	6. Mai [5]	15. Mai
Ende der Blüte............	Mitte Mai	—	—	9. Juni
Beginn der Ernte..........	—	20. Sept.	—	6. Sept.
Süß- und Sauerkirsche				
Sorte.....................	—	—	—	Süßkirsche
Austrieb..................	—	—	—	—
Beginn der Blüte..........	Ende April	8. Mai	allg. 28. April [6]	24. Mai
Ende der Blüte............	Anfang Mai	—	—	—
Beginn der Ernte..........	—	—	—	—
Pflaume und Zwetschge				
Sorte.....................	—	Reineklauben	—	Zwetschge
Austrieb..................	—	—	—	—
Beginn der Blüte..........	Anfang Mai	—	—	25. Mai
Ende der Blüte............	Mitte Mai	—	—	—
Beginn der Ernte..........	—	19. Aug.	—	20. Aug.
Pfirsich				
Sorte.....................	—	—	—	—
Austrieb..................	—	—	—	—
Beginn der Blüte..........	Ende April	—	9. Mai [5]	—
Ende der Blüte............	Anfang Mai	—	—	—
Beginn der Ernte..........	—	—	—	—
Stachelbeere				
Sorte.....................	—	—	—	—
Austrieb..................	—	—	—	—
Beginn der Blüte..........	Ende April	5. Mai	17. April	—
Ende der Blüte............	Anfang Mai	—	—	—
Beginn der Ernte..........	—	—	—	—
Johannisbeere				
Sorte.....................	—	—	—	—
Austrieb..................	—	—	—	—
Beginn der Blüte..........	Ende April	5. Mai	—	20. Mai
Ende der Blüte............	Anfang Mai	—	—	—
Beginn der Ernte..........	—	—	—	6. Aug.
Erdbeere				
Sorte.....................	—	—	—	—
Beginn der Blüte..........	Mitte Mai	28. Mai	—	—
Ende der Blüte............	—	—	—	—
Beginn der Ernte..........	—	—	—	—

Die Spalte Schweinfurt trägt die Bodenangaben: *lehmig. Sandb.*, *Lehmboden*. Die Spalte Eichstätt: *im allg. trocken. Kaltboden*.

[1] Beginn der Ernte von Charlamowsky: 4. September, Lederreinette: 16. Oktober. [2] Beginn der Ernte von Zuckerbirnen: 15. August, [4] Beginn der Ernte von grüne Reineklaude: 29. August. [5] Nachtfröste während der Blüte: 14. Mai —2°, 15. Mai 0° bis —1°. [6] Nacht

an Obstgewächsen in Bayern.   Tabelle 17.

Thalhausen, Bez.-A. Freising (Obb.) Gg. Grabwohl	Bockhorn, Bez.-A. Erding Hörmann, Hauptlehrer	Guttenberg (Obb.) H. Fiedler, Lehrer	Memmingen (Schwaben) Schlüter, Verbandsinspektor	Wasserburg a. Bodensee Dr. H. Gams	Zw. Lindau u. Bregenz i. Delta b. Laiblach K. Holzhey, Maj. a. D.
490	440	451	600	400	400
—	—	7. Juni		6. Juni	—
···	—	20. Sept.	5. Sept.	—	—
	Herberts Reinette			Gravensteiner	
Anfang Mai	—	—		—	18. April
Anfang Mai	16. Mai	27. April		9. Mai	9. Mai
Mitte Mai	—	5. Mai		—	
Oktober	24. Sept.	20. Sept.		9. Sept. [1]	Oktober
	Diels Butterbirne				
Mitte April	—	—		—	18. April
Anfang Mai	8. Mai	28. April	8. Mai	7. Mai	9. Mai
Anfang Mai	—	6 Mai		—	
September	1. Okt.	15. Sept.		15. Aug. [2]	Oktober
	rotgelbe Knorpelkirsche			Süßkirsche	
2. Hälfte April	—	—		—	18. April
Ende April [7]	5. Mai	24. April	12. Mai	23. April	6. Mai
1. Hälfte Mai	—	3. Mai		9. Mai	
Ende Juni	29. Juni	20. Juni		22. Juni	
	Bühlers Frühe				
1. Hälfte Mai	—	—		—	18. April
1. Hälfte Mai [7]	1. Mai	1. Mai		26. April	6. Mai
1. Hälfte Mai	14. Mai	6. Mai		—	
Ende September	21. Aug.	20. Aug.		25. Aug.	September
		—		Amerikanische harte Sorte	
		—		—	
		12. März		26. April	
		20. März		—	
		15. Aug.		6. Okt.	
—		—			—
Mitte April		—			24. März
Ende April [7]		2. Mai			9. April
1. Hälfte Mai		9. Mai			—
Juli		10. Juli			15. Juli
—	Prolific	—		—	—
Ende April	—	—		—	—
Ende April [7]	8. Mai	2. Mai	10. Mai	—	25. April
1. Hälfte Mai	9. Juli	9. Mai		—	—
Juli	—	10. Juli		7. Juli	25. Juni
—	—	—		Amerik. Hybride	Sieger und Deutsch Evern
—	—	4. Mai		—	3. Mai
—	—	9. Mai		11. Mai	—
—	—	12. Juni		—	7. Juni

Vertikale Randvermerke: Spalte Thalhausen: „sandiger Lehmb." (mehrfach); Spalte Wasserburg: „mäßig Moräne", „schattige Lage"; Spalte Lindau: „Moränenschutt und Lehm" (mehrfach), „Moränensch. und Lehm".

Mostbirnen: 8. September.   [3] Am Seeufer Beginn der Ernte von frühen Sorten (Linde): 22. Juni, von späten Sorten (Ebreter): 4. Juli. …frost am 2. Mai —1°.   [7] Nachtfröste während der Blüte, aber ohne Schaden.

Phänologische Beobachtungen am Rebstock in Bayern.

(Ökonomierat Dr. Ziegler: Der deutsche Weinbau 1923, Nr. 3.)

1922	Albersweiler Beobacht.: K. Hofmann	Bingert Beobacht.: J Hahn	Bellfeld	Buchbrunn Beobacht.: J. Meuschel	Bürgstadt Beobacht.: Meisenzahl	Edenkoben Beobacht.: F. A. Froelich	Escherndorf Beobacht.: J. Fischer	Frankenthal Beobacht.: Klingmann	Frickenhausen Beobacht.: B. Engel und Ph. Meinzinger	Hohenfeld Beobacht.: Schneider	Kirchheimbolanden Beobacht.: Landw. Schule
Sylvaner											
Beginn des Austriebs ...	—	—	—	—	—	21. April	—	—	1. Mai	—	—
Beginn der Blüte	—	24. Juni	—	—	28. Juni	—	6. Juni	—	—	—	—
Riesling											
Beginn des Austriebs ...	25. April	—	—	28. April	—	—	—	—	—	—	—
Beginn der Blüte	—	29. Juni	—	—	25. Juni	—	7. Juni	—	—	—	—
Portugieser											
Beginn des Austriebs ...	22. April	—	—	—	—	—	—	13. Mai	—	—	13. Mai
Beginn der Blüte	—	—	18. Juni	—	—	—	—	—	—	—	17. Juni
Frühburgunder											
Beginn des Austriebs ...	—	—	—	—	2. Mai	—	—	—	—	2. Mai	—
Beginn der Blüte	—	14. Juni	—	—	20. Juni	—	6. Juni	—	—	—	—

Noch: Phänologische Beobachtungen am Rebstock in Bayern.

1922	Klingenberg Beobacht.: Wengerter und A. Ebert	Königsbach	Neustadt a. H. Beobacht.: Louis und Dr. Kirchner	Oberlustadt Beobacht.: Weber	Randersacker Beobacht.: Störrlein und König	Saussenheim Beobacht.: Küstner	Schweinfurt Beobacht.: A. Eichner und F. Geis	Sulzfeld Beobacht.: Bernard	Veitshöchheim Beobacht.: Dr. Gerneck	Wachenheim Beobacht.: Lehrenkraus	Ziegelanger Beobacht.: Bauerschmitt
Sylvaner											
Beginn des Austriebs ...	—	—	—	—	—	—	17. Mai	—	—	—	—
Beginn der Blüte	6. Juni	—	—	—	—	—	—	6. Juni	—	31. Mai	—
Riesling											
Beginn des Austriebs ...	28. April	—	—	—	—	16. Mai	—	—	—	—	13. Mai
Beginn der Blüte	—	—	—	—	—	—	—	—	—	1. Juni	—
Portugieser											
Beginn des Austriebs ...	26. April	—	—	—	—	—	—	—	—	—	13. Mai
Beginn der Blüte	5. Juni	—	4. Juni	—	5. Juni	—	—	—	—	—	—
Frühburgunder											
Beginn des Austriebs ...	—	21. April	—	10. Mai	—	—	—	—	14. Mai	—	16. Mai
Beginn der Blüte	—	2. Juni	—	—	—	—	—	—	—	—	—

58

Tabelle **19.**

Phänologische Beobachtungen über das Auftreten von Schädlingen in Ostpreußen und Brandenburg.

1922 Daten über die erste Beobachtung von Unkräutern	Fischhausen Huhnke	Marggrabowa Fiehr	Allenstein Dr. Radgien	Dornsdorf bei Luckau W. Richter	Langenlipsdorf, Kreis Jüterbog W. Schulze	Malkendorf, Kreis Ofsternberg Christoph, Lehrer
Meereshöhe in Metern............	2	160	128			
Unkräuter						
Rauhhaarige Wicke[1]) in Frucht.....	—	—	20. Juli	30. Juni	—	—
Hederich (Rapha- a. Keimpflänzchen .	1. Juni	10. Mai	18. Mai	2. Juni	—	—
nus sativus) (Spritztermin)						
und Ackersenf[2]) b. in Frucht.....	13. Juli	4. Juli	18. Mai	20. Juni	—	—
Roggen						
Schwarzrost und Braunrost[3])......	—	9. Juni	10. Juli	8. Juli	—	Juni
Roggenstengelbrand (Urocystis occ.).	—	—	12. Juli	28. Juni	—	—
Schneeschimmel (Fusarium nivale)..	—	—	10. April	9. Juli	—	—
Weizen						
Steinbrand (Tilletia Tritici u. laevis)	24. Juli	22. Juli	—	20. Aug.	8. Juli	—
Flugbrand (Ustilago Tritici)......	24. Juli	28. Juni	15. Juli	14. Aug.	12. Juli	E. Juni
Gerste						
Flugbrand (Ustilago Hordei).....	23. Juli	4. Juli	—	2. Juli	13. Juli	21. Juni
Hartbrand (Ustilago Jenseni).....	23. Juli	15. Juli	21. Juli	5. Juli	—	—
Streifenkrankheit (Helminthosp.gram.)	—	17. Juni	—	5. Juli	—	—
Hafer						
Flugbrand (Ustilago Avenae).....	28. Juni	—	—	22. Juni	28. Juni	Juni
Weißrippigkeit (Physopoden, verschiebene Arten, Larven und Imagines)	—	—	—	6. Juli	8. Juni	—
Kartoffel						
Krautfäule (Phytophthora infestans)	—	10. Aug.	—	22. Juni	4. Juli	—
Schwarzbeinigkeit[4]).............	11. Juli	23. Juli	25. Juli	20. Juni	10. Juni	—
Runkelfliege (Pegomyia hyosc.) Larve	—	28. Juni	20. Juli	—	—	22. Juni
Erbse						
Brennfleckenkrankheit (Ascochyta Pisi)	—	10. Juli	15. Aug.	—	—	—
Klee						
Kleeseide(Cuscuta Trifolii u.Epithym.)	13. Juli	18. Juli	15.Aug.viel	—	—	—
Apfel						
Schorf[5]) an Blatt oder Frucht.....	—	11. Juli	—	28. Aug.	—	—
Polsterschimmel[6]) an der Frucht....	Mitte Aug.	—	—	4. Sept.	—	26. Juni
Obstmade[7]), wurmstichiges Obst.....	29. Juni	10. Juli	—	15. Aug.	—	10. Juli
Birne						
Gitterrost (Gymnosporang. Sabinae)	—	24. Juni	—	25. Aug.	—	—
Schorf[5]) an Blüte,Frucht,Blatt u Zweig	—	25. Juni	15. Sept.	—	—	—
Obstmade[7]), wurmstichiges Obst.....	—	10. Juli	—	25. Aug.	—	21. Juni
Süß- und Sauerkirsche						
Zweigdürre (Monilia cinerea).....	—	—	—	28. Juni	—	26. Juni
Stachelbeere						
Amerikanischer Mehltau[8]).........	30. Mai	8. Juni	10. Juli	—	—	—
Rost (Puccin.Pringsheim.) a. d.Frucht	—	15. Juli	—	—	—	—
Erdbeere						
Blattfleckenkrankheit (Ramul.Tulasnei)	—	8. Juni	—	25. Juni	—	—

---

[1]) Ervum hirsutum.   [2]) Sinapis arvensis.   ) Puccinia graminis und dispersa.   [4]) Bacillus phytopithorus u. a.
[5]) Fusicladium dendriticum.   [6]) Monilia fructigena.   [7]) Carpocapsa pomonella.   [8]) Sphaerotheca mors uvae.

Phänologische Beobachtungen über das Auftreten von Schädlingen in Schleswig-Holstein.

1922 Daten über die erste Beobachtung von Unkräutern	Kiel Finken, Dir.	Schülp bei Notorf, Kreis Rendsburg, H. Sachau	Oldenburg i H. Landw.-Schule	Margarethenhof bei Segeberg Desenitz, Gutsbes.	Elmshorn Landw.-Schule	Bad Oldesloe Landw.-Schule	Lokstedt bei Hamburg Berendes
Meereshöhe in Metern......	47		5			18	8
Unkräuter Hederich [1]) a. Keimpflänzchen und Acker- (Spritztermin)	15. Mai	9. April	—	28. April	—	22. Mai	Juni
senf [2]) b. in Frucht....	30. Aug.	7. Sept.	— [3])	22. Aug.	—	9. Aug.	Juli
Roggen Mutterkorn (Claviceps purpurea) a. Honigtaustadium	30. Juni	—	—	—	10. Juni	—	Juli
b. Sklerotium	15. Juli	—	—	—	27. Juli	9. Juli	Juli
Weizen Flugbrand (Ustilago Tritici)	16. Juli	—	—	—	19. Juni	10. Juli	—
Gerste Flugbrand (Ustilago Hordei)	—	—	Juli [4])	—	7. Juni	3. Juli	Juli
Streifenkrankheit (Helminthosporium gramineum)	10. Juli	—	—	—	25. Juni	—	Juli
Hafer Flugbrand (Ustilago Avenae)	—	—	—	—	20. Juni	20. Juli	Juli
Kartoffel Krautfäule (Phytophthora infestans)	10. Aug.	28. Juni	—	M. Juli	—	10. Aug.	—
Schwarzbeinigkeit (Bacillus phytophthorus u. a) ...	—	—	—	—	25. Aug. [7])	12. Juni	August
Raps Rapserdfloh (Psylliodes chrysocephala) .... Befall der Winterung durch den Käfer.	15. Sept.	—	M. August	— [6])	—	—	—
Ackerbohne (Vicia Faba) Rost (Uromyces Fabae)..	—	—	M. Juli [4])	—	—	2. Aug.	—
Schwarze Blattlaus (Aphis papaveris-evonymi)	10. Juli	—	Juni	—	—	22. Juni	Juli
Süß- und Sauerkirsche Zweigdürre (Monilia ciner.)	—	—	August an Sauerk.	wenig	—	19. Mai	—
Stachelbeere Amerikanischer Meltau (Sphaerotheca mors uvae)	15. Juni	—	Juni	nicht beob.	—	3. Juli	—
Rost (Puccinea Pringsheimiana) an der Frucht ..	—	—	Juli [5])	wenig	—	27. Mai	—
Stachelbeerblattwespe (Nematus ventricosus u. a.) Erste erwachsene Larve.	—	24. Juni	—	nicht beob.	—	15. Mai	Juli

[1]) Raphanus sativus.   [2]) Sinapis arvensis.   [3]) Ackersenf in Bohnen und Wicken, Blüte: Mitte Juli.
[4]) Einzeln.   [5]) Vereinzelt.   [6]) Erdfloh an Erbse: 9. Juni.   [7]) Kohlmade: 20. August, Steckrübenmade: 12. Juni.

Phänologische Beobachtungen über das Auftreten von Schädlingen in Provinz Sachsen, Hannover und Thüringen.

1922 Daten über die erste Beobachtung von Unkräutern	Weener	Calbe (Saale)	Delitzsch M. Schöne, Dir. der Ldw.- Schule	Triptis b. Jena Kinzel, Ldw. Inst. der Univ.	Erfurt Dr. Thiene- mann, Dir. der Ldw.- Schule	Hildburghausen Dr. Graue, Dir. der Ldw.- Schule	Northeim Dr. Bartels, Ldw.-Lehrer
Meereshöhe in Metern		60		370	219	381	
Unkräuter							
Windhalm (Agrostis Spica Venti) in Blüte..	—	28. Juni	—	—	Anfang Juli	—	30. Juni
Hederich (Raphanus sativus) ⎫ a. Keimpflänzchen	Juni	30. Apr./6.Mai	6. Mai	22. Mai	Mitte April	12. Mai	20. Mai
und Ackersenf (Sinapis ⎬ (Spritztermin)							
arvensis) ⎭ b in Frucht ...	August	20. Juli	—	18. Juli	Juli	15. Aug.	22. Juni
Roggen							
Schwarzrost und Braunrost (Puccinia graminis und dispersa)	Juli	10. Juli	—	—	—	7. Juli	Ende April
Fritfliege (Oscinella frit), Larve (im Frühling)	—	—	15. Mai	—	Ende April	—	—
Getreideblumenfliege (Hylemyia coarctata) (im Frühling)	—	—	—	—	Ende April	14. Juli	—
Weizen							
Steinbrand (Tilletia Tritici und laevis)	August	12. Juni	6. Juli	22. Juni	Juli	4. Juli	10. Juli
Flugbrand (Ustilago Tritici)	—	10. Juni	6. Juli	26. Juni	Juli	—	22. Juni
Gerste							
Flugbrand (Ustilago Hordei)	Juli/August	25. Juni	4. Juli	3. Aug.	Juli	15. Juli	31. Mai [1]
Hartbrand (Ustilago Jenseni)	—	9. Juli	—	—	—	25. Juli	31. Mai [1]
Streifenkrankheit (Helminthosporium gramin.).	—	—	—	15. Aug.	—	—	Anfang Juni
Fritfliege (Oscinella frit), Larve (im Frühling)	—	—	15. Mai	—	Ende April	—	—
Hafer							
Flugbrand (Ustilago Avenae)	August	28. Juni	10. Juli	2. Sept.	Juli	5. Juli	30. Juni
Fritfliege (Oscinella frit), Larve (im Frühling)	Juni	15. März	15. Mai	—	Ende April	10. Juni	20. April [2]

Kartoffel							
Krautfäule (Phytophthora infestans)........	August	—	24. Juli	—	—	20. Juli	—
Schwarzbeinigkeit (Bacillus phytophthorus u. a.)	—	18. Mai	9. Juli	—	Ende Mai	14. Juli	2. Juli
Erdraupe (Agrotis segetum) Larve an Früh-kartoffeln	—	—	9. Juli	—	Ende Juli	—	—
Zucker- und Runkelrübe							
Runkelfliege (Pegomyia hyoscyami), Larve ...	—	6. Juni	24. Juni	29. Aug.	—	24. Juni	25. Juni
Schwarze Blattlaus (Aphis papaveris-evonymi)	—	2. Aug.	29. Juli	—	—	—	29. Juni
Raps							
Rapsglanzkäfer (Meligethes aeneus u. a.), Larve	—	—	22. Mai	20. Mai	—	—	25. Mai
Erbse							
Brennfleckenkrankheit (Ascochyta Pisi)	—	Anfang Juni	—	—	—	Anfang Aug.	—
Ackerbohne (Vicia Faba)							
Schwarze Blattlaus (Aphis Papaveris-Evo-nymi)	Juli	—	—	—	Juni	22. Juli	18. Juni
Weinrebe							
Falscher Mehltau (Peronospora viticola).....	—	Juli	—	10. Juli	—	—	—
Apfel							
Schorf (Fusicladium dendriticum) an Blatt oder Frucht	Juli	Ende Juli	—	15. Sept.	September	—	—
Obstmade (Carpocapsa pomonella), wurmstichiges Obst......................	August	Ende Juni	24. Aug.	10. Aug.	August	15. Juli	—
Birne							
Schorf (Fusicladium dendriticum) an Blüte, Frucht, Blatt und Zweig	August	Ende Juli	—	—	—	—	—
Obstmade (Carpocapsa pomonella), wurmstichiges Obst	—	Juni	—	—	August	15. Juli	—
Süß- und Sauerkirsche							
Zweigdürre (Monilia cinerea)	Juli	Ende Mai	—	—	April	—	—
Stachelbeere							
Rost (Puccinia Pringsheimiana) an der Frucht	Juni	—	16. Juni	—	—	—	—
Johannisbeere							
Blattflecken (Gloeosporium Ribis)	Juni	Ende Juni	—	—	—	—	—

¹) Ähre aus der Hofe.   ²) Blasenfüße an der Rispe, Ende Juni bei Weißhafer; Drahtwurmschäden in größerem Umfang im Mai.

Phänologische Beobachtungen
über das Auftreten von Schädlingen in der Rheinprovinz und Westfalen.

1922 Daten über die erste Beobachtung von Unkräutern	Saarburg	Trier Dr. H. Zillig	Niederbieber, Kr. Neuwied Vbm.-Schule	Geilenkirchen	Lindlar	Sprafel, Kr. Münster Dr. Rotthoff	Drafel, Kr. Höxter R. Steppes, Vbm.-Schule	Erndtebruch i. Westf.
Meereshöhe in Metern	175	148.5		74	230	48—50	141	
Unkräuter								
Rauhhaarige Wicke (Ervum hirsutum) in Frucht	—	—	Anfang Juni	—	14. April	—	—	Ende Juli
Viersamige Wicke (Ervum tetrasperm.) in Frucht	—	—	—	—	10. April	—	—	Ende Juli
Hederich (Raphan. sativus) } a. Keimpflänzchen	15./25. März	—	26. April	Anfang Mai	1. April	15. April	15. April	Juli
und Ackersenf (Sinapis (Spritztermin) arvensis) } b. in Frucht . . .	15./25. März	—	10. Mai	nicht	Ende Juli	—	—	Juli
Roggen								
Mutterkorn (Claviceps purpurea)								
a. Honigtaustadium	nicht beob.	—	—	—	8. Juni	—	—	Mai
b. Sklerotium	kaum vertr.	—	—	—	20. Juli	13. Juli	—	Juni
Schwarzrost und Braunrost (Puccinia graminis und dispersa)	nicht beob.	—	—	—	28. Juni	19. Juni	6. Juni	August
Ochsenzunge (Anchusa officinalis und arvensis) mit Rost	nicht beob.	—	—	—	6. April	—	—	Juli
Schneeschimmel (Fusarium nivale)	—	—	—	Ende Febr.	—	—	—	Febr.-März
Fritfliege (Oscinella frit), Larve (im Frühling)	—	—	—	AnfangMärz	Anfang Mai	—	—	Juni
Weizen								
Steinbrand (Tilletia Tritici und laevis) . . .	—	5. Juli	Ende Juli	—	29. Juli	—	—	Juli
Flugbrand (Ustilago Tritici)	—	15. Juli	—	—	—	12. Juli	—	Juli
Gerste								
Flugbrand (Ustilago Hordei)	—	29. Mai	Anfang Juli	—	8. Juni	22. Juni	[4. Juni	Juli
Streifenkrankheit (Helminthospor. gramineum)	Mitte Mai	5. Juli	—	—	15. Mai	10. Juni	ziemlich	—
Hafer								
Flugbrand (Ustilago Avenae)	Ende Mai	28. Juni	Anfang Juli	—	5. Juli	26. Juni	mittelstark	Juli
Fritfliege (Oscinella frit), Larve (im Frühling)	—	—	Ende April	Mitte Mai stark	Anfang Mai	—	zieml. stark	Juni
Kartoffel								
Krautfäule (Phytophthora infestans)	—	—	Ende Juni	—	10. Aug.	—	beobachtet	August
Schwarzbeinigkeit (Bacillus phytophthorus u.a.)	—	—	Ende Juni	Ende Juni	6. Juni	21. Juni	nicht beob.	Juli
Zucker- und Runkelrübe								
Runkelfliege (Pegomyia hyoscyami), Larve . .	Mitte Juni	7. Juni	Ende Juni	—	5. Mai	—	20. Juni	—
Schwarze Blattlaus (Aphis papaver.-evonymi)	—	—	—	Juli	—	—	—	—

Raps								
Rapsglanzkäfer (Meligethes aeneus u. a.) Larve	—	—	Mitte Mai	—	27. Juni	—	Anfang April	—
Rapserdfloh (Psylliodes chrysocephala)	—	—	—	—	30. März	—	—	Juni
Befall der Winterung durch den Käfer.								
Erbse								
Erbsenrost (Uromyces Pisi)	—	—	—	—	—	—	—	—
Wolfsmilch (Euphorbia cyparissias, Esula) mit Rost	—	21. April	—	— ²)	10. Mai	—	—	—
Ackerbohne (Vicia Faba)								
Rost (Uromyces Fabae)	—	19. Aug.	—	—	30. Juni	—	—	—
Schwarze Blattlaus (Aphis papaver.-evonymi)	—	—	Mitte Mai	—	—	keine	—	Juli
Klee								
Kleeseide (Cuscuta Trifolii und Epithymum)	—	—	Mitte Juli	vielfach	5. Juni	—	beobachtet	—
Weinrebe								
Falscher Mehltau (Peronospora viticola)	Ende Mai	22. Juni	—	—	—	—	—	—
Echter Mehltau (Oidium Tuckeri)	Ende Mai	11. Juni	—	—	—	—	—	—
Einbindiger Heu- und Sauerwurm (Conchylis ambiguella), Larve	Anfang Juli	12. Juni	—	—	—	—	—	—
Apfel								
Schorf (Fusicladium dendriticum) an Blatt oder Frucht	Anfang Aug	5. Aug.	Anfang Juli	September	6. Juni	—	wenig	—
Polsterschimmel (Monilia fructig.) an der Frucht	—	5. Aug.	—	—	15. Aug.	—	—	—
Mehltau (Podosphaera leucotricha)	—	21. Mai	12. Mai ¹)	—	—	—	—	—
Obstmade (Carpocapsa pomonella), wurmstichiges Obst	—	—	Mitte Juli	Juli, viel	28. Juni	—	vereinzelt	—
Birne								
Schorf (Fusicladium dendriticum) an Blüte, Frucht, Blatt und Zweig	Juni/Sept.	—	—	—	6. Juni	—	—	—
Polsterschimmel (Monilia fructig.) an der Frucht	—	2. Aug.	—	—	1. Sept.	—	—	—
Obstmade (Carpocapsa pomonella), wurmstichiges Obst	—	—	—	Juli	18. Juni	—	etwas	—
Süß- und Sauerkirsche								
Zweigdürre (Monilia cinerea)	—	27. Mai	—	—	15. Mai	—	Ende Mai	—
Pflaumenwickler (Carpoc.funebr.), Larve (Made)	—	—	Ende Juli	—	10. Juli	—	—	—
Stachelbeere								
Amerikanischer Mehltau (Sphaeroth. mors uvae)	—	—	—	—	27. Mai	1. Juli	—	Juni
Rost (Puccinia Pringsheimiana) an der Frucht	—	—	—	Ende Mai	2. Juni	—	—	—
Stachelbeerblattwespe (Nemat. ventricos. u. a.) Erste erwachsene Larve.	—	—	—	Mitte Mai	—	—	Anfang Juni	—
Johannisbeere								
Blattflecken (Gloeosporium Ribis)	—	—	Anfang Juli	Ende Mai	8. Mai	—	—	—
Erdbeere								
Blattfleckenkrankheit (Ramularia Tulasnei)	—	8. Juli	—	—	—	10. Juli	—	—

¹) Jakobsapfel.　　²) Ende Juni wurden die Erbsen stark durch Milben geschädigt.

Phänologische Beobachtungen über das Auftreten

1922 Daten über die erste Beobachtung von Unkräutern	Geisenheim, Rhein Prof. Dr. Lüstner	Biedenkopf Dr. Tornede, Tierzuchtinspektor	Wolfhagen, Bez. Cassel Jeltsch, Dir. d. landw. Schule	Harleshausen
Meereshöhe in Metern....................	100—103		255	
Unkräuter				
Rauhhaarige Wicke (Ervum hirsutum) in Frucht	—	August	—	Mitte Juli
Windhalm (Agrostis Spica Venti) in Blüte	—	—	—	28. Juni
Hederich (Raphanus sativus) und Ackersenf (Sinapis arvensis) } a. Keimpflänzchen (Spritztermin)	21. Mai	erschien nur gz. vereinzelt, nicht gespr.	April	17. Mai
b. in Frucht	12. Aug.		Juli/August	Anfang Juni
Roggen				
Schwarzrost und Braunrost (Puccinia graminis und dispersa)	10. Juni	—	—	Ende Mai
Berberitzenrost (Puccinia graminis) in der Nachbarschaft	27. Mai	—	—	Mitte Sept.
Ochsenzunge (Anchusa officinalis und arvensis) mit Rost.....................	—	—	—	—
Fritfliege (Oscinella frit), Larve (im Frühling)	—	—	Mai	20. Mai
Weizen				
Steinbrand (Tilletia Tritici und laevis) ...	—	Juli/August	August	10. Juli
Flugbrand (Ustilago Tritici).............	5. Juli	Aug./Sept.	Juli/August	20. Juli
Mehltau (Erysiphe graminis)............	8. Juni	—	—	Ende Juni
Gelbe Halmfliege (Chlorops taeniopus) Fraß am Schaft	—	—	—	—
Gerste				
Flugbrand (Ustilago Hordei)	31. Mai	—	Juli/August	15. Juni
Streifenkrankheit (Helminthosporium gramin.)	24. Juni	—	—	30. Mai
Hafer				
Flugbrand (Ustilago Avenae)	17. Juni	ziemlich stark	Juli/August	30. Juni
Fritfliege (Oscinella frit), Larve (im Frühling)	—	—	—	16. Mai
Kartoffel				
Krautfäule (Phytophthora infestans)	2. Okt.	Juli	September	16. Juni
Schwarzbeinigkeit (Bacillus phytophthorus u.a.)	—	—	Juli	nicht beob.
Zucker- und Runkelrübe				
Rost (Uromyces Betae)......	—	—	—	8. Aug.
Runkelfliege (Pegomyia hyoscyami) Larve ..	3. Juni	stark aufgetr.	—	nicht beob.
Schwarze Blattlaus (Aphis papaver.-evonymi)	18. Juni	—	—	nicht beob.
Raps				
Rapsglanzkäfer (Meligethes acneus u. a.), Larve	—	—	—	4. Juni
Rapserdfloh (Psylliodes chrysocephala)	—	—	—	nicht beob.
Befall der Winterung durch den Käfer.				

[1] Eggetermin 8. Mai.   [2] Kohl, Befall durch Haltica oleracea und H. nemerum

von Schädlingen in Hessen-Nassau und Hessen. Tabelle 23.

Caffel Scheer	Melfungen	Hünfeld Hügel, Lbw.-Schule	Neulos-Fulda Curefeld, Holz- haufen, Gutsverw.	Fulda Tremmel, Dir. d. lbw. Schule	Gau-Algesheim, südöstl. v. Bingen Dr. Ph. Rupp, Lbw. Schule	Friedberg (Hessen) Dr. Heßler, Studienrat	Reichelsheim (Odenwald) Dr. Reil Lbw.-Schule
			350	250	95	149.39	260
—	—	—	—	—	—	—	23. Juni
15. Juli	—	—	—	—	—	—	—
15. Mai [1]	—	26. Mai	15. Mai	24. Mai	—	17. Mai	4. Mai
—	—	25. Juli	—	30. Juli	—	Ende Juli	—
—	—	—	—	5. Juli	—	—	14. Juni
1. Juni	—	—	—	—	—	—	—
—	—	—	—	—	—	—	—
15. April	Mai	—	—	29. Mai	—	—	—
—	Juni	10. Aug.	—	10. Aug.	—	nicht beob.	16. Juli
—	—	—	—	—	—	Ende Juni	—
—	—	—	—	—	—	—	—
—	—	26. Juli	—	22. Juli	—	—	—
—	—	—	—	W.-G.5.Juni	—	—	—
—	—	Ende Juli	1. Juni	S.-G. E.Juli	19. Juni	W.-G.6.Juni	—
7. Juli	—	10. Juli	—	—	—	8. Juni	—
1. Juli	—	30. Juli	—	20. Aug.	26. Juni	12. Juli	—
15. April	20. Mai	Ende Mai	—	5. Juni	—	Ende Mai	—
—	—	vereinzelt	—	18. Juli	—	nicht beob.	—
1. Juli	August	Juli	—	—	2. Aug.	Ende Juni	—
—	Ende Mai	—	—	28. Juni	—	—	—
20. Juni	—	—	8. Juni	—	—	Ende Mai	—
15. Juni	—	—	—	—	—	—	—
15. Mai	Mai	—	—	25. Mai	—	—	5. Mai
1. Juni	Währ. d. gz. Wachstums	20. Mai	— [2]	—	—	—	—

1922 Daten über die erste Beobachtung von Unkräutern	Geisenheim, Rhein, Prof Dr. Lüstner	Biedenkopf, Dr. Tornede, Tierzuchtinspektor	Wolfhagen, Bez. Cassel, Jeltsch, Dir. d. landw. Schule	Harleshausen
Meereshöhe in Metern....................	100—103		255	
Ackerbohne (Vicia Faba)				
Rost (Uromyces Fabae)	—	—	—	8. Mai
Schwarze Blattlaus (Aphis papaver.-evonymi)	28. Mai	—	Juli	8. Juni
Weinrebe				
Falscher Mehltau (Peronospora viticola) ...	4. Juli	sehr stark	—	1. Aug.
Echter Mehltau (Oidium Tuckeri)	13. Juli	vereinzel t	—	—
Rebstichler (Rhynchit. betuleti), erste Blattwickel	27. Mai	—	—	nicht beob.
Apfel				
Schorf (Fusicladium dendriticum) an Blatt oder Frucht	—	—	—	4. Juni
Polsterschimmel (Monilia fructig.) an der Frucht	29. Juli	—	—	4. Juni
Mehltau (Podosphaera leucotricha).......	17. April	—	—	4. Juni
Obstmade (Carpocapsa pomonella) wurmstichiges Obst....................	3. Juli	—	—	6. Juli
Birne				
Gitterrost (Gymnosporangium Sabinae)....	31. Juli	—	—	20. Juni
Schorf (Fusicladium dendriticum) an Blüte, Frucht, Blatt und Zweig	4. Juni	—	—	25. Juli
Polsterschimmel (Monilia fructig.) an der Frucht	29. Juli	—	—	—
Obstmade (Carpocapsa pomonella) wurmstichiges Obst	3. Juli	—	—	25. Juli
Süß- und Sauerkirsche				
Zweigdürre (Monilia cinerea)	—	—	—	18. Sept.
Pflaume und Zwetschge				
Polsterschimmel (Monilia cinerea) an d. Frucht	31. Juli	—	—	16. August
Pflaumenwickler (Carpoc. funebr.) Larve (Made)	3. Juli	—	—	—
Pfirsich				
Kräuselkrankheit (Taphrina deformans — nicht Blattlaus)	6. Mai	—	—	5. Juni
Stachelbeere				
Amerikanischer Mehltau (Sphaeroth. mors uvae)	—	—	Juni	nicht beob.
Rost (Puccinia Pringsheimiana) an der Frucht	—	—	—	5. Juni
Johannisbeere				
Blattflecken (Gloeosporium Ribis)........	—	—	—	7. Juni
Erdbeere				
Blattfleckenkrankheit (Ramularia Tulasnei)...	—	—	—	7. Juni

---

1) Aus Mangel an Bohnen an Salix viminalis.　　2) Drahtwürmer (Larven von Lacon murinus): 20. Mai.

von Schädlingen in Hessen-Nassau und Hessen.   Noch: Tabelle **23**.

Caffel Scheer	Melfungen	Hünfeld Hügel, Lbw.-Schule	Neulos-Fulba Curefeld, Holzhaufen, Gutsverw.	Fulba Tremmel, Dir. d. lbw. Schule	Gau-Algesheim, füböftl. v. Bingen Dr. Ph. Rupp, Lbw.-Schule	Friedberg (Hessen) Dr. Hessler, Studienrat	Reichelsheim (Odenwald) Dr. Reil Lbw.-Schule
			350	250	95	149.39	260
10. Juli	—	—	—[1]	6. Juni	—	—	—
1. Juni	—	6. Juli	—	—	—	24. Mai	—
—	—	—	—	—	17. Juli	—	—
—	—	—	—	—	10. Juli	—	—
—	—	—	—	—	21. Mai	20. Mai	—
—	—	August	—	August	—	—	—
—	—	—	—	—	—	16. Aug.	—
15. Juni	—	—	—	—	—	2. Juni	—
10. Juli	August	August	15. Aug.	beobachtet	—	10. Juli	—
—	—	—	—	—	—	—	—
—	—	Aug./Sept.	20. Aug.	August	—	—	—
—	—	—	—	—	—	Ende Juli	—
—	August	August	—	Aug./Sept.	—	Mitte Juli	—
1. Juni	—	—	—	—	—	13. Juli a. d. Frucht	—
—	—	—	—	—	—	20. Juni	—
—	August	August	—	—	—	—	—
—	—	—	—	—	—	20. Mai	—
25. Mai	—	—	—	—	—	18.7. u. früh.	—
—	—	—	—	—	—	—	—
—	—	—	2. Juni	—	—	—	—
—	—	—	—[2]	—	—	Mitt. Juli[3]	—

[3] Sphaerella Fragariae Sacc

Phänologische Beobachtungen über das Auftreten von Schädlingen in Württemberg, Baden und Bayern.

1922 — Daten über die erste Beobachtung von Unkräutern, Krankheiten und Schädlingen	Weinsberg Schoffer, Landesökonomierat	Bräunersberg, D.-A. Crailsheim Lang, Anwalt	Aalen Landw.-Schule	Hohenheim bei Stuttgart Dr. Gaule	Ettenheim Wief, Vorst. der ldw. Schule	Radolfzell Stengele, Landesökonomierat	Bochhorn Bez.-A. Erding Hörmann, Hauptlehrer	Schwabach (Mfr.) Müller, Stub. Prof. a. D.	Schweinfurt a. M. Landwirtschaftsrat
Meereshöhe in Metern			428	400			440	340	
Unkräuter									
Rauhhaarige Wicke (Ervum hirsutum) in Frucht	15. Aug.	Juni	—	—	10. Juli	vereinzelt	16. Juli	—	—
Windhalm (Agrostis Spica venti) in Blüte	15. Juni	Juni	—	—	1. Juli	—	—	—	—
Hederich (Raphanus sativus) und Ackersenf (Sinapis arvensis) } a Keimpflänzchen (Spritztermin)	21. Mai	März	Anfang Mai	—	18. Mai	Ende Mai	18. Mai	—	10. Mai
} b. in Frucht	27. Mai	Juli	—	—	10. Juli	Mitte Mai	12. Juli	—	—
Roggen									
Mutterkorn (Claviceps purpurea), Sklerotium	—	—		Anfang Juli	8. Juli		—	—	—
Schwarzrost und Braunrost (Puccinia graminis und dispersa)	14. Juli	—	Ende Juli	—	—	Juni	—	6. Juli	10. Juni
Berberitzenrost (Puccinia graminis) in der Nachbarschaft	10. Juli	—	—	—	29. März	—	—	—	—
Weizen									
Steinbrand (Tilletia Tritici und laevis)	10. Juli	Juli	Mitte Juli	—	—	sehr wenig	—	—	—
Flugbrand (Ustilago Tritici)	10. Juli	Juli	—	—	2. Juli	—	—	19. Juni	Juni
Gelbe Halmfliege (Chlorops taeniopus), Fraß am Schaft	1. Juli	Juni	Ende Juni	—	—	sehr stark	—	12. Juli	Ende Juni
Gerste									
Flugbrand (Ustilago Hordei)	selten	—	Anfang Juli	30. Mai	W.-G. 18. 5. S.-G. 21. 6.	Ende Mai	—	14. Juni	19. Juni
Hafer									
Flugbrand (Ustilago Avenae)	20. Juli	—	Mitte Juli	—	1. Juli	Ende Mai	—	26. Juni	25. Juni[2]
Fritfliege (Oscinella frit), Larve (im Frühling)	Juni	Anfang Apr.	—	—	22. Juni	Ende Mai	—	—	18. Juni[3]

	Industrie								
Kartoffel									
Krautfäule (Phytophthora infestans) ...	August	vereinzelt	August	7. Aug.[1]	—	v.M.Aug.an	—	29. Juni	August[4]
Schwarzbeinigkeit (Bacillus phytophthorus u. a.) ...	—	—	Ende Juli	4. Juli	10. Juli	—	—	—	Ende Juli[5]
Schwarze Blattlaus (Aphis papaveris-evonymi) ...	5. Juli	—	—	—	—	Mitte Mai	—	—	Juni
Zucker- und Runkelrübe									
Schwarze Blattlaus (Aphis papaveris-evonymi) ...	5. Juli	—	—	12. Juni	—	Juli	—	—	—
Weinrebe									
Falscher Mehltau (Peronospora viticola)	20. Juni	—	—	—	7. Juli	Ende Mai	—	—	Juni
Echter Mehltau (Oidium Tuckeri) ...	20. Juli	—	—	—	10. Juli	mäßig	—	—	wenig
Einbindiger Heu- und Sauerwurm (Conchylis ambiguella), Larve ...	15. Juni	—	—	—	18. Juni	Mitte Juni	—	—	—
Rebstichler (Rynchit. betul.) erste Blattwickel	10. Juni	—	—	—	23. Mai	beobachtet	—	—	—
Apfel									
Schorf (Fusicladium dendriticum) an Blatt oder Frucht ...	25. Juni	Ende Juni	Ende Aug.	—	—	beobachtet	—	—	15. Juni
Polsterschimmel (Monilia fructigena) an der Frucht ...	10. Aug.	—	—	—	—	—	9. Aug.	—	25. Juni
Mehltau (Podosphaera leucotricha) ...	—	—	—	—	—	—	—	—	—
Obstmade (Carpocapsa pomonella) wurmstichiges Obst ...	Anf. August	Juli	—	—	—	sehr stark	21. Juli	—	2. Juni[6]
Birne									
Gitterrost (Gymnosporangium Sabinae) ...	29. Juni	Anfang Juli	—	—	16. Juni	vereinzelt	24. Juli	—	30. Juni
Schorf (Fusicladium dendriticum) an Blüte, Frucht, Blatt und Zweig ...	25. Juni	—	—	—	—	stark	8. Aug.	—	20. Juni
Polsterschimmel (Monilia fructigena) an der Frucht ...	August	—	—	—	—	—	19. Juli	—	5. Juli
Obstmade (Carpocapsa pomonella) wurmstichiges Obst ...	Ende August	Juli	—	—	—	—	—	—	Juli
Stachelbeere									
Amerikanischer Mehltau (Sphaerotheca mors uvae) ...	—	—	Mai	1. Juni	—	allg. verbr.	—	—	—

---

[1] Lembkes auf der Höhe.   [2] An Fichtelgebirgshafer.   [3] In Schallfeld.   [4] An Wiedemann und Deodora.   [5] An Parnaffia und Deodora.   [6] In Oberndorf.

Allgemeine phänologische Beobachtungen in Ost

1922	Königsberg (Ostpr.) Prof. Dr. Abromeit	Kiel-Prieß Diederichsen, Amts- u. Gemeindevorst.	Kiel Dr. G. Schellenberg	Schwartau b. Lübeck M Möller, Obersekretär	Lübeck Steyer, Hauptstat. für Pflanzenschutz	Neuengörs b. Segeberg Lüthge, Unterprim.	Hamburg, Bergedorf u. Vierlanden Köhler, Abteilung für Pflanzenschutz
Meereshöhe in Metern	8		47		20		26
Vorfrühling							
Anf. der Aufblühzeit von:							
Schneeglöckchen[1])..............	13. März	28. Febr.	27. Febr.	25. Mai	1. März	—	1. März
Huflattich (Tussilago Farfara)..	23. März	30. März	E. März	—	2. April	—	12. März
Anemone (Anemone nemorosa) .	24. März	10. April	15. April	—	9. April	—	15. April
Kornelkirsche (Cornus mas).....	17. April	—	13. April	—	—	—	—
Sahlweide (Salix Caprea)	16. April	11. April	15. April	—	—	—	—
Anf. d. Laubentfaltung bei:							
Stachelbeere (Ribes Grossularia)[2])	17. April	20. April	E. März	14. Mai	—	—	2. April
Erstfrühling							
Anf. der Aufblühzeit von:							
Dotterblume (Caltha palustris) .	3. Mai	30. April	20. April	10. Mai	—	—	—
Johannisbeere (Ribes Rubrum) .	13. Mai	6. Mai	1. Mai	12./14. 5.	—	2. Mai	—
Süßkirsche (Prunus avium).....	6. Mai	10. Mai	8. Mai	12./14. 5.	7. Mai	11. Mai	8. Mai
Schlehe (Prunus spinosa)......	12. Mai	14. Mai	13. Mai	12./14. 5.	—	10. Mai	9. Mai
Traubenkirsche (Prunus Padus)..	12. Mai	—	17. Mai	12./14. 5.	—	—	6. Mai
Birne (Pirus Communis)	Forell.-B. 18. Mai	—	15. Mai	12./14. 5.	—	Diels B. 7. Mai	8. Mai
Apfel (Pirus malus)	Hasenkopf 18. Mai	—	17. Mai	12./14. 5.	16. Mai	—	12. Mai
Anf. d. Laubentfaltung bei:							
Roßkastanie (Aescul. Hippocast.)	4. Mai	—	8. Mai	Mai	15. April	5. Mai	—
Linde (Tilia grandif., Sommerlinde)	—	—	17. Mai	—	7. Mai	10. Mai	—
(Tilia parvifolia, Winterlinde) .	—	14. Mai	—	—	7. Mai	—	—
Buche (Fagus silvatica)	16. Mai	5. Mai	8. Mai	14. Mai	—	4. Mai	—
Vollfrühling							
Anf. der Aufblühzeit von:							
Roßkastanie..............	19. Mai	—	24. Mai	—	23. Mai	24. Mai	16. Mai
Flieder (Nägelchen, Syringa vulg.)	23. Mai	16. Mai	24. Mai	22. Mai	22. Mai	23. Mai	17. Mai
Goldregen (Cytisus Laburnum)..	10. Juni	—	26. Mai	—	25. Mai	—	19. Mai
Eberesche (Sorbus aucuparia)...	—	—	25. Mai	—	—	—	17. Mai
Allgemeine Belaubung:							
Buchenhochwald grün[3])	21. Mai	—	12. Mai	ca.18.Mai	—	—	13. Mai
Eichenhochwald grün	25. Mai	—	21. Mai	—	—	—	—
Frühsommer							
Anf. der Aufblühzeit von:							
Holunder (Sambucus nigra)....	9. Juni	13. Juni	11. Juni	—	—	12. Juni	10. Juni
Schneebeere (Symphor.-racemosa)	14. Juni	—	17. Juni	—	—	11. Juni	—
Falscher Jasmin (Philad. coronar.)	17. Juni	—	17. Juni	—	—	—	—
Winterroggen	8. Juni	—	—	—	5. Juni	6. Juni	7. Juni
Winterweizen	—	—	—	—	—	—	—
Erste Entwickl. v. Johannistrieb. bei:							
Eiche	—	—	—	—	—	—	—
Spitzahorn	—	—	—	—	—	—	—
Eberesche usw.	—	—	—	—	—	—	—

[1]) Galanthus nivalis oder Leucojum vernum. [2]) Erste normale Blattoberflächen sichtbar. [3]) D. h. über 50% sämt
[6]) Hartriegel (Corn. sang): 10. Mai. [7]) Trotz freier Lage. [8]) Am sonnigen Gartensüdabhang. [9]) Butt. somm.: 24. April.
erdbeere, Beginn der Blüte: 17. Mai. [13]) Beobachtungen am Meer.

preußen, Schleswig-Holstein, Lübeck und Hamburg. Tabelle **25**.

Krümmel, Bez. Hamburg, Dr. D. Begemann	Tesperhude (Elbe), Wagner, Lehrer	Wandsbek, G. Rothe, stud. rer. pol.	Lokstedt b. Hamburg, Berendes	Klein Niendorf b. Segeberg, Dr. Hinrichs, Direktor	Padenstedt b. Neumünster, A. Nafel	Schülp b. Notorf, Kr. Rendsburg, H. Sachau	Rendsburg, Dr. A. Carl	Kiel[13], Finken, Direktor	Heilsberg (Ostpr.), Rogalski, Direktor
	40		8	20	16—18		5	47	70
27. Febr.	24. Jan.	—	März	April	—	—	10. März	30. März	—
3. März	E. Febr.[4]	15. März	—	—	März	3. April	—	—	30. April
18. April	14. April[5]	16. April	—	—	—	—	—	—	—
E. April	— [6]	—	—	—	—	—	—	—	—
10. April	29. März[7]	—	März	—	März	11. April	6. Mai	30. März	12. April
4. April	28. März[8]	3. April [11]	—	—	—	—	—	—	—
—	4. Mai	—	—	—	—	—	—	—	—
16. April	3./6. April	—	Mai	19. Mai	—	—	—	—	—
20. Mai	6. April	—	April	10. Mai	—	—	—	—	—
15. Mai	21. April	7. Mai	März	—	April	28. April	M. Mai	10. Mai	10. Mai
—	—	7. Mai	—	—	—	—	—	—	—
22. Mai	Beure de gris 21. April[9]	— [12]	April	15. Mai	—	—	—	—	—
20. Mai	— [10]	—	—	22. Mai	—	—	—	—	—
17. Mai	6. Mai	3. Mai	April	Mai	—	—	—	15. April	—
—	29. April	6. Mai	April	21. Mai	—	—	—	14. April	—
—	—	7. Mai	—	—	—	—	—	—	—
18. Mai	9. Mai	3. Mai	—	—	—	—	—	—	—
28. Mai	25. Mai	18. Mai	Mai	24. Mai	—	—	10. Mai	14. Mai	—
24. Mai	28. Mai	18. Mai	Mai	—	—	—	E. Mai	16. Juni	—
1. Juni	—	18. Mai	Mai	—	—	—	5. Juni	1. Juni	—
29. Mai	3. Juni	18. Mai	—	—	—	—	—	—	—
21. Mai	4. Juni	14. Mai	—	—	—	—	—	—	—
28. Mai	13. Juni	—	—	—	—	—	—	—	—
14. Juni	17. Mai	9. Juni	Juni	10. Juni	—	—	20. Juni	14. Juni	—
6. Juni	18. Mai	—	—	—	—	—	—	—	—
10. Juni	6. Juni	—	—	—	—	—	—	—	—
7. Juni	A. Juni	3. Juni	—	—	Mai	29. Mai	—	—	28. Juni
15. Juni	12. Juni	—	—	—	Mai	—	—	—	10. Juli
18. Juni	26. Juni	—	—	—	—	—	—	—	—
18. Juni	17. Juni	—	—	—	—	—	—	—	—
24. Juni	21. Juni	—	—	—	—	—	—	—	—

ticher Blätter an der Station entfaltet.   [4] In geschützter Lage, sonst 6.—11. März.   [5] In geschützter Lage, sonst 21.—24. April.
[10] Lang-falsch. Prinz: 26. April.   [11] Syringa vulgaris und Rubus Idaeus, Beginn der Laubentfaltung: 15. April.   [12] Garten-

1922	Königsberg (Ostpr.) Prof. Dr. Abromeit	Kiel-Pries Dieberichsen, Amts- u. Gemeindevorst.	Kiel Dr. G. Schellenberg	Schwartau b. Lübeck M. Möller, Obersekretär	Lübeck Steyer, Hauptstat. für Pflanzenschutz	Neuengörs b. Segeberg Lüthge, Unterprim.	Hamburg, Bergedorf u. Vierlanden Köhler, Abteilung für Pflanzenschutz
Meereshöhe in Metern	8	—	47	—	20	—	26
Hochsommer							
Anf. der Aufblühzeit von:							
Sommer- und Winterlinde	3.u.10.7.	—	19. Juli	—	—	30. Juni	28./30.6.
Heide (Calluna vulgaris)	10. Aug.	—	—	—	—	—	—
Weiße Lilie (Lilium candidum) . .	9. Juli	—	22. Juli	—	—	—	—
Anf. der Fruchtreife von:							
Johannisbeere	—	—	20. Juli	—	—	—	—
Eberesche	9. Aug.	—	—	—	—	28. Juli	28. Juli
Schneebeere	30. Aug.	—	—	—	—	—	—
Holunder	2. Sept.	—	—	—	—	—	—
Erntebeginn¹) von:							
Winterroggen	25. Juli	—	—	—	—	29. Juli	24. Juli
Winterweizen	19. Aug.	—	—	—	—	—	—
Grummetreife	— ⁸)	—	—	—	—	—	—
Frühherbst (Spätsommer)							
Anf. der Aufblühzeit von:							
Herbstzeitlose (Colchicum autumn.)	28. Aug.	—	—	—	—	—	—
Efeu (Hedera helix)	—	—	—	—	—	—	—
Anf. der Fruchtreife von:							
Roßkastanie	2. Sept.	—	—	—	—	—	—
Herbst							
Allgemeine Laubverfärbung u. a. bei:							
Roßkastanie	25. Sept.	—	—	—	—	—	2. Okt.
Buche	25. Sept.	—	—	—	—	—	12. Okt.
Eiche	—	—	—	—	—	—	18. Okt.
Dazu einige Beobachtungen aus d. **Tierwelt**							
1. Grasfrosch²) } zuerst gesehen	—	—	—	—	—	—	—
Wasserfrosch³ } oder gehört	—	—	—	—	—	—	—
2. Erster Falter der Kohlweißlinge⁴)	—	—	—	—	—	—	—
Erste Maikäfer⁵)	—	—	—	17. Mai	16. Mai viel	15. Mai	—
3. Erste schwarze Blattläuse an Saubohnen⁶)	—	—	—	—	—	—	—
4. Erste Frostspanner an Probeleimringen⁷)	— ⁹)	—	—	—	—	—	11. Okt.

¹) D. h. Anfang des Schnittes auf mehreren Feldern. ²) Rana temporaria. ³) Rana esculenta. ⁴) Pieris Aphis rumicis. ⁷) Cheimatobia brumata und Hibernia defoliaria. ⁸) Heuernte 11. Juni. ⁹) Erster Sprosserschlag: Beginn der Fruchtreife: 6. Juli. ¹²) Beobachtungen am Meer.

preußen, Schleswig-Holstein, Lübeck und Hamburg.

Krümmel, Bez.-Hamburg, Dr. D. Begemann	Lesperhude (Elbe), Wagner, Lehrer	Wandsbeck, G. Rothe, stud. rer. pol.	Lokstedt b. Hamburg, Berendes	Klein Niendorf b. Segeberg, Dr. Hinrichs, Direktor	Padenstedt b. Neumünster, A. Nafel	Schülp b. Notorf, Kr. Rendsburg, H. Sachau	Rendsburg, Dr. A. Carl	Kiel 12), Finken, Direktor	Heilsberg (Ostpr.), Rogalski, Direktor
	40		8	20	16—18		5	47	70
2. Juli	30. Juni	29. Juni	Sommer Juni	Sommer 15. Juli	—	—	Sommer A. Juli	Sommer 1. Juli	—
21. Juli	14. Aug.	—	—	—	—	—	—	—	—
5. Juli	—	—	—	—	—	—	—	—	—
10. Juli	10. Juni	—	August	17. Juli	—	—	—	—	—
22. Juli	17. Juni	26. Juli	—	—	—	—	—	—	—
A. Juli	29. Juni	—	—	—	—	—	—	—	—
E. Juli	20. Juli	— 11)	August	Sept.	—	—	—	10. Aug.	—
25. Juli	20. Juli	9. Aug.	—	—	Juli	2. Aug.	—	—	14. Juli
13. Aug.	30. Juli	—	—	—	Juli	—	—	—	—
—	— 10)	—	—	—	August	—	—	—	—
—	—	—	—	—	August	—	—	—	—
7. Sept.	31. Aug.	—	Sept.	Sept.	—	—	—	15. Sept.	—
A. Sept.	16. Aug.	—	—	—	—	—	—	30. Aug.	—
Anf. Okt.	6. Okt.	1. Okt.	Sept.	Oktober	—	—	—	15. Okt.	—
Ende Okt.	ca. 20. Okt.	14. Okt.	—	—	—	—	—	—	—
E. Nov.	ca. 28. Okt.	18. Okt.	—	—	—	—	—	—	—
—	—	—	—	—	April	30. März	—	—	—
—	M. April	—	—	—	Mai	25. Mai	—	—	22. April
2. Mai	E. April	—	—	—	Mai	—	—	—	2. Mai
10. Mai	10. Mai	—	—	—	—	—	—	—	—
2. Juli	7. Juni	15. Juni	—	—	—	—	—	—	—
—	—	—	Nov.	—	—	—	—	30. März u. 10. Okt.	—

brassicae und Pieris rapae.   5) Melolontha melolontha und Melolontha hippocastan.   6) Aphis evonymi, Aphis papaveris,
1. Mai. Erste Rauchschwalbe: 29. April. Erster Turmseger (Cypselus apus): 16. Mai.   10) Heuernte Ende Juni.   11) Himbeere,

Allgemeine phänologische Beobachtungen

1922	Greifswald i. P. Boffe, Univ.-Kurator	Greifswald i. P. Dr. F. Roßner	Sägemühl bei Deutsch-Krone Arndt, Lehrer	Buchwalde Stolbt, Hegemeister	Neuflüden, Kr. Arnswalde Klausenitzer, Lehrer	Altkarbe (Ostbahn) Höft, Rektor	Gottschimmerbruch Rinnemann, Hauptlehrer
Meereshöhe in Metern	5	5	95—104		75	28—34	
Vorfrühling							
Anfang der Aufblühzeit von:							
Schneeglöckchen[1]	26. Febr.	25. Febr.	—	15. März	—	—	—
Huflattich (Tussilago farfara)	—	16. April	1. April	—	—	15. April	—
Anemone (Anemone nemorosa)	13. April	14. April	—	—	—	—	—
Kornelkirsche (Cornus mas)	—	19. April	—	—	—	—	—
Sahlweide (Salix caprea)	—	9. April	12. Mai	7. April	7. April	25. April	10. April
Anfang d. Laubentfaltung bei:							
Stachelbeere (Ribes Grossularia)[2]	—	15. April	—	—	—	—	—
Erstfrühling							
Anfang der Aufblühzeit von:							
Dotterblume (Caltha palustris)	28. April	22. April	—	—	—	—	—
Johannisbeere (Ribes rubrum)	10. Mai	2. Mai	—	—	3. Mai	8. Mai	22. April
Süßkirsche (Prunus avium)	10. Mai	5. Mai	4. Mai	—.	6. Mai	10. Mai	4. Mai
Schlehe (Prunus spinosa)	13. Mai	6. Mai	8. Mai	—	—	19. April	6. Mai
Traubenkirsche (Prunus padus)	13. Mai	6. Mai	—	—	—	—	—
Birne (Pirus communis)	15. Mai	8. Mai[6]	18. Mai	—	8. Mai	18. Mai	8. Mai
Apfel (Pirus malus)	10. Mai[4]	17. Mai	23. Mai	—	14. Mai	24. Mai	7. Mai
Anfang d. Laubentfaltung bei:							
Roßkastanie (Aesculus hippocastan.)	12. Mai	4. Mai	—	7. Mai	—	—	—
Linde (Tilia grandifolia, Sommerlinde)	15. April	10. Mai	—	30. April	—	—	—
(Tilia parvifolia, Winterlinde)	—	10. Mai	—	—	—	—	—
Buche (Fagus silvatica)	15. Mai	6. Mai	—	—	—	—	—
Vollfrühling							
Anfang der Aufblühzeit von:							
Roßkastanie	22. Mai	20. Mai	—	30. Mai	—	—	—
Flieder (Nägelchen, Syringa vulgaris)	23. Mai	22. Mai	—	—	—	—	—
Goldregen (Cytisus laburnum)	26. Mai	24. Mai	—	—	—	—	—
Eberesche (Sorbus aucuparia)	24. Mai	22. Mai	—	—	—	—	—
Allgemeine Belaubung:							
Buchenhochwald grün[3]	18. Mai	13. Mai	—	—	—	—	—
Eichenhochwald grün	20. Mai	23. Mai	—	—	—	—	—
Frühsommer							
Anfang der Aufblühzeit von:							
Holunder (Sambucus nigra)	—	3. Juni	16. Juni	8. Juli	7. Juni	—	6. Juni
Schneebeere (Symphoricarpus racem.)	—	3. Juni	—	—	—	—	—
Falscher Jasmin (Philad. coronarius)	9. Juni	6. Juni	—	—	—	—	—
Winterroggen	7. Juni[5]	6. Juni	4. Juni	—	—	27. Mai	3. Juni
Winterweizen	—	10. Juni	—	—	—	—	2. Juli

[1] Galanthus nivalis oder Leucojum vernum. [2] Erste normale Blattoberflächen sichtbar. [3] D. h. über 50%
[8] Kiefer beginnt zu blühen: 24. Mai (geschlossener Bestand). [9] Im Mischwald. [10] Odertal.

in Pommern und Brandenburg.

Meseritz, Rienke	Tempel, Kr. Oststernberg, Liebich, Lehrer	Paradies, Post Jordan, Deutsch. Lehrerv. f. Naturk.	Malkendorf, Kr. Oststernberg, Christoph, Lehrer	Frankfurt (Oder), R. Hildebrand	Beeskow, Landw. Schule	Nahausen (Km.), J. Schwinge	Gramzow (Uckerm.), P. Both, Lehrer i. R.	Luckau N.-L., A. Beuter, Landw. Schule	Dahlem, Knauth, Gärtner. Lehranstalt	Neuruppin, Landw. Lehranstalt
48—54	90—130	69		59	40—60			60—70	42	42
—	A. April	—	—	—	10. März	28. März	5. März	—	8. März	Februar
4. April	—	12. April	10. Mai	—	11. April	28. März	16. März	—	22. April	April
—	—	—	—	—	—	—	22. März	—	5. April	—
—	—	—	—	—	—	—	—	—	12. April	—
A. April	M. April	13. April	20. April	—	16. April	13. April	5. April	—	10. April	E. März
—	—	—	—	12. April	—	—	15. März	—	2. Mai	—
—	—	—	—	—	—	—	5. April	—	4. Mai	—
E. April	25. April	28. April	5. Mai	25. April	21. April	1. Mai	—	28. April	28. April	—
1. Mai	5. Mai	21. April	4. Mai	—	2. Mai	26. April	—	29. April	3. Mai	—
—	A. Mai	3. Mai	7. Mai	—	4. Mai	10. Mai	8. April	6. Mai	7. Mai	April
—	—	—	—	—	—	—	—	—	—	—
8. Mai	8. Mai	12. Mai	5. Mai	—	6. Mai	10. Mai	—	7. Mai	30. April	—
15. Mai	8. Mai	13. Mai	10. Mai	—	10. Mai	18. Mai	—	8. Mai	8. Mai	—
—	25. April	21. April	—	—	29. April	—	—	23. April	10. Mai	April
—	3. Mai	4. Mai	—	—	4. Mai	1. Mai	—	23. April	12. Mai	E. April
—	—	—	—	—	—	—	20. April	—	13. Mai	—
—	—	—	—	—	—	—	16. April	—	13. Mai	—
—	18. Mai	4. Mai	—	—	18. Mai	20. Mai	10. Mai	18. Mai	17. Mai	April
—	17. Mai	10. Mai	—	12. Mai[7]	16. Mai	20. Mai	—	16. Mai	12. Mai	M. Mai
—	—	—	—	—[8]	—	8. Juni	—	27. Mai	19. Mai	Mai
—	—	—	—	19. Mai[9]	—	—	—	—	24. Mai	—
—	—	—	—	—	—	—	28. April	—	15. Mai	—
—	—	—	—	18. Mai[10]	—	—	20. Mai	—	28. Mai	—
10. Juni	12. Juni	12. Juni	20. Juni	31. Mai	2. Juni	12. Juni	29. Mai	7. Juni	12. Mai	Juni
—	—	—	—	—	—	—	—	—	24. Mai	—
—	—	—	—	—	—	—	—	—	2. Juni	—
30. Mai	—	28. Mai	E. Mai	—	29. Mai	2. Juni	27. Mai	28. Mai	—	Juni
20. Juni	—	2. Juni	E. Juni	—	17. Juni	25. Juni	—	10. Juni	—	Juni

sämtlicher Blätter an der Station entfaltet. 4) Abersleber Calvil. 5) Petkuser. 6) Williams. 7) Höhenlage.

1922	Greifswald i. P. Bosse, Univ. Kurator	Greifswald i. P. Dr. F. Roßner	Sägemühl bei Deutsch-Krone Arndt, Lehrer	Buchwalde Stolbt, Hegemeister	Neuflüden, Kr. Arnswalde Klausentzer, Lehrer	Altkarbe (Ostbahn) Höft, Rektor	Gottschimmerbruch Ninnemann, Hauptlehrer
Meereshöhe in Metern	5	5	95—104		75	28—34	
Hochsommer							
Anfang der Aufblühzeit von:							
Sommer- und Winterlinde........	1. Juli	6. Juli	—	Sommer 8. Juli	—	—	—
Heide (Calluna vulgaris).........	—	—	—	—	—	—	—
Weiße Lilie (Lilium candidum)....	5. Juli	9. Juli	—	—	—	—	—
Anfang der Fruchtreife von:							
Johannisbeere..................	14. Juli	3. Juli	—	—	12. Juli	—	—
Holunder......................	—	28. Aug.	14. Sept.	10. Sept.	24. Sept.	—	3. Okt.
Erntebeginn[1]) von							
Winterroggen	31. Juli	3. Aug.	—	—	—	3. Juli	—
Winterweizen	—	3. Aug.	—	—	—	—	—
Frühherbst (Spätsommer)							
Anfang der Aufblühzeit von:							
Herbstzeitlose (Colchicum autumnale)	—	10. Sept.	—	—	—	22. Sept.	—
Efeu (Hedera helix).............	—	25. Sept.	—	—	—	—	28. Sept.
Anfang der Fruchtreife von:							
Roßkastanie...................	—	8. Sept.	—	15. Sept.	—	—	—
Herbst							
Allgemeine Laubverfärbung u. a. bei:							
Roßkastanie...................	—	23. Sept.	—	20. Okt.	—	—	—
Dazu einige Beobachtungen aus der **Tierwelt:**							
1. Grasfrosch[2]) } zuerst gesehen oder	—	9. April	—	—	—	14. März	18. März
Wasserfrosch[3]) } gehört	—	9. April	—	—	—	30. April	—
2. Erste Falter der Kohlweißlinge[4]) ..	22. Mai	6. Mai	—	3. Mai	16. April	14. April	—
Erste Maikäfer[5])	20. Mai	17. Mai	—	—	—	—	—
3. Erste schwarze Blattläuse an Saubohnen[6])..................	—	6. Mai	—	—	—	—	—
4. Erste Frostspanner an Probeleimringen[7])	—	8. Okt.	—	4. Aug.	—	—	—

---

[1]) D. h. Anfang des Schnittes auf mehreren Feldern. [2]) Rana temporaria. [3]) Rana esculenta. [4]) Pieris papaveris, Aphis rumicis. [7]) Cheimatobia brumata und Hibernia defoliaria.

in Pommern und Brandenburg.

Meseritz Klemke	Tempel, Kr. Oststernberg Liebich, Lehrer	Paradies, Post Jordan. Deutsch. Lehrerv. f. Naturk.	Malkendorf, Kr. Oststernberg Christoph, Lehrer	Frankfurt (Oder) R. Hildebrand	Beeskow Landw. Schule	Nahausen (Nm.) J. Schwinge	Granzow (Uckerm.) P. Both, Lehrer i. R.	Luckau N.-L. A. Beuter, Landw. Schule	Dahlem Knauth, Gärtner. Lehranstalt	Neuruppin Landw. Lehranstalt
48—54	90—130	69		59	40—60			60—70	42	42
—	Sommer 19. Juni	Sommer 22. Juni	—	20. Juni 2. Juli	Sommer 20. Juni	Sommer 1. Juli	4. Juli 7. Juli	Sommer 1. Juni	—	Sommer Juli
M. Juli E. Sept.	A. Juli M. Sept.	—	25. Juli 10. Sept.	25. Juni	28. Juni 15. Sept.	10. Juli	—	—	—	M. Aug.
M. Juli M. Aug.	M. Juli E. Aug.	—	21. Juli 10. Aug.	—	10. Juli	14. Juli	18. Juli 30. Juli	—	—	E. Juni Juli
—	A. Sept.	—	10. Sept. 5. Okt.	—	20. Sept.	—	—	10. Okt.	—	August Sept.
—	10. Sept.	—	—	—	15. Sept.	—	—	—	—	M. Aug.
—	10. Sept.	—	—	—	30. Sept.	—	—	—	—	—
E. März 12. Mai A. Mai	M. April A. Mai 16. Mai	8. Mai	April 2. Mai 7. Mai	—	7. Mai	16. Mai	30. März 15. Mai	9. Mai	7. April 16. April 15. April 20. Mai	M. Mai
—	—	—	—	—	—	—	—	—	9. Mai	—
—	—	25. Okt.	—	—	—	—	—	—	—	März

brassicae und Pieris rapae.   [5]) Melolontha melolontha und Melolontha hippocastan.   [6]) Aphis evonymi, Aphis

Allgemeine phänologische Beobachtungen in

1922	Herbst R. Oppermann, Mittelschullehrer i. R.	Herbst W. Ballhorn sen.	Herbst W. Gorgaß, Kl. III a	Weißenfels R. Beuthan	Altenburg A. Dietrich
Meereshöhe in Metern...........	66	66	66	103	230
Vorfrühling					
Anfang der Aufblühzeit von:					
Schneeglöckchen [1]	—	7. März	—	—	Mitte Febr.
Huflatich (Tussilago farfara)	1. April	—	15. April	9. April	Anf. März
Anemone (Anemone nemorosa)....	21. April	16. April	15. April	13. April	Mitte April
Kornelkirsche (Cornus mas)........	31. März	21. April	12. April	13. April	—
Sahlweide (Salix caprea)	13. April	30. März	—	—	—
Anfang d. Laubentfaltung [2] bei:					
Stachelbeere (Ribes Grossularia) ..	3. April	23. April	17. April	—	—
Erstfrühling					
Anfang der Aufblühzeit von:					
Dotterblume (Caltha palustris)	26. April	30. März	14. April	23. April	Ende April
Johannisbeere (Ribes rubrum)	24. April	6. Mai	27. April	—	Ende Mai
Süßkirsche (Prunus avium)	8. Mai	7. Mai	25. April	30. April	Ende Mai
Schlehe (Prunus spinosa).........	5. Mai	6. Mai	7. Mai	5. Mai	—
Traubenkirsche (Prunus padus)	8. Mai	8. Mai	4. Mai	12. Mai	—
Birne (Pirus communis)	8. Mai [4]	6. Mai [7]	13. Mai [9]	6. Mai	Ende Mai
Apfel (Pirus malus)	—	15. Mai [8]	15. Mai [b]	16. Mai	Ende Mai
Anfang d. Laubentfaltung bei:					
Roßkastanie (Aesculus hippocastan.)	6. Mai	16. Mai	11. Mai	12. Mai	Ende Mai
Linde (Tilia grandifolia, Sommerlinde)	8. Mai	15. Mai	9. Mai	—	—
(Tilia parvifolia, Winterlinde) ...	18. Mai	22. Mai	18. Mai	—	—
Buche (Fagus silvatica)........'.	12. Mai	28. Mai	6. Mai	14. Mai	—
Vollfrühling					
Anfang der Aufblühzeit von:					
Roßkastanie	20. Mai	24. Mai	21. Mai	17. Mai	Mitte Juni
Flieder (Nägelchen, Syringa vulgaris)	16. Mai	16. Mai	18. Mai	16. Mai	Mitte Juni
Goldregen (Cytisus laburnum)	—	22. Mai	26. Mai	24. Mai	—
Eberesche (Sorbus aucuparia)......	20. Mai	25. Mai	22. Mai	—	—
Allgemeine Belaubung:					
Buchenhochwald, grün [3]	20. Mai	—	—	22. Mai	—
Eichenhochwald, grün	28. Mai	—	20. Mai	27. Mai	—
Frühsommer					
Anfang der Aufblühzeit von:					
Holunder (Sambucus nigra).......	1. Juni	11. Juni	7. Juni	—	Ende Juni
Schneebeere (Symphoricarpus racem.)	1. Juni	—	7. Juni	—	Anf. Juli
Falscher Jasmin (Philad. coronarius)	1. Juni	—	6. Juni	—	—
Gartensalbei (Salvia officinalis)....	1. Juni	—	13. Juni	—	—
Winterroggen	1. Juni [5]	28. Mai [5]	3. Juni [10]	—	Anf. Juni
Winterweizen	18. Juni [6]	—	—	—	Mitte Juni

---

[1] Galanthus nivalis oder Leucojum vernum. [2] Erste normale Blattoberflächen sichtbar. [3] D. h. über 50%
brauner.   [7] Gute Luise.   [8] Goldparmäne.   [9] Prinzeß Marianne.   [10] Petkuser.

Anhalt, Provinz Sachsen und Thüringen. Tabelle 27.

Naumburg (Saale) A. Weiße, Mittelschüler	Altenburg (Saale) A. Friedrich, Mittelschüler	Reinstedt, Kr. Ballenstedt Ziebrichs, Amtsrat	Güntersberge (Oftharz) K. Bürkner	Hohenegleben, Kr. Bernburg D. Sommer, Administrator	Bernburg (Saale) Dr. Becker	Ziebigk, Kr. Dessau H. Stariß, Lehrer	Ratho, Kr. Zerbst Dehlmann, Amtmann	Mörpen, Kr. Zerbst Zimmermann, Lehrer
125					85			
10. März	—	—	—	—	8. März	—	—	—
—	—	—	—	14. April	—	—	29. April	—
—	—	—	—	—	—	—	—	—
—	—	—	—	—	12. März	—	—	—
—	16. April	2. April	—	13. April	—	23. April	15. April	—
—	—	—	—	—	—	—	—	—
—	24. April	21. April	5. Mai	—	—	16. April	5. Mai	—
—	24. April	6. Mai	8. Mai	2. Mai	25. April	19. April	3. Mai	—
—	27. April	24. Mai	11. Mai	8. Mai	—	—	7. Mai	—
—	—	—	—	8. Mai	9. Mai	—	—	—
—	27. April	—	13. Mai	8. Mai	7. Mai	—	6. Mai	—
—	5. Mai	12. Mai	—	14. Mai	9. Mai	—	12. Mai	—
15. April	—	—	14. Mai	10. Mai	17. April	—	—	—
20. April	—	12. Mai	—	—	17. April	—	Anf. Mai	M. Mai
—	—	12. Mai	—	9. Mai	—	—	Anf. Mai	M. Mai
—	—	—	—	—	—	—	—	—
10. Mai	—	23. Mai	—	18. Mai	—	—	Mai	—
11. Mai	—	16. Mai	—	18. Mai	—	24. Mai	15. Mai	—
25. Mai	—	14. Mai	—	21. Mai	—	15. Mai	19. Mai	—
—	—	—	—	—	—	—	—	—
—	—	—	—	—	—	—	—	—
—	—	—	—	—	—	—	—	—
—	—	—	—	—	—	—	—	—
10. Juni	11. Juni	4. Juni	—	—	—	19. Juni	4. Juni	20. Juni
—	—	—	—	—	—	—	—	—
—	—	—	—	—	—	—	—	—
—	—	—	—	28. Mai	—	—	—	—
—	—	2. Juni	—	—	—	28. Mai	1. Juni	—
—	—	—	—	—	—	—	16. Juni	—

sämtlicher Blätter an der Station entfaltet.   [4]) Gute Luise und Muskateller.   [5]) Norddeutscher Champagner.   [6]) Englisch

1922	Zerbst R. Oppermann, Mittelschullehrer i. R.	Zerbst W. Ballhorn sen.	Zerbst W. Gorgaß, Kl. IIIa	Weißenfels R. Beuthan	Altenburg A. Dietrich
Meereshöhe in Metern............	66	66	66	103	230
Hochsommer					
Anfang der Aufblühzeit von:					
Sommer- und Winterlinde.........	15./27. Juni	—	21. 6. / 6. 7.	18./25. Juni	—
Weiße Lilie (Lilium candidum)	2. Juli	—	—	27. Juni	Anfang Juli
Anfang der Fruchtreife von:					
Johannisbeere..................	1. Juli	—	28. Juni	23. Juni	Mitte Juli
Eberesche	16. Juli	—	19. Aug.	—	—
Schneebeere	6. Aug.	—	15. Sept.	30. Juli	—
Holunder.....................	13. Aug.	—	18. Sept.	2. Sept.	—
Erntebeginn[1] von:					
Winterroggen	17. Juli	—	20. Juli	18. Juli	Ende Juli
Winterweizen	10. Aug.	—	6. Aug.	3. Aug.	Anf. Aug.
Grummetreife	30. Aug.	—	22. Aug.	20. Aug.	nicht reif
Frühherbst (Spätsommer)					
Anfang der Aufblühzeit von:					
Herbstzeitlose (Colchicum autumnale)	20. Sept.	—	25. Sept.	—	Ende Sept.
Efeu (Hedera helix)............	8. Sept.	—	—	—	—
Anfang der Fruchtreife von:					
Roßkastanie...................	25. Sept.	—	25. Sept.	13. Sept.	Ende Sept.
Herbst					
Allgemeine Laubverfärbung u. a. bei:					
Roßkastanie...................	—	—	9. Okt.	26. Sept.[7]	Mitte Okt.
Eiche........................	—	—	14. Okt.	8. Okt.	—
Dazu einige Beobachtnngen aus der **Tierwelt:**					
1. Grasfrosch[2] } zuerst gesehen oder	—	8. März	9. März	—	—
Wasserfrosch[3] } gehört	13. Mai	—	14. April	—	—
2. Erste Falter der Kohlweißlinge[4] ..	8. Mai	16. Mai	7. Mai	13./25. Mai	Anf. Mai
Erste Maikäfer[5]	17. Mai	9. Mai	16. Mai	15. Mai	Mitte Mai
3. Erste Frostspanner an Probeleimringen[6]...................	5. Nov.	—	—	4. Nov.	Ende Okt.

[1] D. h. Anfang des Schnittes auf mehreren Feldern.   [2] Rana temporaria.   [3] Rana esculenta.   [4] Pieris Hibernia defoliaria.   [7] Carpinus betulus: 10. Oktober.

in Anhalt, Provinz Sachsen und Thüringen.

Naumburg (Saale), A. Weise, Mittelschüler	Altenburg (Saale), A. Friedrich, Mittelschüler	Reinstedt, Kr. Ballenstedt, Ziebrichs, Amtsrat	Güntersberge (Ostharz), K. Bürkner	Hohenerxleben, Kr. Bernburg, O. Sommer, Administrator	Bernburg (Saale), Dr. Becker	Ziebigt, Kr. Dessau, H. Staritz, Lehrer	Natho, Kr. Zerbst, Dehlmann, Amtmann	Wörpen, Kr. Zerbst, Zimmermann, Lehrer
125					85			
Sommer 25. Juni	—	18. Juni	—	—	—	E. Juni	Sommer 19. Juni	20. Juni
—	25. Juni	Anf. Juli	3. Juli	—	—	—	Anf. Juli	—
18. Aug.	6. Sept.	—	10. Aug.	—	—	—	E. Aug.	—
—	—	—	—	—	—	—	10. Juli Anf. Aug.	—
—	—	—	—	—	—	—	—	Ende Aug.
—	2. Sept. 20. Sept.	—	—	—	—	—	Anf. Sept.	—
8. Aug.	—	—	5. Sept.	—	—	—	—	—
8. Sept.	—	2. Sept.	E. Sept.	—	—	—	M. Sept.	18. Sept.
—	—	25. Mai	—	—	—	—	—	—
15. Mai	29. April	18. April	—	5. Mai 18. Mai	—	—	21. Mai	—
1. Nov.	27. Okt.	—	—	—	—	—	—	—

brassicae und Pieris rapae.   [5]) Melolontha melolontha und Melolontha hippocastan.   [6]) Cheimatobia brumata und

1922	Dehlsch b. Leipzig F. Ziegler	Liebertwolkwitz P. Köhler, Gartenmeister	Hubertusburg Häber	Oschatz Hofmann, Stadtgärtner	Wahnsdorf bei Dresden A. Stark	Coswig (Sa.) Zietz, Oberpostsekretär
Meereshöhe in Metern..............			185	130		
Vorfrühling						
Anfang der Aufblühzeit von.						
Schneeglöckchen [1])	1. März	28. ./5. 3.	1. März	12. März	6. März	15. März
Huflattich (Tussilago Farfara).....	—	—	—	5. April	—	—
Anemone (Anemone nemorosa)....	12. April	22. April	15. April	14. April	8. April	28. April
Kornelkirsche (Cornus mas)........	18. März	10. März	16. April	25. März	8. April	30. Mai
Sahlweide (Salix Caprea)	15. März	18. April	10. April	28. März	—	30. April
Anfang d. Laubentfaltung bei:						
Stachelbeere (Ribes Grossularia) [2])..	14. April	15. April	3. Mai	25. März	19. März	20. April
Erstfrühling						
Anfang der Aufblühzeit von:						
Dotterblume (Caltha pal stris)	14. April	20. Mai	1. Mai	28. April	—	29. April
Johannisbeere (Ribes Rubrum)	22. April	6. Mai	1. Mai	30. April	30. April	30. April
Süßkirsche (Prunus avium)........	2. Mai	5. Mai	4. Mai	16. April	30. April	30. April
Schlehe (Prunus spinosa).........	4. Mai	10. Mai	4. Mai	10. April	—	1. Mai
Traubenkirsche (Prunus Padus).....	8. Mai	8. Mai	6. Mai	15. April	—	—
Birne (Pirus Communis)	8. Mai	10. Mai	8. Mai	20. April	Gute Luise 8. Mai	29. April
Apfel (Pirus malus)	12. Mai	8. Mai	15. Mai	18. April	frühe 12. Mai	8. Mai
Anfang d. Laubentfaltung bei:						
Roßkastanie (Aesculus Hippocastan.)	5. Mai	13. Mai	16. Mai	10. April	—	3. Mai
Linde (Tilia grandifolia. Sommerlinde)	—	13. Mai	17. Mai	15. April	—	4. Mai
(Tilia parvifolia, Winterlinde) ...	—	—	—	24. April	—	5. Mai
Buche (Fagus silvatica).........	10. Mai	—	15. Mai	28. April	—	—
Vollfrühling						
Anfang der Aufblühzeit von:						
Roßkastanie.....................	23. Mai	28. Mai	23. Mai	18. April	—	21. Mai
Flieder (Nägelchen, Syringa vulgaris)	18. Mai	—	19. Mai	28. April	16. Mai	12. Mai
Goldregen (Cytisus Laburnum)	23. Mai	1. Juni	26. Mai	25. April	—	—
Eberesche (Sorbus aucuparia)......	—	6. Juni	26. Mai	30. April	—	—
Allgemeine Belaubung:						
Buchenhochwald grün [3]............	15. Mai	1. Juni	18. Mai	1. Mai	—	—
Eichenhochwald grün	18. Mai	1. Juni	21. Mai	5. Mai	—	—
Frühsommer						
Anfang der Aufblühzeit von:						
Holunder (Sambucus nigra).......		8. Juni	2. Juni	10. Mai	—	3. Juni
Schneebeere (Symphoricarp.-racem.)	—	28. Juni	4. Juni	12. Mai	—	—
Falscher Jasmin (Philad. coronarius)	—	6. Juni	—	25. Mai	—	2. Juni
Gartensalbei (Salvia officinalis)	—	8. Juni	—	22. Mai	—	—
Winterroggen	Petkuser 1. Juni	9. Juni	31. Mai	28. Mai	1. Juni	28. Mai
Winterweizen....................	—	—	2. Juni	1. Juni	23. Juni	—
Erste Entwickl. v. Johannistrieb. bei:						
Eiche.......................	—	30. Juni	20. Juni	5. Juni	—	—
Spitzahorn	—	—	—	30. Mai	—	—
Eberesche usw..................	—	—	—	3. Juni	—	—

Beobachtungen in Sachsen.

Dresden-N. Petzold, Gartenmeister	Dresden Dr. Baunacke	Pirna Dr. Walter	Wilsdruff M. Zimmermann	Grillenburg Kretschmar, Förster	Nossen Pilz, Bez. Obstbauverein	Meßwitz Garbitz	Borna, Bez. Leipzig, Thümmel
128	128			382			140
6. März	5. März	—	28. Febr.	12. März	10. März	5. März	2. März
—	3. März	5. April	5. April	—	13. April	—	5. März
15. April	—	5. April	9. April	20. April	13. April	15 April	13. April
17. März	15. März	3. April	4. April	1. April	—	—	13. Mai
2. April	19. März	—	20. März	10. April	14. April	—	6. Mai
5. April	3. April	14. April	17. April	15. April	8. April	15. April	25. April
18. April	—	—	20. April	5. Mai	18. April	1. Mai	27. April
30. April	21. April	25. April	3. Mai	15. Mai	25. April	1. Mai	15. April
19. April	24. April	25. April	2. Mai	10. Mai	4. Mai	2. Mai	30. April
20. April	30. April	3. Mai	8. Mai	28. Mai	6. Mai	—	—
26. April	2. Mai	—	20. Mai	—	20. Mai	—	13. Mai
6. Mai	1. Mai	3. Mai	9. Mai	20. Mai	12. Mai	Gellerts Butter 2. Mai	25. April
8. Mai	6. Mai	9. Mai	15. Mai	24. Mai	14. Mai	8. Mai	7. Mai
25. April	1. Mai	—	7. Mai	10. Mai	7. Mai	5. Mai	29. April
26. April	26. April	—	8. Mai	—	7. Mai	—	3. Mai
4. Mai	—	—	19. Mai	—	—	18. Mai	—
13. Mai	8. Mai	—	6. Mai	9. Mai	8. Mai	3. Mai	8. Mai
19. Mai	9. Mai	—	23. Mai	30. Mai	24. Mai	—	14. Mai
12. Mai	10. Mai	—	20. Mai	30. Mai	18. Mai	18. Mai	14. Mai
20. Mai	23. Mai	—	30. Mai	12. Juni	23. Mai	18. Mai	19. Mai
22. Mai	20. Mai	—	23. Mai	30. Mai	20. Mai	20. Mai	21. Mai
—	10. Mai	—	15. Mai	15. Mai	15. Mai	18. Mai	—
16. Mai	21. Mai	—	20. Mai	26. Mai	21. Mai	21. Mai	—
30. Mai	27. Mai	—	10. Juni	19. Juni	10. Juni	7. Juni	28. Mai
2. Juni	3. Juni	—	12. Juni	16. Juni	20. Juni	8. Juni	13. Juni
8. Juni	29. Mai	—	6. Juni	—	6. Juni	17. Juni	12. Juni
—	28. Mai	—	10. Juni	—	6. Juni	—	—
—	31. Mai	Petkufer 28. Mai	5. Juni	14. Juni	1. Juni	3. Juni	1. Juni
—	17. Juni	14. Juni	—	24. Juni	22. Juni	—	30. Juni
—	—	—	—	—	—	8. Juli	—
—	10. Juni	—	—	—	—	—	—
—	—	—	—	—	—	—	—

sämtlicher Blätter an der Station entfaltet.

1922.	Dößlch b. Leipzig F. Ziegler	Liebertwolkwitz P Köhler, Gartenmeifter	Hubertusburg Häber	Oschatz Hofmann, Stadtgärtner	Wahnsdorf bei Dresden A. Starf	Coswig (Sa.) Tietz, Oberpoftfekretär
Meereshöhe in Metern.............			185	130		
Hochsommer						
Anfang der Aufblühzeit von:						
Sommer- und Winterlinde........	—	20. Juni	8. Juli	22. Juni	5. Juli	19. Juni
Heide (Calluna vulgaris)..........	—	25. Juli	6. Aug.	15. Juli	12. Aug.	15. Aug.
Weiße Lilie (Lilium candidum).....	30. Juni	28. Juni	2. Juli	25. Juni		—
Anfang der Fruchtreife von:					Rote	
Johannisbeere...................	2. Juli	10. Aug.	5. Juli	5. Juni	27. Juni	30. Juni
Ebereiche	—	12. Sept.	6. Aug.	25. Juni	—	25. Juli
Schneebeere	—	5. Sept.	4. Sept.	30. Juni	25. Aug.	18. Aug.
Holunder.....................	—	19. Sept.	1. Sept.	5. Aug.	25. Aug.	—
Erntebeginn[1]) von:	Petkufer					
Winterroggen	18. Juli	16. Aug.	26. Juli	14. Juli	15. Juli	15. Juli
Winterweizen	—	20. Aug.	4. Aug.	25. Juli	9. Aug.	8. Aug.
Grummetreife	27. Aug.	20. Sept.	—	—	—	5. Juli
Frühherbst (Spätsommer)						
Anfang der Aufblühzeit von:						
Herbstzeitlofe (Colchicum autumnale)	—	—	8. Sept.	10. Sept.	—	—
Efeu (Hedera helix)............	—	—	—	1. Sept.	—	—
Anfang der Fruchtreife von:						
Roßkaftanie...................	—	10. Sept.	2. Sept.	20. Sept.	8. Okt.	1. Sept.
Liguster (Ligustrum vulgare)......	—	20. Sept.	—	15. Sept.	—	—
Herbst						
Allgemeine Laubverfärbung u. a. bei:						
Roßkaftanie...................	—	19. Sept.	20. Sept.	5. Okt.	12. Okt.	—
Buche	—	16. Sept.	—	12. Okt.	—	—
Eiche	—	28. Sept.	—	18. Okt.	—	—
Dazu einige Beobachtungen aus der **Tierwelt**						
1. Grasfrosch[2]) } zuerst gesehen oder Wasserfrosch[3]) } gehört	— / 15. April	— / —	24. April / 6. Mai	10. April / 25. März	— / —	} 8. Mai
2. Erste Falter der Kohlweißlinge[4]) ..	16. Mai	18. Mai	—	5. Mai	7. Mai	—
Erste Maikäfer[5])	15. Mai	—	15. Mai	16. Mai	7. Mai	6. Mai
3. Erste schwarze Blattläufe an Saubohnen[6])	—	—	—	10. Juli	—	—

---

[1]) D. h. Anfang des Schnittes auf mehreren Feldern. [2]) Rana temporaria. [3]) Rana esculenta. [4]) Pieris
papaveris, Aphis rumicis. [7]) Erste schwarze Blattlaus an Georgine 12. Juli.

Beobachtungen in Sachsen.

Dresden-N. Bezold, Gartenmeister	Dresden Dr. Baunacke	Pirna Dr. Walter	Wilsdruff M. Zimmermann	Grillenburg Kretschmar, Förster	Nossen Pilz, Bez.-Obstbauverein	Westewitz Garbitz	Borna, Bez. Leipzig, Thümmel
128	128			382			140
16. Juni	18. Juni	—	25. Juni u. 10. Juli	14. Juli	20. Juni	3. Juli	29. Juni
20. Juli	—	—	—	5. Aug.	15. Aug.	—	—
—	—	—	20. Juni	—	24. Juni	8. Juli	30. Juni
7. Juli	—	—	20. Juli	20. Juli	15. Juli	30. Juni	25. Juni
18. Juli	—	—	—	5. Aug.	24. Juli	—	24. Juli
20. Sept.	—	—	—	—	19. Aug.	—	6. Aug.
6. Sept.	20. Aug.	—	25. Aug.	15. Sept.	30. Aug.	—	27. Aug.
—	—	25. Juli	18. Juli	7. Aug.	20. Juli	27. Juli	10. Juli
—	—	—	—	30. Aug.	12. Aug.	10. Aug.	7. Aug.
—	—	—	20. Aug.	3. Sept.	8. Aug.	—	—
—	—	—	—	—	—	21. Sept.	—
—	—	—	—	—	—	18. Sept.	—
18. Sept.	10. Sept.	—	18. Sept.	10. Sept.	15. Sept.	20. Sept.	6. Sept.
—	—	—	—	—	—	25. Sept.	—
—	—	—	1. Okt.	—	20. Sept.	—	14. Sept.
—	—	—	6. Okt.	10. Okt.	23. Sept.	—	—
21. Okt.	—	—	15. Okt.	20. Okt.	29. Sept.	—	—
—	—	—	7. Mai	—	—	—	14. April
—	—	—	19. März	—	—	16. April	28. April
} 22. Mai	—	—	23. Mai	—	7. Mai	—	9. Juli
} —	—	—	12. Mai	—	9. Mai	13. Mai	16. Mai
— 7)	—	—	—	—	—	—	—

brassicae und Pieris rapae.   5) Melolontha melolontha und Melolontha hippocastan.   6) Aphis evonymi, Aphis

1922	Rochlitz Dr. W. Kahle, Studienrat	Rochlitz und Umgebung Landw.-Schule	Niederlichtenau M. Gaßlch, Oberlehrer	Chemnitz Illing, Obstbau-inspektor	Crimmitschau J. Seiler	Zwickau 2 Untertertianer d. Realgymnasiums
Meereshöhe in Metern............	166	166		312		282
Vorfrühling						
Anfang der Aufblühzeit von:						
Schneeglöckchen [1]................	9. März	—	8. März	—	1. März	—
Huflattich (Tussilago Farfara)	13. März	—	21. März	—	2. April	—
Anemone (Anemone nemorosa)....	11. März	—	14. März	—	16. April	20. April
Kornelkirsche (Cornus mas)........	12. März	—	—	—	14. April	Mitte März
Sahlweide (Salix Caprea)	10. März	—	10. April	—	2. April	8. April
Anfang d. Laubentfaltung bei:						
Stachelbeere (Ribes Grossularia) [2] .	14. April	—	21. April	20. April	16. April	28. April
Erstfrühling						
Anfang der Aufblühzeit von:						
Dotterblume (Caltha palustris)	20. April	20. April	19. April	—	22. April	25. April
Johannisbeere (Ribes Rubrum)....	21. April	28. April	4. Mai	28. April	30. April	17. Mai
Süßkirsche (Prunus avium)........	4. Mai	28. April	8. Mai	10. Mai	5. Mai	29. April
Schlehe (Prunus spinosa)	4. Mai	3. Mai	8. Mai	8. Mai	13. Mai	28. April
Traubenkirsche (Prunus Padus)	16. Mai	—	—	—	—	1. Mai
Birne (Pirus Communis)	9. Mai	Gute Luise 28. April	16. Mai	Gute Luise	14. Mai	7. Mai
Apfel (Pirus malus)	13. Mai	Gravenst. 28. April	18. Mai	Charlam. 16. Mai	—	15. Mai
Anfang d. Laubentfaltung bei:						
Roßkastanie (Aesculus Hippocastan.)	4. Mai	28. April	9. Mai	12. Mai	—	28. April
Linde (Tilia grandifolia, Sommerlinde)	5. Mai	4. Mai	9. Mai	16. Mai	8. Mai	6. Mai
(Tilia parvifolia, Winterlinde) ...	15. Mai	—	—	—	10. Mai	6. Mai?
Buche (Fagus silvatica)..........	13. Mai	5. Mai	14. Mai	20. Mai	—	7. Mai
Vollfrühling						
Anfang der Aufblühzeit von:						
Roßkastanie....................	21. Mai	11. Mai	24. Mai	25. Mai	19. Mai	21. Mai
Flieder (Nägelchen, Syringa vulgaris)	18. Mai	11. Mai	25. Mai	22. Mai	22. Mai	19. Mai
Goldregen (Cytisus Laburnum)....	16. Mai	—	—	27. Mai	30. Mai	2. Juni
Eberesche (Sorbus aucuparia)	20. Mai	18. Mai	25. Mai	29. Mai	—	5. Juni
Allgemeine Belaubung:						
Buchenhochwald grün [3])..........	17. Mai	15. Mai	20. Mai	—	—	10. Mai
Eichenhochwald grün	21. Mai	24. Mai	22. Mai	—	—	22. Mai
Frühsommer						
Anfang der Aufblühzeit von:						
Holunder (Sambucus nigra).......	6. Juni	9. Juni	14. Juni	16. Juni	6. Juni	21. Mai
Schneebeere (Symphoricarp.-racem.)	6. Juni	19. Juni	14. Juni	20. Juni	6. Juni	26. Mai
Falscher Jasmin (Philad. coronarius)	12. Juni	15. Juni	19. Juni	25. Juni	3. Juni	19. Juni
Gartensalbei (Salvia officinalis)....	nicht vorh.	—	8. Juni	22. Juni	—	—
Winterroggen..................	2. Juni	31. Mai	9. Juni	10. Juni [5])	7. Juni	6. Juni
Winterweizen	18. Juni	15. Juni	—	11. Juli	30. Juni	1. Juli
Erste Entwickl. v. Johannistrieb. bei:						
Eiche	—	—	7. Juni	7. Juli	—	9. Juni
Spitzahorn	—	—	—	—	—	11. Juni
Eberesche usw.	—	—	—	1. Juli	—	8. Juni

---

[1]) Galanthus nivalis oder Leucojum vernum.　　[2]) Erste normale Blattoberfläche sichtbar.　　[3]) D. h. über 50%

Beobachtungen in Sachsen.   Noch: Tabelle **28**.

Zwickau Dr. Springer, Studienrat	Zwickau Realgymnasium	Werdau F. Schedlich	Pegau H. Luer	Olbernhau W. Flößner, Lehrer	Dittersdorf M. Grahl	Fürstenau E. Radner	Oberstrahlwalde E. Jürk	Bautzen Dr. Gräse
282	282			450		700—800		
1. März	—	—	4. März	16. März	13. März	18. März	8. März	20. März
18. März	20. April	—	4. März	19. April	—	14. Mai	16. April	22. März
2. April	18. April	—	5. März	19. April	—	14. Mai	—	25. März
—	—	—	10. März	13. April	—	—	28. April	23. März
—	—	—	12. März	—	21. April	7. Mai	18. März	26. März
13. April	—	—	15. März	28. April	19. April	16. Mai	1. Mai	30. April
15. April	23. April	—	—	28. April	28. April	25. Mai	2. Mai	2. Mai
26. April	—	10. April	30. März	6. Mai	16. Mai	25. Mai	4. Mai	4. Mai
1. Mai	30. April	2. Mai	12. April	9. Mai	8. Mai	23. Mai 4)	5. Mai	6. Mai
7. Mai	7. Mai	—	10. April	—	12. Mai	—	—	6. Mai
—	—	—	10. April	17. Mai	6. Mai	—	—	2. Mai
Wil. Butter 7. Mai	5. Mai	5. Mai	12. April	11. Mai	—	—	12. Mai	7. Mai
Bismarck 7. Mai	15. Mai	8. Mai	15. April	17. Mai	3. Mai	4. Juni Reinette	16. Mai	12. Mai
15. April	29. April	1. Mai	—	9. Mai	3. Mai	28. Mai	—	22. Mai
1. Mai	—	—	—	10. Mai	2. Mai	28. Mai	21. Mai	—
—	—	—	—	19. Mai	—	—	—	—
10. Mai	—	—	—	9. Mai	—	30. Mai	—	—
20. Mai	20. Mai	20. Mai	3. Mai	25. Mai	—	5. Juni	26. Mai	22. Mai
18. Mai	19. Mai	18. Mai	—	26. Mai	23. Mai	4. Juni	25. Mai	20. Mai
20. Mai	—	—	—	1. Juni	—	—	6. Juni	28. Mai
19. Mai	—	—	—	27. Mai	—	5. Juni	—	—
—	—	—	—	17. Mai	—	—	—	25. Mai
—	—	—	—	24. Mai	19. Mai	—	—	24. Mai
19. Mai	—	—	15. Mai	17. Juni	2. Juni	6. Juni	14. Juni	1. Juni
—	—	—	14. Mai	15. Juni	4. Juni	8. Juni	12. Juni	10. Juni
—	—	—	—	15. Juni	—	9. Juni	12. Juni	—
—	—	—	—	24. Juni	—	11. Juni	10. Juni	—
—	—	5. Juni 5)	—	14. Juni	5. Juni 5)	24. Juni 5)	1. Juni	5. Juni 5)
—	—	—	—	30. Juni	11. Juni	—	—	Dickt. 13. Juni
—	—	—	—	—	—	—	—	—
—	—	—	—	—	—	—	—	—
—	—	—	—	—	—	—	—	—

sämtlicher Blätter an der Station entfaltet.   4) Kritschel.   5) Petkuser.

1922	Rochlitz Dr. W. Kahle, Studienrat	Rochlitz und Umgebung, Landw.-Schule	Niederlichtenau M. Gaßel, Oberlehrer	Chemnitz Jüng, Obstbau- inspektor	Crimmitschau J. Seiler	Zwickau 2 Untertertianer b. Realgymnasium
Meereshöhe in Metern............	166	166		312		282
Hochsommer						
Anfang der Aufblühzeit von:						
Sommer- und Winterlinde.........	21. 6./1. 7.	16. Juni	2. Juli	28.6./1.7.[7]	25. Juni	3. Juni
Heide (Calluna vulgaris)	26. Juli	6. Aug.	—	—	27. Juli	29. Juli
Weiße Lilie (Lilium candidum)....	2. Juli	3. Juli	8. Juni	10. Juli	—	1. Juni
Anfang der Fruchtreife von:						
Johannisbeere	1. Juli	23. Juni	6. Juni	12. Juli	30. Juni	29. Juni
Eberesche.....................	18. Juli	3. Juli	—	—	16. Juli	—
Schneebeere...................	25. Juli	—	—	—	1. Aug.	—
Holunder......................	30. Sept.	—	—	5. Sept.	11. Sept.	28. Juli
Erntebeginn[1] von:						
Winterroggen	29. Juli	18. Juli	27. Juli	20. Juli	28. Juli	1. Aug.
Winterweizen	11. Aug.	2. Aug.	8. Aug.	18. Aug.	—	19. Aug.
Grummetreife	25. Aug.	—	18. Sept.	—	23. Aug.	28. Aug.
Frühherbst (Spätsommer)						
Anfang der Aufblühzeit von:						
Herbstzeitlose (Colchicum autumnale)	nicht vorh.	—	—	10. Sept.	11. Sept.	—
Efeu (Hedera helix).............	—	—	—	—	—	—
Anfang der Fruchtreife von:						
Roßkastanie	7. Sept.	—	3. Okt.	—	13. Sept.	17. Aug.
Liguster (Ligustrum vulgare)......	12. Sept.	—	—	—	—	—
Herbst						
Allgemeine Laubverfärbung u. a. bei:						
Roßkastanie	7. Okt.	—	10. Okt.	26. Sept.	—	29. Aug.
Buche	14. Okt.	—	10. Okt.	2. Okt.	16. Sept.	—
Eiche	18. Okt.	—	20. Okt.	—	13. Okt.	—
Dazu einige Beobachtungen aus der **Tierwelt:**						
1. Grasfrosch[2] zuerst gesehen oder gehört	—	15. April	18. Mai	—	—	7. Mai
Wasserfrosch[3]	—	—	—	—	—	10. Mai
2. Erste Falter der Kohlweißlinge[4]..	—	3. Mai	—	—	—	11. Mai
Erste Maikäfer[5]	10. Mai	2. Mai	19. Mai	nicht beob.	—	6. Mai
3. Erste schwarze Blattläuse an Saubohnen[6]	—		5. Juni	28. Juni	—	—

[1]) D. h. Anfang des Schnittes auf mehreren Feldern. [2] Rana temporaria. [3]) Rana esculenta. [4]) Pieris papaveris, Aphis rumicis. [7]) Buche, erste Entwicklung von Johannistrieben: 3. Juli. [8]) Erdbeere beginnt zu blühen: 17 Mai;

Beobachtungen in Sachsen. · Noch: Tabelle **28**.

Zwickau Dr. Springer, Studienrat	Zwickau Realgymnasium	Werdau F. Schedlich	Pegau H. Luer	Olbernhau W. Flößner, Lehrer	Dittersdorf M. Grahl	Fürstenau E. Kadner	Oberstrahwalde E. Jürt	Bautzen Dr. Gräfe
282	282			450		700—800		
22. Juni (Sommer)	—	8. Juli	14. Juni	6. Juli	30. Juni	30. Juli	8. Juli	27.6./18.7.
15. Juli	—	1. Aug.	—	29. Juli	—	2. Aug.	—	11. Aug.
—	—	2. Juli	—	18. Juli	—	—	10. Juli	—
—	—	18. Juli	25. Juni	19. Juli	4. Juli	2. Aug.	15. Juli	—
—	—	—	—	31. Juli	—	1. Aug.	—	—
—	—	—	—	—	5. Sept.	—	—	—
—	—	—	30. Juni	3. Sept.	9. Sept.	—	—	—
—	—	31. Juli	23. Juli	20. Aug.	30. Juli	27. Aug.	24. Juli	10. Juli
—	—	15. Aug.	—	4. Sept.	22. Aug.	—	14. Aug.	20. Juli
—	—	10. Sept.	—	4. Sept.	28. Aug.	gibt es nicht	—	—
—	—	—	—	19. Sept.	—	2. Okt.	—	—
—	—	—	—	—	—	—	—	14. Aug.
—	—	18. Sept.	—	21. Sept.	—	—	—	20. Aug.
—	—	1. Okt.	—	2. Okt.	—	—	—	—
—	—	—	—	24. Sept.	—	18. Okt.	—	—
—	—	—	—	5. Okt.	—	—	—	—
—	—	—	—	—	—	22. Mai	—	—
—	—	—	—	16. März	—	19. Mai	—	—
—	—	—	—	7. Mai	—	25. Juli	—	22. Mai
—	—	16. Mai	—	—	—	26. Mai	—	18. Mai
—	— [8)	—	—	—	—	—	—	—

brassicae und Pieris rapae.   5) Melolontha melolontha und Melolontha hippocastan.   6) Aphis evonymi, Aphis
Mandelbäumchen beginnt zu blühen: 5. Mai.

1922	Niederplanitz i. Sa. B. Reinhold, Oberlehrer	Plauen i. V. P. Wilhelm	Aue (Erzg.) R. Blank	Schneeberg F. Baumann, Oberforstwart	Annaberg (Erzg.)	Annaberg (Erzg.) O. Göbel
Meereshöhe in Metern.............		380		470		500—700
Vorfrühling						
Anfang der Aufblühzeit von:						
Schneeglöckchen[1]	6. März	—	13. April	3. März	30. März	24.März[6]
Huflattich (Tussilago Farfara)	19. März	12. März	14. April	12. April	15. April	12. April
Anemone (Anemone nemorosa)....	14. April	—	22. April	15. April	18. April	19. April
Kornelkirsche (Cornus mas)	15. April	6. April	—	—	—	—
Sahlweide (Salix Caprea)	10. April	—	14. April	11. April	14. April	20. April
Anfang b. Laubentfaltung bei:						
Stachelbeere (Ribes Grossularia)[2] ..	zwisch. 23. u. 30. April	28. April	16. April	19. April	2. Mai	30. April
Erstfrühling						
Anfang der Aufblühzeit von:						
Dotterblume (Caltha palustris)	16. April	24. April	22. April	27. April	3. Mai	4. Mai
Johannisbeere (Ribes Rubrum)....	3. Mai	5. Mai	—	15. April	29. April	22. Mai
Süßkirsche (Prunus avium)	3. Mai	8. Mai	—	2. Mai	25. Mai	17. Mai[7]
Schlehe (Prunus spinosa)	7. Mai	5. Mai	—	15. Mai	13. Mai	18. Mai
Traubenkirsche (Prunus Padus)	9. Mai	—	—	15. Mai	24. Mai	21. Mai
Birne (Pirus Communis)	Gute Luise 8. Mai[4]	Nina 16.5.	—	23. Mai	24. Mai	Lohals 22. Mai
Apfel (Pirus malus)	13. Mai[5]	Cellini 20. Mai	—	20. Mai	21. Mai	Cellini 22. Mai
Anfang b. Laubentfaltung bei:						
Roßkastanie (Aesculus Hippocastan)	15. Mai	—	4. Mai	2. Mai	27. Mai	20. Mai[8]
Linde (Tilia grandifolia, Sommerlinde)	20. Mai	—	8. Mai	22. April	30. Mai	28. Mai
(Tilia parvifolia, Winterlinde)...	—	—	—	28. April	24. Juni	24. Jun
Buche (Fagus silvatica)	20. Mai	—	—	18. Mai	22. Mai	20. Mai
Vollfrühling						
Anfang der Aufblühzeit von:						
Roßkastanie....................	20. Mai	22. Mai	25. Mai	16. Mai	2. Juni	2. Juni
Flieder (Nägelchen, Syringa vulgaris)	22. Mai	22. Mai	23. Mai	23. Mai	5. Juni	4. Juni
Goldregen (Cytisus Laburnum)....	20. Mai	30. Mai	31. Mai	15. Juni	7. Juni	8. Juni
Eberesche (Sorbus aucuparia)	20. Mai	24. Mai	5. Juni	2. Juni	9. Juni	10. Juni
Allgemeine Belaubung:						
Buchenhochwald grün[3]	gibt es nicht	—	—	26. Mai	—	31. Mai
Eichenhochwald grün	gibt es nicht	—	—	2. Juni	2. Juni	—
Frühsommer						
Anfang der Aufblühzeit von:						
Holunder (Sambucus nigra).......	6. Juni	26. Juni	9. Juni	16. Juli	18. Juni	15. Juni
Schneebeere (Symphoricarp.-racem.)	11. Juni	20. Juni	—	8. Mai	20. Juni	20. Juni
Falscher Jasmin (Philad. coronarius)	9. Juni	18. Juni	13. Juni	6. Juli	24. Juni	22. Juni
Gartensalbei (Salvia officinalis)....	—	—	—	25. Juli	—	—
Winterroggen	3. Juni	8. Juni	Petk. 4. 7.	26. Mai	19. Juni	Petk. 18. 6.
Winterweizen	21. Juni	25. Juni	Dickk. 5. 6.	29. Mai	23. Juni	24. Juni
Erste Entwickl. v. Johannistrieb. bei:						
Eiche.................	25. Juni	—	Anf. Juli	5. Juli	—	—
Spitzahorn	—	—	Anf. Juli	5. Juli	—	27. Juni
Eberesche usw................	—	—	—	5. Juli	3. Juli	1. Juli

---

[1] Galanthus nivalis oder Leucojum vernum.   [2] Erste normale Blattoberflächen sichtbar.   [3] D. h. über 50%
[6] Im Tal in einer Höhe von ca. 500 m beobachtet, in einer Höhe von ca. 700 m: 10. April.   [7] 20. Mai in einer Höhe von 700 m.

 Noch: Tabelle **28**.

Hain bei Oybin H. Nowak	Görlitz Dr. O. Herr	Hirschberg Klose, Oberpost- sekretär	Glauchau M. Kaiser, Bez.- Obergärtner	Meißen R. Lucas	Meißen E. Engler	Meisatal bei Meißen G. Zschhe	Piskowitz bei Taubenheim R. Hölemann
	213	347	237	143	143	143	
18. März	23. Febr.	19. März	26. März	10. März	5. März	15. März	22. März
—	18. April	19. März	—	13. März	12. März	14. April	—
15. April	26. März	14. April	—	10. April	13. April	—	6. April
—	—	—	—	4. April	8. April	—	3. April
12. März	—	12. März	1. April	29. März	8. April	30. März	29. März
14. April	3. Mai	17. April	12. April	11. April	10. April	—	13. April
10. Mai	28. März	17. April	20. April	12. April	16. April	—	16. April
14. Mai	4. Mai	27. April	2. Mai	19. April	20. April	—	18. April
16. Mai	29. April	1. Mai	3. Mai	1. Mai	29. April	1. Mai	7. Mai
25. Mai	5. Mai	7. Mai	14. Mai	2. Mai	28. April	1. Mai	7. Mai
25. Mai	8. Mai	7. Mai	7. Mai	5. Mai	3. Mai	—	—
26. Mai	Weinbirne 1. Mai	7. Mai	9. Mai	10. Mai	Gute Luise 4. Mai	Will. Christ 10. Mai	13. Mai
26. Mai	Weißer Klar 3. Mai	—	12. Mai	10. Mai	6. Mai	Sch.v.Bosk. 15. Mai	11. Mai
12. Mai	4. Mai	12. Mai	15. Mai	1. Mai	1. Mai	6. Mai	6. Mai
17. Mai	—	15. Mai	—	6. Mai	6. Mai	—	3. Mai
—	18. Mai	—	—	12. Mai	15. Mai	—	—
8. Mai	17. Mai	15. Mai	—	15. Mai	14. Mai	—	—
4. Juni	18. Mai	21. Mai	24. Mai	20. Mai	17. Mai	21. Mai	24. Mai
27. Mai	13. Mai	—	20. Mai	19. Mai	15. Mai	18. Mai	20. Mai
27. Mai	20. Mai	25. Mai	—	12. Mai	25. Mai	1. Juni	9. Mai
28. Mai	19. Mai	25. Mai	24. Mai	22. Mai	23. Mai	21. Mai	22. Mai
17. Mai	22. Mai	—	—	25. Mai	23. Mai	25. Mai	—
25. Mai	—	4. Juni	—	29. Mai	25. Mai	25. Mai	—
4. Juni	27. Mai	9. Juni	3. Juni	6. Juni	8. Juni	7. Juni	6. Juni
5. Juli	29. Mai	—	—	15. Juni	—	12. Juni	18. Juni
18. Juni	3. Juni	13. Juni	4. Juni	10. Juni	14. Juni	2. Juni	3. Juni
—	4. Juni	—	—	12. Juni	16. Juni	—	—
14. Juni	Petk. 3. 5.	9. Juni	12. Juni	2. Juni	1. Juni	4. Juni	5. Juni
17. Juni	Criew. 19. 6.	—	23. Juni	20. Juni	20. Juni	—	21. Juni
10. Juni	—	—	—	23. Juni	8. Juli	—	20. Juni
16. Juni	—	—	—	14. Juli	10. Juli	—	—
16. Juni	—	—	—	—	—	—	—

sämtlicher Blätter an der Station entfaltet.   4) Pastorenbirne beginnt zu blühen: 9. Mai.   5) Pfirsichroter Sommerapfel.
8) 25. Mai in einer Höhe von 700 m.

1922	Niederplanitz i. Sa B. Reinhold, Oberlehrer	Plauen i. B. P. Wilhelm	Aue (Erzg.) R. Blank	Schneeberg F. Baumann, Oberforstwart	Annaberg (Erzg.)	Annaberg (Erzg.) D. Göbel
Meereshöhe in Metern.............		380		470		500—700
Hochsommer						
Anfang der Aufblühzeit von:						
Sommer- und Winterlinde.........	25. 6./2. 7.	1. Juli	20. Juli	8. Juli	20. 6./3. 7.	18. 6. /2. 7.
Heide (Calluna vulgaris)	—	10. Juli	—	15. Juli	5. Aug.	3. Aug.
Weiße Lilie (Lilium candidum)	Anf. Juli	10. Juli	—	15. Juli	—	—
Anfang der Fruchtreife von:						
Johannisbeere..................	—	10. Juli	—	17. Juli	26. Juli	28. Juli
Eberesche	—	1. Aug.	—	1. Sept.	—	—
Schneebeere	—	8. Aug.	—	18. Aug.	26. Aug.	24. Aug.
Holunder......................	—	20. Sept.	—	2. Okt.	—	—
Erntebeginn[1] von:						
Winterroggen	—	30. Juli	9. Aug.	16. Aug.	17. Aug.	14. Aug.
Winterweizen	—	20. Aug.	2. Sept.	28. Aug.	—	—
Grummetreife	Ende Aug.	28. Aug.	21. Aug.	2. Sept.	6. Sept.	4. Sept.
Frühherbst (Spätsommer)						
Anfang der Aufblühzeit von:						
Herbstzeitlose (Colchicum autumnale)	Mitte Sept.	24. Sept.	—	—	—	—
Efeu (Hedera helix)	Mitte Sept.	—	—	12. Sept.	—	—
Anfang der Fruchtreife von:						
Roßkastanie....................	Mitte Sept.	25. Sept.	—	13. Sept.	28. Sept.	25. Sept.
Liguster (Ligustrum vulgare)	Ende Sept.	—	—	27. Sept.	—	—
Herbst						
Allgemeine Laubverfärbung u. a. bei:						
Roßkastanie....................	Ende Sept.	25. Sept.	17.Sept.[7]	9. Okt.	7. Okt.	10. Okt.
Buche	—	—	—	18. Okt.	2. Okt.	4. Okt.
Eiche	Anf. Okt.	—	—	18. Okt.	—	—
Dazu einige Beobachtungen aus der **Tierwelt:**						
1. Grasfrosch[2] } zuerst gesehen oder	16. März	—	—	—	—	—
Wasserfrosch[3] } gehört	30. April	14. Mai	—	15. April	—	—
2. Erste Falter der Kohlweißlinge[4]..	nicht beob.	18. Mai	—	24. Mai	2. Juni	15. Juni
Erste Maikäfer[5]...............	—	—	—	—	—	—
3. Erste schwarze Blattläuse an Saubohnen[6]..................	—	—	—	18. Juli	—	—

---

[1] D. h. Anfang des Schnittes auf mehreren Feldern.   [2] Rana temporaria.   [3] Rana esculenta.   [4] Pieris papaveris, Aphis rumicis.   [7] Robinia pseudacacia beginnt zu blühen: 26. Juni.   [8] Schlungwitz b. Bautzen.   [9] Laub

Beobachtungen in Sachsen.

Hain b. Oybin H. Nowak	Görlitz Dr. O. Herr	Hirschberg Klose, Oberpost-sekretär	Glauchau M. Kaiser, Bez.-Obergärtner	Meißen R. Lucas	Meißen E. Engler	Meisatal bei Meißen G. Zschocke	Piskowitz bei Taubenheim R. Hölemann
	213	347	237	143	143	143	
8. Juli	21. Juni	28. Juni	4. Juli	4./26. Juni	26. 5. / 3. 6.	24./30.Juni	21. Juni
8. Juli	—	28. Juni	—	8. Aug.[8]	3. Aug.	13. Aug.	30. Juli
10. Juli	26. Juni	—	3. Juli	5. Juli	2. Juli	30. Juni	24. Juli
10. Juli	25. Juni	5. Sept.	1. Juli	10. Juli	12. Juli	16. Juli	15. Juni
18. Juli	28. Aug.	15. Sept.	—	15. Juli	11. Aug.	30. Juli	10. Juni
4. Okt.	24. Juli	—	—	—	—	—	22. Juli
15. Sept.	12. Sept.	24. Sept.	—	21. Aug.	26. Aug.	20. Aug.	—
6. Aug.	18. Juli	—	5. Aug.	—	15. Juli	23. Juli	29. Juli
26. Aug.	—	—	—	—	5. Aug.	10. Aug.	10. Aug.
31. Aug.	—	—	—	10. Sept.	—	—	13. Sept.
—	fehlt hier	—	—	6. Okt.	4. Okt.	—	—
—	—	—	—	12. Sept.	—	22. Sept.	25. Sept.
25. Okt.	15. Sept.	19. Okt.	—	20. Sept.	—	—	20. Sept.
—	—	—	—	—	—	—	—
10. Okt.	—	6. Okt.	—	20. Okt.	29. Okt.	—	6. Okt.
4. Okt.	—	6. Okt.	—	18. Okt.	—	—	15. Okt.
4. Okt.	—	10. Okt.	—	15. Okt.	—	—	10. Okt.
16. April	26. Febr.	24. April	—	—[9]	—[7]	—	—
—	—	—	—	20. April	14. April	—	30. Mai
20. Juli	16. März	20. April	—	28. April	24. April	—	16. Mai
1. Mai	15. April	10. Mai	—	8. Mai	15. Mai	15. Mai	9. Mai
—	12. Juni	—	—	—	—	—	—

brassicae und Pieris rapae.
frosch: 10. April.

5) Melolontha melolontha und Melolontha hippocastan.

6) Aphis evonymi, Aphis

1922	Bebertesa, Kr. Lehe A. Scheidtmann	Bebertesa, Kr. Lehe J. Elster	Bremerhaven-Geestkelle H. Zeufzel, Stubienrat	Lehe K. Friese, UIrg	Geestemünde F. Abt. Pust, OIIrg	Geestemünde Müller
Meereshöhe in Metern	2	2	2	2	2	2
Vorfrühling						
Anfang der Aufblühzeit von:						
Schneeglöckchen[1]	8. März	—	—	—·	—	—
Huflattich (Tussilago Farfara)	10. April	—	—	—	—	—
Anemone (Anemone nemorosa)....	17. April	—	—	—	—	—
Kornelkirsche (Cornus mas)........	18. April	—	—	—	—	—
Sahlweide (Salix Caprea)	8. April	—	—	—	—	—
Anfang d. Laubentfaltung bei:						
Stachelbeere[2] (Ribes Grossularia) .	12. April	—	—	—	—	—
Erstfrühling						
Anfang der Aufblühzeit von:						
Dotterblume (Caltha palustris)	21. April	—	—	—	—	—
Johannisbeere (Ribes Rubrum)....	26. April	10. Mai	—	—	11. Mai	—
Süßkirsche (Prunus avium)........	3. Mai	15. Mai	—	—	18. Mai	—
Schlehe (Prunus spinosa)	10. Mai	—	—	—	—	—
Traubenkirsche (Prunus Padus)	12. Mai	—	—	—	—	—
Birne (Pirus Communis)	17. Mai[4]	18. Mai	—	—	20. Mai	—
Apfel (Pirus malus)	17. Mai[5]	20. Mai	—	—	22. Mai	—
Anfang d. Laubentfaltung bei:						
Roßkastanie (Aescul. Hippocastanum)	28. April	—	—	—	—	—
Linde (Tilia grandifolia, Sommerlinde)	8. Mai	—	15. Mai	—	—	—
(Tilia parvifolia, Winterlinde) ...	16. Mai	—	—	—	—	—
Buche (Fagus silvatica)	1. Mai	—	7. Mai	—	—	—
Vollfrühling						
Anfang der Aufblühzeit von:						
Roßkastanie.................	22. Mai	23. Mai	18. Mai	—	22. Mai	—
Flieder (Nägelchen, Syringa vulgaris)	23. Mai	22. Mai	21. Mai	—	24. Mai	—
Goldregen (Cytisus Laburnum)....	24. Mai	26. Mai	24. Mai	—	25. Mai	—
Eberesche (Sorbus aucuparia)......	24. Mai	—	22. Mai[8]	—	—	—
Allgemeine Belaubung:						
Buchenhochwald grün[3]...........	10. Mai	—	17. Mai	—	—	—
Eichenhochwald grün	24. Mai	—	25. Mai	—	—	—
Frühsommer						
Anfang der Aufblühzeit von:						
Holunder (Sambucus nigra).......	12. Juni	10. Juni	7. Juni	13. Juni	8. Juni	10. Juni
Schneebeere (Symphoric.-racemosa).	13. Juni	—	13. Juni	12. Juni	12. Juni	11. Juni
Falscher Jasmin (Philad. coronarius)	20. Juni	8. Juni	5. Juni	—	—	15. Juni (voll)
Gartensalbei (Salvia officinalis)	—	—	—	—	—	—
Winterroggen	10. Juni[6]	7. Juni	—	7. Juni	—	5. Juni
Winterweizen	—	—[7]	—	—	—	—
Erste Entwickl. v. Johannistrieben bei:						
Eiche.......................	—	—	24. Juni[9]	—	—	—

---

[1] Galanthus nivalis oder Leucojum vernum.   [2] Erste normale Blattoberflächen sichtbar.   [3] D. h. über 50 % sämtlicher
[8] Lärche beginnt zu blühen: 25 Mai.   [9] Liguster beginnt zu blühen: 25. Juni.   [10] Tomate beginnt zu blühen: 5. Juli.
beginnt zu blühen: 19. März. Potentilla verna beginnt zu blühen: 14. April.   [14] Frühe Sorte.   [15] Gerste beginnt zu blühen:

Beobachtungen in Hannover. Tabelle 29

Geestemünde W. Rabien	Schiffdorf, Kr. Geestemünde H. Havemann	Rechtenfleth, Kr. Geestemünde H. Dsmers	Stade Schablowski, Lehrer	Ahlerstedt, Kr. Stade W. Wegewitz, Lehrer	Osnabrück H. Freund	Hildesheim Lefoe	Göttingen (Tal) Ver. naturf. Freunde (Dr. Fr. Roß und H. Depp)	Celle-Westercelle Th. v Arnoldi
2			9		68	90	151	39
—	—	—	28. März	—	1. März	28. Febr.	27./28. Feb.	—
—	—	—	1. Mai	—	6. März	10. März	14. März	—
—	—	—	1. Mai	—	15. April	15. April	11. April	—
—	—	—	—	—	—	—	14. März	—
—	—	—	4. Mai	—	9. April	— 13)	—	—
—	—	—	24. April	—	·2. April	13. April	—	—
—	—	—	5. April	—	15. April	23. April	20. April	—
14. Mai	—	—	28. April	—	5. Mai	25. April	29. April	1. Mai
11. Mai	—	—	7. Mai	5. Mai	3. Mai	6. Mai	3. Mai	2. Mai
—	—	—	—	7. Mai	2. Mai	6. Mai	6. Mai	—
—	—	—	6. Mai	—	11. Mai	12. Mai	7. Mai	—
17. Mai	—	—	8. Mai	18. Mai 4)	7. Mai	9. Mai	6. Mai14)	6. Mai
19. Mai	—	—	10. Mai	18. Mai11)	13. Mai	16. Mai14)	9. Mai1?)	13. Mai
—	—	—	28. April	14. Mai	3. Mai	27. April	19. April	—
—	—	—	25. April	—	13. Mai	7. Mai	29. April	—
—	—	—	30. April	—	—	—	9. Mai	—
—	—	—	—	30. April	13. Mai	—	6. Mai	—
—	—	—	28. April	23. Mai	20. Mai	20. Mai	19. Mai	20. Mai
18. Mai	—	—	24. Mai	23. Mai	20. Mai	20. Mai	15. Mai	20. Mai.
22. Mai	—	—	26. April	25. Mai	21. Mai	24. Mai	20. Mai	—
—	—	—	7. Juni	24. Mai	26. Mai	23. Mai	20. Mai	—
—	—	—	5. Mai	14. Mai	18. Mai	10. Mai	18. Mai	—
—	—	—	28. Mai	23. Mai	22. Mai	17. Mai	—	—
10. Juni	8. Juni	10. Juni	—	10. Juni	6. Juni	5. Juni	1. Juni	—
14. Juni	11. Juni	10. Juni	—	—	8. Juni	9. Juni	7. Juni	—
—	—	—	5. Juni	3. Juni	3. Juni	5. Juni	29. Mai	—
—	—	—	—	—	—	—	—	—
—	6. Juni	7. Juni	4. Juni	5. Juni	2. Juni	5. Juni	1. Juni	—
—	—	—	—	—	27. Juni	20. Juni 15)	—	—
—	— 10)	—	—	—	2. Juli 12)	—	7. Juni	—

Blätter an der Station entfaltet.   4) Köstliche von Char.   5) Graue Reinette.   6) Petkuser.   7) Wird fast nicht gebaut. 11) Schöner von Boskop.   12) Erste Entwicklung von Johannistrieben bei Buche: 2. Juli.   13) Hepatica triloba (im Walde). 28. Mai.   16) Früheste Sorte.

1922	Bederkesa, Kr. Lehe A. Scheidtmann	Bederkesa, Kr. Lehe J. Elster	Bremerhaven-Geefthelle H. Feuftel, Studienrat	Lehe R. Friefe, U I rg	Geeftemünde F. Abt. Puft, O II rg	Geeftemünde Müller
Meereshöhe in Metern	2	2	2	2	2	2
Hochfommer						
Anfang der Aufblühzeit von:						
Sommer- und Winterlinde	3. Juli	4. Juli	Sommerl. 30. Juni	—	9. Juni	—
Heide (Calluna vulgaris)	28. Juli	—	—	23. Juli	25. Juli	—
Weiße Lilie (Lilium candidum)	17. Juli	—	—	—	—	—
Anfang der Fruchtreife von:						
Johannisbeere	2. Juli	—	26. Juni	26. Juni	23. Juni	2. Juli
Ebereiche	21. Juli	—	—	—	—	
Schneebeere	6. Aug.	—	—	—	—	zw. 1. u. 4. 9.
Holunder	—	—	ca. 28. Aug.	—	—	7. Aug.
Erntebeginn[1]) von:						
Winterroggen	30. Juli	1. Aug.	2. Aug.	3. Aug.	1. Aug.	—
Winterweizen	—	—	—	—	—	—
Grummetreife	28. Sept.	—	—	—	—	—
Frühherbft (Spätfommer)						
Anfang der Aufblühzeit von:						
Herbftzeitlofe (Colchicum autumnale)	—	—	—	—	—	—
Efeu (Hedera helix)	1. Nov.	—	—	—	—	—
Anfang der Fruchtreife von:						
Roßkaftanie	18. Sept.	—	—	—	—	—
Ligufter (Ligustrum vulgare)	—	—	—	—	—	—
Herbft						
Allgemeine Laubverfärbung u. a. bei:						
Roßkaftanie	29. Sept.	zw. 23. u. 30. September	—	—	—	—
Buche	11. Oft.	zw. 8. u. 14. 10.	—	—	—	—
Eiche	3. Nov.	—	—	—	—	—
Dazu einige Beobachtungeu aus der Tierwelt:						
1. Grasfrofch (Rana temporaria), zuerft gefehen oder gehört	—	—	—	—	—	—
2. Erfte Falter der Kohlweißlinge[2]) . .	3. Mai	—	—	—	—	—
Erfte Maikäfer[3])	16. Mai	—	18. Mai	—	—	—
3. Erfte fchwarze Blattläufe an Saubohnen[4])	—	25. Juni	—	—	27. Mai	—
4. Erfte Froftfpanner an Probeleimringen[5])	—	zw. 28. Oft. u. 4. Nov.	30. Oft.	—	—	—

---

[1]) D. h. Anfang des Schnittes von mehreren Feldern.   [2]) Pieris brassicae und Pieris rapae.   [3]) Melolontha brumata und Hibernia defoliaria.   [5]) Kommt nicht vor.

Beobachtungen in Hannover.

Geestemünde, W. Rabien	Schiffdorf, Kr. Geestemünde, H. Havemann	Rechtenfleth, Kr. Geestemünde, H. Osmers	Stade, Schablowski, Lehrer	Ahlerstedt, Kr. Stade, W. Wegewitz, Lehrer	Osnabrück, H. Freund	Hildesheim, Lesoe	Göttingen (Tal), Ver. naturf. Freunde (Dr. Fr. Voß und H. Depp)	Celle-Westercelle, Th. v. Arnoldi
2			9		68	90	151	39
—	—	—	—	—	26. Juni u. 2. Juli	24. Juni	15. u. 29. Juni	—
—	—	—	—	—	20. Juli	7. Aug.	—	—
—	—	—	4. Mai	—	1. Juli	5. Juli	3. Juli	—
—	—	30. Juni	—	—	10. Juli	5. Juli	1. Juli	—
—	—	—	—	—	24. Aug.	7. Aug.	21. Juli	—
—	—	—	—	—	23. Juli	10. Aug.	1. Aug.	—
—	—	2. Sept.	—	—	3. Sept.	6. Sept.	28. Aug.	—
—	1. Aug.	2. Aug.	—	—	22. Juli	—	28. Juli	—
—	—	—	—	—	15. Aug.	—	17. Aug.	—
—	—	—	—	—	—	22. Aug.	—	—
—	—	—	—	—	—[6]	23. Sept.	10. Sept.	—
—	—	—	—	—	8. Sept.	4. Okt.	15. Sept.	—
—	—	—	—	—	18. Sept.	25. Sept.	20. Sept.	—
—	—	—	—	—	—	27. Sept.	22. Sept.	—
—	—	—	—	—	1. Okt.	3. Okt.	26. Sept.	—
—	—	—	—	—	12. Okt.	5. Okt.	2. Okt.	—
—	—	—	—	—	—	10. Okt.	—	—
—	—	—	—	—	18. März	—	13. März	—
—	—	—	28. April	7. Mai	—	—	11. April	—
—	—	—	14. April	—	—	—	8. Mai	—
—	—	—	—	—	16. Juni	—	—	—
—	—	—	—	—	—	—	7. Nov.	—

melolontha und Melolontha hippocastan.   [4] Aphis evonymi, Aphis papaveris, Aphis rumicis.   [5] Cheimatobia

Allgemeine phänologische Beobachtungen in Westfalen,

1922	Trier Dr. H. Zillig	Köln-Marienburg J. Esser, Gärtner	Burbach, Bez. Cöln Umbach, Staatl. Forstgehilfe	Geisenheim (Rhein) Prof. Dr. Lüstner
Meereshöhe in Metern	148	56		100—103
Vorfrühling				
Anfang der Aufblühzeit von:				
Schneeglöckchen [1]	—	6. März	25. Febr.	24. Febr.
Huflattich (Tussilago Farfara)	19. März	—	20. März	12. März
Anemone (Anemone nemorosa)	30. März	—	15. April	13. April
Kornelkirsche (Cornus mas)	2. April	—	—	22. März
Sahlweide (Salix Caprea)	—	— [4]	—	18. März
Anfang d. Laubentfaltung bei:				
Stachelbeere (Ribes Grossularia) [2] .	20. April	—	—	14. März
Erstfrühling				
Anfang der Aufblühzeit von:				
Dotterblume (Caltha palustris)	15. April	—	26. April	14. März
Johannisbeere (Ribes Rubrum)	—	—	28. April	15. April
Süßkirsche (Prunus avium)	20. April	—	2. Mai	17. April
Schlehe (Prunus spinosa)	20. April	—	20. April	22. April
Traubenkirsche (Prunus Padus)	—	—	26. April	6. Mai
Birne (Pirus Communis)	—	—	Gute Luise 2. Mai	3. Mai
Apfel (Pirus malus)	—	—	Goldreinette 5. Mai	6. Mai
Anfang d. Laubentfaltung bei:				
Roßkastanie (Aescul. Hippocastanum)	—	16. April	1. Mai	17. April
Linde (Tilia grandifolia, Sommerlinde)	—	21. Mai	1. Mai	16. April
(Tilia parvifolia, Winterlinde) ...	—	25. Mai	12. Mai	6. Mai
Buche (Fagus silvatica)	—	20. April	4. Mai [5]	8. Mai
Vollfrühling				
Anfang der Aufblühzeit von:				
Roßkastanie	—	25. Mai	20. Mai	14. Mai
Flieder (Nägelchen, Syringa vulgaris)	—	10. Mai	9. Mai	10. Mai
Goldregen (Cytisus Laburnum)	—	2. Juni	15. Mai	17. Mai
Eberesche (Sorbus aucuparia)	—	—	20. Mai	18. Mai
Allgemeine Belaubung:				
Buchenhochwald, grün [3]	—	—	9. Mai	13. Mai
Eichenhochwald, grün	—	—	19. Mai	17. Mai
Frühsommer				
Anfang der Aufblühzeit von:				
Holunder (Sambucus nigra)	—	20. Juni	30. Mai	27. Mai
Schneebeere (Symphoricarpus racem.)	—	3. Mai	1. Mai	27. Mai
Falscher Jasmin (Philad coronarius)	—	10. Juni	—	24. Mai
Gartensalbei (Salvia officinalis)	—	—	—	26. Mai
Winterroggen	—	—	30. Mai	28. Mai
Winterweizen	—	—	24. Juni	4. Juni
Erste Entwickl. v. Johannistrieb. bei:				
Eiche	—	—	10. Juni	22. Juni
Spitzahorn	—	—	18. Juni	—
Eberesche usw.	—	—	20. Juni	—

[1] Galanthus nivalis oder Leucojum vernum. [2] Erste normale Blattoberflächen sichtbar. [3] D. h. über 50% sämtlicher
[7] Geschützte Lage. [8] Hauswand nach Osten.

Hessen-Nassau, Hessen und der Rheinprovinz. Tabelle 30.

Frankfurt a. M., Eschersheim, Dr. Fr. Reyt	Marburg (Lahn), O. Wiepen, Biol. Vereinigung	Marburg (Lahn), P. Claußen	Marburg (Lahn), A. Steisberger, Botanisch. Garten	Reuß-Fulda, Curefeld, Holzhausen, Gutsverwalter	Caffel, G. Kraßke	Caffel, Scheer
	239	239	239	350	200	200
6. März	1. März	2. März	—	—	2. März	14. März
5. April	—	—	—	—	16. März	1. Mai
15. April	23. April	22. April	—	—	14. April	28. April
30. März	—	—	—	—	2. April	—
—	21. März	20. März	—	—	14. April	15. April
14. April	—	—	—	25. April	18. April	1. Mai
24. April	—	—	—	—	22. April	5. Mai
18. April	21. April	20. April	—	6. Mai	25. April	10. Mai
23. April	27. April	—	—	15. Mai	1. Mai[8]	6. Mai
26. April	4. Mai	6. Mai	—	10. Maii	5. Mai	7. Mai
10. Mai (voll)	—	13. Mai	—	16. Mai[7]	12. Mai	16. Mai
Le Lectier	8. Mai	5. Mai	—	Frühe	Lougardine	16. Mai
6. Mai				18. Mai	8. Mai	
Goldparmäne	8. Mai	6. Mai	—	Sch. v. Boskop	Reinette	20. Mai
7. Mai	Frühe			20. Mai	10. Mai	
4. Mai	—	14. Mai	—	12. Mai	7. Mai	5. Mai
3. Mai	—	—	—	—	11. Mai	7. Mai
—	—	15. Mai	—	12. Mai	—	7. Mai
5. Mai	—	—	—	10. Mai	7. Mai	16. Mai
19. Mai	20. Mai	21. Mai	24. Mai	22. Mai	21. Mai	20. Mai
15. Mai	—	20. Mai	—	23. Mai	18. Mai	20. Mai
20. Mai	25. Mai	25. Mai	—	22. Mai	31. Mai	1. Juni
—	21. Mai	20. Mai	—	26. Mai	25. Mai	1. Juni
10. Mai	—	ca. 20. Mai	—	17. Mai	18. Mai	15. Mai
—	—	—	—	24. Mai	28. Mai	2. Juni
16. Mai	1. Juni	31. Mai	6. Juni	10. Juni	4. Juni	10. Juni
—	3. Juni?	1. Juni	11. Juni	12. Juni	6. Juni	1. Juli
1. Juni	1. Juni	1. Juni	9. Juni	12. Juni	2. Juni	10. Juni
31. Mai	—	—	7. Juni	—	—	5. Juni
24. Mai	4. Juni	3. Juni	—	Petkufer 4. Juni	11. Juni	Petkufer 1. Juni
21. Juni	—	—	—	Criewener 1. Juli	25. Juni	Criewener 1. Juli
—	—	—	30. Juni	—	25. Juni	4. Juli
—	—	18. Juni[6]	—	—	14. Juli	7. Juli
—	—	—	—	—	—	10. Juli

Blätter an der Station entfaltet.   [4] Blätter stark entwickelt.   [5] Unterholz: 4. Mai, Oberholz: 9. Mai.   [6] Bei Lollar.

Noch: Allgemeine phänologische Beobachtungen in Westfalen,

1922	Trier Dr. H. Zillig	Köln-Marienburg J. Esser, Gärtner	Burbach, Bez. Cöln Umbach, Staatl. Forstgehilfe	Geisenheim (Rhein) Prof. Dr. Lüstner
Meereshöhe in Metern	148	56		100—103
Hochsommer				
Anfang der Aufblühzeit von:				
Sommer- und Winterlinde........	—	—	24. Juni/1. Juli	8./25. Juni
Heide (Calluna vulgaris)	—	—	—	30. Juli
Weiße Lilie (Lilium candidum)....	—	—	—	22. Juni
Anfang der Fruchtreife von:				
Johannisbeere...................	—	—	20. Juni	20. Juni
Eberesche......................	—	10. Sept.	10. Juli	5. Aug.
Schneebeere....................	—	15. Juli	—	21. Juli
Holunder	—	5. Sept.	—	13. Aug.
Erntebeginn[1]) von:				
Winterroggen	—	—	24. Juli	20. Juli
Winterweizen	—	—	3. Aug.	4. Aug.
Grummetreife	—	—	1. Aug.	—
Frühherbst (Spätsommer)				
Anfang der Aufblühzeit von:				
Herbstzeitlose (Colchicum autumnale)	20. Aug.	—	—	20. Aug.
Efeu (Hedera helix)............	—	—	—	15. Sept.
Anfang der Fruchtreife von:				
Roßkastanie....................	—	—	1. Sept.	20. Sept.
Liguster (Ligustrum vulgare)......	—	—	—	15. Sept.
Herbst				
Allgemeine Laubverfärbung u. a. bei:				
Roßkastanie....................	—	20. Sept.	20. Okt.	25. Sept.
Buche	—	26. Okt.	12. Okt.	18. Okt.
Eiche.........................	—	2. Nov.	20. Okt.	21. Okt.
Dazu einige Beobachtungen aus der **Tierwelt**				
1. Grasfrosch[2]).... } zuerst gesehen {	—	—	—	13. April
Wasserfrosch[3]) .. } oder gehört {	19. März	—	—	13. April
2. Erste Falter der Kohlweißlinge[4)]..	—	—	—	14. Mai
Erste Maikäfer[5])	—	Mai/Juni	10. Mai	8. Mai
3. Erste schwarze Blattläuse an Saubohnen[6])	—	—	—	28. Mai
4. Erste Frostspanner an Probeleimringen[7])..................	fliegend 26. Okt.	—	—	4. Nov./25.Febr.

---

[1]) D. h. Anfang des Schnittes auf mehreren Feldern. [2]) Rana temporaria. [3]) Rana esculenta. [4]) Pieris Aphis rumicis. [7]) Cheimatobia brumata u. Hibernia defoliaria. [8]) Haselnuß (Corylus Avellana) Beg. d. Blüte: 5. März. Höhenlage verschieden. [11]) Erste Fledermaus (Vespertilia musinus): 16. Mai! [12]) Racemosa 15. Juli.

Hessen-Nassau, Hessen und der Rheinprovinz.   Noch: Tabelle **30**.

Frankfurt a. M., Eschersheim, Dr. Fr. Reyt	Marburg (Lahn), D. Wiepken, Biol. Vereinigung	Marburg (Lahn), P. Claußen	Marburg (Lahn), A. Steißberger, Botanisch. Garten	Reulos-Fulda, Eurefeld, Holzhausen, Gutsverwalter	Caffel, G. Kraße	Caffel, Scheer
	239	239	239	350	200	200
Sommerlinde	Sommerlinde					
14. Juni	19. Juni	—	—	6. Juli	19.Juni/24.Juli	24. Juni
—	11. Juli[9])	—	—	28. Juli	31. Juli	3. Aug.
20. Juni	4. Juli	—	4. Juli	8. Juli	5. Juli	1. Juli
20. Juni	25. Juni?	—	—	8. Juli	7. Juli	4. Juli
27. Juli	26. Juli?	—	—	18. Juli	23. Juli	20. Juli
—	26. Juli	—	—	—	27. Juli	—
3. Sept.	25. Aug.	—	—	—	—	— [12])
26. Juli	26. Juli	ca.27. Juli	—	3. Aug.	29. Juli	3. Aug.
14. Aug.	25. Aug.?	—	—	25. Aug.	—	20. Aug.
—	20. August	—	—	—	9. Sept.	1. Aug.
15. Sept.	5. Sept.	—	—	25. Aug.	1. Sept.	13. Sept.
20. Sept.	—	—	22. Sept.	—	19. Sept.	—
20. Sept.	15. Sept.?	13. Sept.	25. Sept.	—	10. Sept.	15. Sept.
—	30. Sept.?	—	—	—	—	20. Sept.
—	8. Okt.	5. Okt.	—	—	15. Sept.	20. Sept.
—	8. Okt.	M. Okt.[10])	—	18. Sept.	5. Okt.	21. Okt.
—	—	—	—	27. Sept.	12. Okt.	1. Nov.
—	—	—	—	—	—	—
—	—	—	—	15. April	—	7. Mai
—	—	—	—	22. Mai	7. Mai	5. Mai
—	—	—	—	23. Mai	18. Mai	15. Mai
—	—	—	26. Mai	—	6. Juni	10. Juni
— [8])	—	—	—	— [11])	—	1. Nov./10.März

brassicae u. Pieris rapae.   [5]) Melolontha melolontha u. Melolontha hippocastan.   [6]) Aphis evonymi, Aphis papaveris, Forsythia, Beg. d. Blüte: 28. März.   Stachelbeere, Beg. d. Blüte: 18. April.   [9]) Vereinzelt, Masse erst nach 25. Juli.   [10]) Je nach

Noch: Allgemeine phänologische Beobachtungen in Westfalen,

1922	Velen b Borken i. Westf. Hölscher, Landwirtsch. Lehrer	Sprakel, Kr. Münster Dr. Rotthoff	Brakel, Kr. Höxter R. Steppes, Landw.-Schule	Weidenau W. Patzold	Siegen Sonnemann, Wiesenbauschul-lehrer
Meereshöhe in Metern	50 –70	49—50	141	500	260—270
Vorfrühling					
Anfang der Aufblühzeit von:					
Schneeglöckchen [1]	20. März	5. März	Februar	—	—
Huflattich (Tussilago Farfara)	Anfang Mai	12. März	—	—	28. April
Anemone (Anemone nemorosa)....	—	—	—	—	—
Kornelkirsche (Cornus mas)........	—	—	—	—	—
Sahlweide (Salix Caprea)	Anfang April	16. April	Anf. März	—	6. April
Anfang b Laubentfaltung bei:					
Stachelbeere (Ribes Grossularia) [2] ..	—	—	—	—	—
Erstfrühling					
Anfang der Aufblühzeit von:					
Dotterblume (Caltha palustris) ...'	—	—	—	—	—
Johannisbeere (Ribes Rubrum)	Anfang Mai	19. April	Anf. Mai	—	24. April
Süßkirsche (Prunus avium)	5. Mai	1. Mai	April	—	7. Mai
Schlehe (Prunus spinosa)	Anfang April	28. April	April	—	6. Mai
Traubenkirsche (Prunus Padus).....	—	—	—	—	—
Birne (Pirus Communis)	Ende Mai	1. Mai	Ende April	—	8. Mai
Apfel (Pirus malus)	Ende Mai	6. Mai	Mai	—	15. Mai
Anfang b. Laubentfaltung bei:					
Roßkastanie (Aescul. Hippocastanum)	April	9. April	April	4. Mai	—
Linde (Tilia grandifolia, Sommerlinde)	Mai	14. April	Anf. Mai	2. Mai	—
(Tilia parvifolia, Winterlinde) ...	—	—	—	—	—
Buche (Fagus silvatica)..........	—	—	—	—	—
Vollfrühling					
Anfang der Aufblühzeit von:					
Roßkastanie	15. Mai	18. Mai	Anf. Mai	20. Mai	—
Flieder (Nägelchen, Syringa vulgaris)	Ende Mai	15. Mai	—	25. Mai	—
Goldregen (Cytisus Laburnum)	—	24. Mai	—	17. Juni	—
Eberesche (Sorbus aucuparia)	—	—	—	—	—
Allgemeine Belaubung:					
Buchenhochwald, grün [3]	—	—	—	—	—
Eichenhochwald, grün	—	—	—	—	—
Frühsommer					
Anfang der Aufblühzeit von:					
Holunder (Sambucus nigra).......	Ende Mai	3. Juni	—	18. Juli	12. Juni
Schneebeere (Symphoricarpus racem)	—	—	—	—	—
Falscher Jasmin (Philad coronarius)	—	—	—	—	—
Gartensalbei (Salvia officinalis)	—	—	—	—	—
Winterroggen	Mitte Juni	30. Mai	10. Juni	—	29. Mai
Winterweizen	Ende Juni	16. Mai	—	—	—
Erste Entwickl. v. Johannistrieb. bei:					
Eiche..........................	—	—	—	—	—
Spitzahorn	—	—	—	—	—
Eberesche usw.	—	—	—	—	—

[1] Galanthus nivalis oder Leucojum vernum.　　　[2] Erste normale Blattoberflächen sichtbar.　　　[3] D. h. über 50%

Heſſen-Naſſau, Heſſen und der Rheinprovinz.

Frankfurt a. M. P. Lange	Fulda Tremmel, Direktor der Landw.-Schule	Wolfhagen, Bez. Caſſel Jeltſch, Direktor der Landw.-Schule	Mengeringhauſen (Waldeck) Dr. Schöne	Gau-Algesheim Dr. Ph. Rupp, Landw.-Schule	Heppenheim, Bergſtr. Rabenau, Sammel- ſtelle f. Pflanzenſch.	Friedberg (Heſſen) Dr. Heßler, Studienrat	Reichelsheim (Odenwald) Dr. Reil, Landw.-Schule
104	250	255		95	100	149. 39	260
—	Ende März	Februar	—	—	10. März	Anfang März	24. Febr.
22. April	—	—	April	23. April	—	Mitte April	—
—	—	—	—	—	—	—	—
—	Ende April	—	März	—	12. März	—	14. April
—	—	—	—	—	—	—	—
—	—	—	—	—	—	—	—
18. April	—	—	—	18. April	—	15. April	4. Mai
16. April	—	—	—	18. April	18. April	28. April	10. Mai
20. April	9. Mai	April	April	20. April	10. April	28. April	18. April
—	—	—	—	28. April	13. April	7. Mai	5. Mai
8. Mai	—	—	—	6. Mai	24. April	10. Mai	16. Mai
16. April	10. Mai	—	—	6. Mai	—	24. April	—
—	7. Mai	Mai	—	—	—	7. Mai	6. Mai
—	—	—	—	—	—	—	—
—	—	—	—	—	—	—	—
—	24. Mai	—	—	16. Mai	—	22. Mai	12. Mai
10. Mai	24. Mai	Mai	—	9. Mai	—	20. Mai	16. Mai
—	28. Mai	—	—	—	—	25. Mai	—
—	—	—	—	—	—	—	—
—	—	—	—	—	—	—	—
—	15. Juni	Juni	—	25. Mai	12. Juni	3. Juni	9. Juli
—	—	—	—	—	—	—	—
—	—	—	—	—	—	—	—
—	—	—	Ende Mai	27. Mai	—	28. Mai	18. Mai
—	—	—	Ende Mai	12. Juni	—	18. Juni	4. Juni
—	—	—	—	—	—	—	—
—	—	—	—	—	—	—	—
—	—	—	—	—	—	—	—

ſämtlicher Blätter an der Station entfaltet.

Noch: Allgemeine phänologische Beobachtungen in Westfalen,

1922	Delen b Borke i Westf. Hölscher, Landwirtsch. Lehrer	Sprakel, Kr. Münster Dr. Rotthoff	Brakel, Kr. Höxter R. Steppes, Landw.-Schule	Weidenau W. Patzold	Siegen Sonnemann, Wiesenbauschul.lehrer
Meereshöhe in Metern	50 - 70	49 — 50	141	500	260 — 270
Hochsommer					
Anfang der Aufblühzeit von:	Sommerlinde	Sommerlinde		Sommerlinde	
Sommer- und Winterlinde	Ende Mai	21. Juni	—	16. Juli	—
Heide (Calluna vulgaris)	—	—	—	—	—
Weiße Lilie (Lilium candidum)	—	—	—	—	—
Anfang der Fruchtreife von:					
Johannisbeere	Juli	24. Juli	—	—	16. Juli
Eberesche	—	—	—	—	—
Schneebeere	—	—	—	—	—
Holunder	—	28. Aug.	—	25. Sept.	29. Sept.
Erntebeginn[1]) von:					
Winterroggen	Ende Juli	23. Juli	—	—	30. Juli
Winterweizen	Mitte August	8. Aug.	—	—	—
Grummetreife	—	—	—	—	—
Frühherbst (Spätsommer)					
Anfang der Aufblühzeit von:					
Herbstzeitlose (Colchicum autumnale)	—	—	—	—	26. Sept.
Efeu (Hedera helix)	Anf. Oktober	4. Aug.	—	—	—
Anfang der Fruchtreife von:					
Roßkastanie	—	14. Sept.	—	18. Oft.	—
Liguster (Ligustrum vulgare)	—	—	—	—	—
Herbst					
Allgemeine Laubverfärbung u. a. bei:					
Roßkastanie	—	20. Sept.	—	20. Sept.	—
Buche	—	—	—	—	—
Eiche	—	—	—	—	—
Dazu einige Beobachtungen aus der **Tierwelt**					
1. Grasfrosch[2]) ... } zuerst gesehen	—	7. April	—	—	—
Wasserfrosch[3]) .. } oder gehört	—	—	—	—	23. April
2. Erste Falter b-r Kohlweißlinge[4]).	Mitte Mai	28. April	Ende April	—	6. Mai
Erste Maikäfer[5])	—	—	—	—	—
3. Erste schwarze Blattläuse an Saubohnen[6])	Mai	—	—	—	—
4. Erste Frostspanner an Probeleimringen[7])	Ende März	—	—	20. Oft.	—

[1]) D. h. Anfang des Schnittes auf mehreren Feldern.　　[2]) Rana temporaria.　　[3]) Rana esculenta.　　[4]) Pieris papaveris, Aphis rumicis.　　[7]) Cheimatobia brumata und Hibernia defoliaria.

Hessen-Nassau, Hessen und der Rheinprovinz. Noch: Tabelle **30**.

Frankfurt a. M. P. Lange	Fulda, Tremmel, Direktor der Landw.-Schule	Wolfhagen, Bez. Cassel, Jeltsch, Direktor der Landw.-Schule	Mengeringhausen (Waldeck) Dr. Schöne	Gau-Algesheim Dr. Ph. Rupp, Landw.-Schule	Heppenheim, Bergstr. Rabenau, Sammelstelle f. Pflanzensch.	Friedberg (Hessen) Dr. Heßler, Studienrat	Reichelsheim (Odenwald) Dr. Keil, Landw.-Schule
104	250	255		95	100	148. 39	260
		Sommerlinde				Sommerlinde	Sommerlinde
—	—	Juni	—	—	—	18. Juni	9. Juli
—	—	—	—	—	—	—	—
—	—	—	—	30. Juni	10. Juli	Ende Juni	—
—	—	—	—	—	—	—	—
—	—	—	—	10. Sept.	—	Ende August	—
—	—	—	August	21. Juli	22. Juli	24. Juli	28. Juli
—	—	—	Ende August	30. Juli	6. Aug.	12. Aug.	18. Aug.
—	—	—	—	—	—	—	—
—	—	—	—	—	—	26. Aug.	15. Sept.
—	—	—	—	15. Sept.	—	10. Sept.	—
—	12. Sept.	—	—	10. Sept.	—	28. Aug.	—
—	—	—	—	—	—	—	—
—	—	—	—	—	—	Ende Sept.	20. Sept
—	—	—	—	—	—	—	—
—	—	—	—	—	—	—	—
—	—	—	März	—	—	—	4. April
—	—	—	Mai	—	5. Mai	—	12. Mai
—	—	—	April	—	—	16. April	10. Mai
—	—	Juli	—	—	—	—	—
—	—	—	—	—	—	24. Mai	—
—	—	—	—	—	—	20. Okt.	—

brassicae und Pieris rapae.   [5]) Melolontha melolontha und Melolontha hippicastan.   [6]) Aphis evonymi, Aphis

Allgemeine phänologische Beobachtungen

1922	Plettenberg i. Westf. Beobachter: Alfred Schmidt, Lehrer	Landemert (Sauerland) Beobachter: W. Schäfer	Bremcke, Post Holzhausen, Kreis Altena Beobachter: Scheffer, Lehrer
Meereshöhe in Metern.................			
Feigwurz (Scharbockskraut) beginnt zu blühen	12. Mai (Westabhang)	18. April (im Walde)	—
Sahlweide beginnt zu blühen	8. März (Ostabhang)	6. April (»)	1. März
Schwarzdorn (Schlehe) beginnt zu blühen..	7. Mai (Talsohle)	14. Mai (»)	5. Mai
Weißdorn beginnt zu blühen	25. Mai (»)	24. Mai (»)	25. Mai
Roter Holunder (Traubenholunder) beginnt zu blühen	—	28 Mai (»)	—
Anfang der Fruchtreife	—	12 Aug. (»)	—
Schwarzer Holunder (Flieder) beginnt zu blühen.......................	8. Juni (Talsohle)	10. Juni (»)	14. Juni
Anfang der Fruchtreife...........	16. Sept. (»)	18. Aug. (»)	—
Schneebeere beginnt zu blühen...........	—	—	—
Anfang der Fruchtreife	—	—	—
Nägelchen (Syringa) beginnt zu blühen ...	20 Mai (Talsohle)	20. Mai	21. Mai
Johannisbeere (rotfrüchtige) beginnt zu blühen	29. April (»)	5. Mai	6. Mai
Anfang der Fruchtreife...........	2. Juli (»)	20. Juli	6. Juli
Süßkirsche beginnt zu blühen............	6. Mai (»)	7. Mai	7. Mai
Anfang der Fruchtreife...........	30. Juni (»)	8. Juli	15. Juli
Weiße Lilie beginnt zu blühen	—	—	16. Juli?
Besenginster beginnt zu blühen	24. Mai (Westabhang)	24. Mai (im Walde)	25. Mai
Heidekraut beginnt zu blühen	14. Juli (Bergkuppe)	10. Aug. (»)	17. Juli
Vogelbeere (Eberesche) beginnt zu blühen ..	23. Mai (Talsohle)	5. Juni (»)	27. Mai
Anfang der Fruchtreife...........	3. Aug. (»)	12. Aug. (»)	11. Juli
Winterroggen beginnt zu blühen	10. Juni (Ostabhang)	20. Juni	2. Juni
Beginn der Ernte	15. Aug. (»)	20. Aug.	2. Aug.
Roßkastanie, Beginn der Laubentfaltung...	6. Mai (Talsohle)	28. Mai	10. Mai
beginnt zu blühen	22. Mai (»)	18. Juni	24. Mai
Spitzahorn, Beginn der Laubentfaltung ...	7. Mai (»)	—	—
beginnt zu blühen	9. Mai (»)	—	26. Mai
Birke, Beginn der Laubentfaltung	6. Mai (Ostabhang)	8. Mai (im Walde)	6. Mai
beginnt zu blühen	16. Mai (»)	8. Juni (»)	—
Rotbuche, Beginn der Laubentfaltung	15. Mai (»)	18. Mai (»)	13. Mai
allgemeine Belaubung	24. Mai (»)	30. Mai (»)	15. Mai

aus dem Sauerland. Tabelle **31.**

Bilstein i. Westf. Beobachter: Luckey	Oberkirchen (Sauerland) Beobachter: Mutzenbach	Altastenberg Beobachter: Gerke	Medelon bei Medebach Beobachter: Linnemann, Lehrer
—	—		28. April
—	15. Mai (Talausl. n. Westen)	—	26. Febr
7. Mai (Südabhang)	18. Mai (»)	—	12. Mai
29. Mai (»)	25. Mai (»)	24. Mai (Hochebene, ungeschützt)	26. Mai
—	24. Mai (»)	25. Mai (»)	8. Mai
16 Aug. (Südabhang)	10. Aug. (»)	—	17. Juli
—	28. Mai (»)	30. Mai (Hochebene, ungeschützt)	17. Juni
—	—	—	10. Juni
—	—	—	8. August
10. Mai (Südabhang)	24. Mai (Talausl. n. Westen)	—	24. Mai
8. Mai (»)	15. Mai (»)	16 Mai (Hochebene, ungeschützt)	5. Mai
—	15. Juli (»)	17. Juli (»)	24. Juni
6. Mai (Südabhang)	14. Mai (»)	—	12. Mai
—	15. Juli (»)	—	20. Juli
3. Juli (Südabhang)	20. Juli (»)	24. Mai (Hochebene, ungeschützt)	—
28. Mai (»)	27. Mai (»)	26. Mai (»)	26. Mai
—	30. Juli (»)	—	26. Juli
26. Mai (Südabhang)	30. Mai (»)	22. Mai (Hochebene, ungeschützt)	22. Mai
—	20. Aug. (»)	—	
7. Juni (Südabhang)	20. Juni (»)	23. Juni (Hochebene, ungeschützt)	8. Juni
10. Aug. (»)	22. Aug. (»)	—	31 August
21. Mai (»)	15. Mai (»)	17. Mai (Hochebene, ungeschützt)	7. Mai
17. Mai (»)	25. Mai (»)	30. Mai (»)	26. Mai
—	15. Mai (»)	16. Mai (»)	—
—	5. Mai (»)	27. Mai (»)	10. Mai
10. Mai (Südabhang)	9. Mai (»)	18. Mai (»)	23. April
—	20. Mai (»)	5 Juni (»)	2. Mai
14. Mai (Südabhang)	15. Mai (»)	16. Mai (»)	8. Mai
17. Mai (»)	24. Mai (»)	21. Mai (»)	17. Mai

Allgemeine phänologische Beobachtungen in Württemberg und Baden. Tabelle **32**.

1922	Höpfigheim, O.-A. Marbach Schükrait, Hauptl.	Aalen Landw.-Schule	Ulm Dr. Schnon	Ulm K. Mangrer, Hauptlehrer a. D.	Pfaffenweiler bei Villingen K. Stilbach	Satteldorf, O.-A. Crailsheim Gg. Gronbach
Meereshöhe in Metern		428	479	479		425
Vorfrühling						
Anfang der Aufblühzeit von:						
Schneeglöckchen[1]	—	—	5. März	5. März	—	—
Huflattich (Tussilago Farfara)........	—	—	5. März[8]	7. März	12. April	Mitte März
Anemone (Anemone nemorosa).......	—	—	14. April	14. April	14. April	—
Kornelkirsche (Cornus mas)...........	—	—	21. März	20. März	—	—
Sahlweide (Salix Caprea)	—	—	8. April	17. März	—	Anfang März
Anfang der Laubentfaltung bei:						
Stachelbeere (Ribes Grossularia)[2]	—	—	26. März	6. April		
Erstfrühling						
Anfang der Aufblühzeit von:						
Dotterblume (Caltha palustris)	—	—	23. April	15. April	10. April	—
Johannisbeere (Ribes Rubrum).......	—	8. Mai	24. April	29. April	14. Mai	—
Süßkirsche (Prunus avium)	—	—	7. Mai	4. Mai	10. Mai	—
Schlehe (Prunus spinosa)............	—	6. Mai	5. Mai	5. Mai	13. Mai	Anfang Mai
Traubenkirsche (Prunus Padus)	—	—	9. April	9. Mai	—	—
Birne (Pirus Communis)	—	12. Mai[6]	8. Mai	10. Mai	—	—
Apfel (Pirus malus)	—	13. Mai[7]	12. Mai	12. Mai	—	—
Anfang der Laubentfaltung bei:						
Roßkastanie (Aesculus Hippocastanum)	19. Mai	—	12. Mai	3. Mai	18. Mai	—
Linde (Tilia grandifolia, Sommerlinde).	12. Mai	2. Mai	11. Mai	11. Mai	—	—
(Tilia parvifolia, Winterlinde)	20. Mai	—	—	—	—	—
Buche (Fagus silvatica)	12. Mai	14. Mai	18. Mai	18. Mai	—	—
Vollfrühling						
Anfang der Aufblühzeit von:						
Roßkastanie	27. Mai	4. Juni	19. Mai	19. Mai	28. Mai	—
Flieder (Nägelchen, Syringa vulgaris)..	—	25. Mai	17. Mai	21. Mai	—	—
Goldregen (Cytisus Laburnum).......	—	—	15. Mai	18. Mai	—	—
Eberesche (Sorbus aucuparia).........	—	—	26. Mai	21. Mai	28. Mai	—

Allgemeine Belaubung:						
Buchenhochwald grün³)	14. Mai	25. Mai	17. Mai	—	25. Mai	—
Eichenhochwald grün	20. Mai	—	20. Mai	20. Mai	—	—
Frühsommer						
Anfang der Aufblühzeit von:						
Holunder (Sambucus nigra)	2. Juni	4. Juni	29. Mai	1. Juni	—	—
Schneebeere (Symphoricarpus-racemosa)	—	—	30. Juni	12. Juni	—	—
Falscher Jasmin (Philadelph. coronarius)	—	—	10. Juni	11. Juni	—	—
Winterroggen	30. Mai	5. Juni	3. Juni	20. Juni	24. Juni	Anfang Juni
Winterweizen	25. Juni	—	5. Juli	5. Juli	—	Mitte Juni
Hochsommer						
Anfang der Aufblühzeit von:						
Sommer- und Winterlinde	2. Juli	—	20. Juni/5. Juli	21. Juni/5. Juli	Winterlinde 20. Juli	—
Heide (Calluna vulgaris)	—	—	—	—	—	—
Weiße Lilie (Lilium candidum)	—	—	2. Juli	2. Juli	—	—
Anfang der Fruchtreife von:						
Johannisbeere	25. Juni	—	23. Juni	3. Juli	5. Juli	—
Eberesche	—	—	14. Juli	14. Juli	—	—
Erntebeginn⁴) von:						
Winterroggen	24. Juli	Anfang August	15. Aug.	15. Aug.	—	Anfang August
Winterweizen	7. Aug.	Ende August	23. Aug.	23. Aug.	—	Mitte August
Grummetreife	26. Aug.	—	28. Aug.	25. Aug.	—	—
Frühherbst (Spätsommer)						
Anfang der Aufblühzeit von:						
Herbstzeitlose (Colchicum autumnale)...	4. Sept.	—	3. Sept.	5. Sept.	10. Aug.	Anfang Sept.
Buche	—	Mitte Oktober	24. Sept.	24. Sept.	—	—
Eiche	—	—	23. Sept.	24. Sept.	—	—
Erste Maikäfer⁵)	—	—	—	16. Mai	15. Mai	—

---

[1] Galanthus nivalis oder Leucojum nervum.   [2] Erste normale Blattoberflächen sichtbar.   [3] D. h. über 50% sämtlicher Blätter an der Station entfaltet.   [4] D. h. Anfang des Schnittes auf mehreren Feldern.   [5] Melolontha melolontha und Melolontha hippocastan.   [6] Frühe von Trevoure und Prof. Frouard.   [7] Weißer Klarapfel und Charlamowsky.   [8] Auf der Alb: 12. März.

1922	Meereshöhe in Metern	Palmkätzchen stäuben	Johannis- beeren schlagen aus	Aprikosen blühen	Pfirsiche blühen einheimische	amerikanische
Abtsgmünd	374	30. März	28. April	—	—	—
Backnang	266	20. März	14. April	22 April	4. Mai	2. Mai
Böttingen	908	8. März	20. Mai	—	—	—
Döbel	687	13. April	20. April	—	—	—
Ehingen a. D.	514	12. April	25. April	—	—	—
Eßlingen a. N.	240	19. März	18. März	9. April	15. April	23. April
Fluorn	636	12. April	30. April	—	—	—
Frankenhofen...........	740	16. April	10. Mai	—	—	—
Freudenstadt	738	26. März	6. Mai	—	14. April	—
Friedrichshafen	410	17. März	13. April	—	8. Mai	—
Gerabronn.............	462	8. März	17. April	—	6. Mai	—
Gründelhardt	475	14. April	15. April	—	—	—
Gundelsheim	156	9. April	12. April	21. April	17. April	14. April
Heidenheim	494	20. Febr.	16. April	—	—	—
Heimerdingen	410	12. März	20. März	—	—	7. Mai
Herrenalb		14. März	26. April	—	—	26. April
Hohenheim	402	28. März	4. April	6. April	15. April	23. April
Hohenstaufen...........	605	15. März	30. April	—	—	—
Kirchberg a. d. Sulz	577	8. März	21. April	—	—	—
Künzelsau.............	220	25. Jan.	31. März	—	31. März	—
Langenburg............	438	16. März	18. März	16. März	24. April	19. April
Lauterburg	670	19. März	23. April	—	—	—
Mengen		15. März	28. März	—	—	—
Münsingen	716	5. März	20. April	—	—	—
Murr	203	12. März	15. März	—	15. April	—
Neuffen	408	12. März	15. April	5. April	20. April	—
Neuhengstett	534	12. März	12. April	—	—	—
Ochsenhausen	614	6. März	10. April	—	—	—
Ravensburg	482	—	—	—	—	—
Rottweil	559	18. März	18. März	—	—	—
Schammach		12. April	17. April	—	—	—
Schwenningen..........		19. März	20. April	—	—	—
Seißen	707	11. April	16. April	—	—	—
Simmersfeld		5. März	8. Mai	—	—	—
Sternenfels............	318	10. März	20. April	14. April	10. April	10. April
Tuttlingen	647	15. März	20. April	—	—	—
Überruh..............		5. April	25. April	—	—	—
Wangen i. Allg.	557	4. März	12. April	15. April	20. April	17. April
Wilhelmsheim..........		13. März	15. April	—	—	—
Weinsberg I	218	10. März	20. März	17. März	14. April	8. April
Weinsberg II	218	12. März	15. März	30. März	12. April	12. April
Winnenden		16. März	16. März	16. April	22. April	22. April
Wolfegg	676	12. April	23. April	17. April	—	22. April

¹) Wilde Vogelkirsche.

Beobachtungen in Württemberg. Tabelle 33.

Johannis-beeren blühen	Roß-kastanien schlagen aus	Birken schlagen aus	Buchen schlagen aus	Eichen schlagen aus	Schlehen blühen	Kirschen blühen	Buchen-wald grün
30. April	6. Mai	4. Mai	13. Mai	19. Mai	3. Mai	7. Mai	20. Mai
26. April	6. Mai	26. April	8. Mai	17. Mai	20. Mai	21. April	13. Mai
31. Mai	—	8. Mai	10. Mai	10. Mai	30. April	30. April	11. Mai
18. Mai	10. Mai	15. Mai	3. Mai	20. Mai	—	17. Mai	20. Mai
5. Mai	4. Mai	9. Mai	15. Mai	19. Mai	7. Mai	8. Mai	18. Mai
15. April	15. April	14. April	2. Mai	10. Mai	15. April	20. April	13. Mai
7. Mai	14. Mai	8. Mai	—	21. Mai	15. Mai	—	—
21. Mai	20. Mai	—	16. Mai	23. Mai	17. Mai	—	22. Mai
18. Mai	7. Mai	8. Mai	10. Mai	20. Mai	8. Mai	10. Mai	25. Mai
1. Mai	4. Mai	6. Mai	1. Mai	6. Mai	—	6. Mai	11. Mai
6. Mai	12. Mai	16. April	10. Mai	15. Mai	30. April	3. Mai	15. Mai
28. April	10. Mai	28. April	14. Mai	19. Mai	6. Mai	4. Mai	21. Mai
9. April	10. April	19. April	16. April	12. April	19. April	28. April	10. Mai
10. April	30. April	4. Mai	14. Mai	8. Mai	6. Mai	8. Mai	17. Mai
6. Mai	20. Mai	1. Mai	1. Mai	14. Mai	6. Mai	26. April	14. Mai
27. April	20. April	10. Mai	11. Mai	11. Mai	11. Mai	24. April	18. Mai
22. April	12. April	20. April	8. Mai	10. Mai	21. April	24. April	16. Mai
2. Mai	9. Mai	5. Mai	15. Mai	20. Mai	5. Mai	23. April	20. Mai
5. Mai	7. Mai	1. Mai	6. Mai	12. Mai	8. Mai	4. Mai	18. Mai
1. April	15. April	—	31. März	—	31. März	25. März	15. April
22. April	27. April	29. April	4. Mai	11. Mai	24. April	24. April	15. Mai
3. Mai	7. Mai	5. Mai	9. Mai	20. Mai	13. Mai	10. Mai	15. Mai
25. April	4. Mai	6. Mai	8. Mai	20. Mai	10. Mai	5. Mai	10. Mai
8. Mai	3. Mai	5. Mai	8. Mai	15. Mai	15. Mai	12. Mai	18. Mai
10. April	18. April	10. Mai	—	13. Mai	14. April	—	—
22. April	9. Mai	2. Mai	2. Mai	10. Mai	18. April	27. April	12. Mai
14. Mai	5. Mai	28. April	7. Mai	—	10. Mai	—	14. Mai
1. Mai	2. Mai	26. April	8. Mai	9. Mai	7. Mai	2. Mai	20. Mai
18. April	24. April	—	3. Mai	10. Mai	23. April	24. April	11. Mai
3. Mai	7. Mai	9. Mai	14. Mai	16. Mai	7. Mai	—	20. Mai
17. Mai	9. Mai	8. Mai	12. Mai	19. Mai	10. Mai	8. Mai [1]	20. Mai
5. Mai	10. Mai	10. Mai	14. Mai	11. Mai	14. Mai	14. Mai	20. Mai
10. Mai	14. Mai	10. Mai	12. Mai	16. Mai	10. Mai	10. Mai	21. Mai
18. Mai	17. Mai	10. Mai	17. Mai	20. Mai	12. Mai	20. Mai	22. Mai
1. Mai	25. April	13. April	2. Mai	7. Mai	13. April	15. April	12. Mai
5. Mai	1. Mai	10. Mai	10. Mai	10. Mai	20. April	1. Mai	15. Mai
16. Mai	20. Mai	14. Mai	14. Mai	30. Mai	17. Mai	18. Mai	20. Mai
4. Mai	—	4. Mai	10. Mai	10. Mai	10. Mai	5. Mai	16. Mai
—	3. Mai	14. April	4. Mai	13. Mai	—	—	—
7. April	16. April	10. April	1. Mai	2. Mai	15. April	17. April	12. Mai
5. April	18. April	17. April	4. Mai	6. Mai	16. April	14. April	14. Mai
22. April	3. Mai	21. April	30. April	9. Mai	22. April	16. April	14. Mai
8. Mai	9. Mai	10. Mai	9. Mai	—	8. Mai	8. Mai	16. Mai

1922	Meereshöhe in Metern	Him-beeren blühen	Palm-birnen blühen	Welschbrat-birnen blühen	Jakobäpfel blühen	Goldpar-mänen blühen	Luiken blühen
Abtsgmünd	374	29. Mai	10. Mai	17. Mai	17. Mai	19. Mai	25. Mai
Backnang	266	22. Mai	6. Mai	9. Mai	10. Mai	13. Mai	21. Mai
Böttingen	908	10. Juni	—	—	5. Juni	—	15. Juni
Dobel	687	26. Mai	18. Mai	18. Mai	20. Mai	28. Mai	23. Mai
Ehingen a. D.	514	2. Juni	15. Mai	16. Mai	14. Mai	15. Mai	4. Juni
Eßlingen a. N.	240	26. Mai	26. April	8. Mai	6. Mai	12. Mai	18. Mai
Fluorn	636	—	—	—	21. Mai	—	—
Frankenhofen	740	—	21. Mai	—	20. Mai	24. Mai	28. Mai
Freudenstadt	738	6. Juni	17. Mai	26. Mai	20. Mai	18. Mai	1. Juni
Friedrichshafen	410	25. Mai	—	—	15. Mai	15. Mai	—
Gerabronn	462	20. Mai	10. Mai	15. Mai	12. Mai	17. Mai	25. Mai
Gründelhardt	475	31. Mai	13. Mai	20. Mai	16. Mai	22. Mai	27. Mai
Gundelsheim	156	6. Mai	3. Mai	4. Mai	7. Mai	13. Mai	21. Mai
Heidenheim	494	20. Mai	—	—	—	—	15. Mai
Heimerdingen	410	23. Mai	14. Mai	—	—	20. Mai	24. Mai
Herrenalb		19. Mai	15. Mai	16. Mai	11. Mai	15. Mai	19. Mai
Hohenheim	402	23. Mai	4. Mai	8. Mai	9. Mai	11. Mai	2. Juni
Hohenstaufen	605	—	7. Mai	15. Mai	17. Mai	20. Mai	25. Mai
Kirchberg a. d. Sulz	577	8. Juni	12. Mai	16. Mai	10. Mai	21. Mai	29. Mai
Künzelsau	220	—	19. April	—	15. April	25. April	20. Mai
Langenburg	438	10. Juni	6. Mai	10. Mai	9. Mai	17. Mai	24. Mai
Lauterburg	670	31. Mai	16. Mai	17. Mai	21. Mai	22. Mai	27. Mai
Mengen		18. Mai	20. Mai	22. Mai	10. Mai	18. Mai	28. Mai
Münsingen	716	3. Juni	—	25. Mai	25. Mai	25. Mai	25. Mai
Murr	203	2. Juni	18. April	—	—	22. Mai	20. Mai
Neuffen	408	—	20. April	—	3. Mai	—	—
Neuhengstett	534	—	14. Mai	10. Mai	14. Mai	—	—
Ochsenhausen	614	26. Mai	21. Mai	22. Mai	9. Mai	21. Mai	27. Mai
Ravensburg	482	—	—	—	6. Mai	9. Mai	—
Rottweil	559	25. Mai	27. Mai	—	16. Mai	27. Mai	31. Mai
Schammach		3. Juni	16. Mai	—	19. Mai	—	—
Schwenningen		8. Juni	17. Mai	—	18. Mai	26. Mai	31. Mai
Seißen	707	18. Juni	21. Mai	23. Mai	10. Mai	23. Mai	24. Mai
Simmersfeld		16. Juni	23. Mai	25. Mai	—	26. Mai	—
Sternenfels	318	26. Mai	3. Mai	8. Mai	10. Mai	12. Mai	16. Mai
Tuttlingen	647	30. Mai	15. Mai	15. Mai	10. Mai	15. Mai	20. Mai
Überruh		—	—	—	21. Mai	26. Mai	29. Mai
Wangen i. Allg.	557	20. Mai	22. Mai	20. Mai	15. Mai	19. Mai	—
Wilhelmsheim		—	8. Mai	—	—	14. Mai	—
Weinsberg I	218	10. Mai	1. Mai	1. Mai	3. Mai	5. Mai	15. Mai
Weinsberg II	218	7. Mai	1. Mai	28. April	4. Mai	6. Mai	14. Mai
Winnenden		8. Juni	6. Mai	13. Mai	6. Mai	14. Mai	25. Mai
Wolfegg	676	29. Mai	18. Mai	18. Mai	20. Mai	23. Mai	24. Mai

Flieder blüht	Roßkaftanien blühen	Maiglöckchen blühen	Weißdorn blüht	Eiche belaubt	Quitte blüht	Goldregen blüht	Schneebeeren blühen
21. Mai	24. Mai	21. Mai	24. Mai	27. Mai	28. Mai	2. Juni	3. Juni
15. Mai	21. Mai	20. Mai	24. Mai	25. Mai	20. Mai	20. Mai	15. Juni
25. Mai	—	15. Mai	5. Juni	12. Mai	—	—	—
23. Mai	26. Mai	26. Mai	27. Mai	26. Mai	—	—	—
19. Mai	22. Mai	21. Mai	28. Mai	28. Mai	—	30. Mai	1. Juni
8. Mai	15. Mai	14. Mai	15. Mai	17. Mai	15. Mai	18. Mai	29. Mai
—	26. Mai	—	—	25. Mai	—	—	—
22. Mai	29. Mai	27. Mai	28. Mai	28. Mai	—	—	15. Juni
27. Mai	29. Mai	28. Mai	31. Mai	30. Mai	1. Juni	5. Juni	14. Juni
15. Mai	20. Mai	21. Mai	27. Mai	21. Mai	15. Mai	27. Mai	5. Juni
18. Mai	21. Mai	15. Mai	24. Mai	26. Mai	28. Mai	27. Mai	29. Mai
26. Mai	26. Mai	23. Mai	25. Mai	27. Mai	—	—	—
16. Mai	21. Mai	16. Mai	15. Mai	13. Mai	22. Mai	25. Mai	3. Juni
18. Mai	23. Mai	23. Mai	23. Mai	23. Mai	—	30. Mai	—
13. Mai	20. Mai	14. Mai	20. Mai	21. Mai	18. Mai	—	—
17. Mai	22. Mai	26. Mai	13. Mai	20. Mai	—	1. Juni	27. Mai
16. Mai	·20. Mai	18. Mai	14. Mai	23. Mai	17. Mai	20. Mai	4. Juni
25. Mai	24. Mai	23. Mai	2. Juni	31. Mai	—	—	—
20. Mai	26. Mai	3. Juni	25. Mai	31. Mai	25. Mai	28. Mai	10. Juni
10. Mai	25. April	—	—	—	20. Mai	—	—
16. Mai	20. Mai	10. Mai	19. Mai	20. Mai	29. Mai	27. Mai	6. Juli
23. Mai	24. Mai	21. Mai	25. Mai	23. Mai	—	2. Juni	1. Juni
15. Mai	22. Mai	25. Mai	20. April	20. Mai	—	10. Mai	—
28. Mai	26. Mai	24. Mai	28. Mai	1. Juni	—	—	12. Juni
18. Mai	20. Mai	14. Mai	19. Mai	21. Mai	24. Mai	—	2. Juni
15. Mai	20. Mai	18. Mai	20. Mai	20. Mai	22. Mai	22. Mai	—
20. Mai	18. Mai	—	15. Mai	24. Mai	—	—	—
18. Mai	27. Mai	15. Mai	29. Mai	22. Mai	28. Mai	2. Juni	10. Juni
11. Mai	19. Mai	—	21. Mai	—	—	23. Mai	8. Juni
22. Mai	25. Mai	28. Mai	26. Mai	30. Mai	12. Juni	30. Mai	4. Juli
24. Mai	24. Mai	23. Mai	25. Mai	28. Mai	—	—	—
23. Mai	26. Mai	29. Mai	25. Mai	26. Mai	—	—	12. Juni
22. Mai	23. Mai	21. Mai	28. Mai	27. Mai	—	6. Juni	—
24. Mai	26. Mai	27. Mai	31. Mai	30. Mai	—	—	—
11. Mai	20. Mai	12. Mai	15. Mai	20. Mai	20. Mai	—	—
1. Juni	1. Juni	15. Mai	1. Juni	20. Mai	15. Mai	15. Juni	15. Mai
26. Mai	28. Mai	30. Mai	2. Juni	3. Juni	—	3. Juni	25. Juni
22. Mai	25. Mai	24. Mai	26. Mai	25. Mai	27. Mai	27. Mai	—
14. Mai	19. Mai	—	—	—	22. Mai	28. Mai	12. Juni
10. Mai	21. Mai	14. Mai	18. Mai	18. Mai	15. Mai	21. Mai	27. Mai
12. Mai	18. Mai	21. Mai	20. Mai	15. Mai	19. Mai	20. Mai	22. Mai
9. Mai	16. Mai	21. Mai	21. Mai	20. Mai	18. Mai	19. Mai	12. Juni
24. Mai	25. Mai	26. Mai	28. Mai	25. Mai	—	25. Mai	18. Juni

1922	Meereshöhe in Metern	Roggen blüht	Dinkel blüht	Weizen blüht	Holunder blüht	Reben blühen
Abtsgmünd.............	374	1. Juni	25. Juni	26. Juni	7. Juni	20. Juni [1]
Backnang	266	1. Juni	24. Juni	26. Juni	8. Juni	—
Böttingen.............	908	25. Juni	30. Juni	10. Juli	5. Juli	—
Dobel................	687	15. Juni	—	1. Juli	15. Juni	—
Ehingen a. D.	514	10. Juni	24. Juni	3. Juli	21. Juni	4. Juli
Eßlingen a. N.	240	27. Mai	8. Juni	15. Juni	26. Mai	13. Juni
Fluorn	636	12. Juni	25. Juni	—	29. Juni	—
Frankenhofen...........	740	10. Juni	—	—	21. Juni	—
Freudenstadt	738	16. Juni	14. Juli	15. Juli	15. Juni	—
Friedrichshafen	410	28. Mai	12. Juni	16. Juni	6. Juni	—
Gerabronn	462	1. Juni	24. Juni	24. Juni	20. Juni	24. Juni
Gründelhardt	475	6. Juni	22. Juni	30. Juni	18. Juni	..
Gundelsheim...........	156	4. Juni	10./14. Juni	10./15. Juni	13. Juni	15. Juni
Heidenheim	494	31. Mai	6. Juni	10. Juni	10. Juni	—
Heimerdingen	410	4. Juni	25. Juni	20. Juni	12. Juni	—
Herrenalb		20. Juni	—	16. Juli	25. Juni	—
Hohenheim	402	2. Juni	15. Juni	19. Juni	4. Juli	26. Juni [2]
Hohenstaufen..........	605	15. Juni	20. Juni	25. Juni	5. Juni	—
Kirchberg a. d. Sulz.....	577	15. Juni	5. Juli	29. Juni	20. Juni	—
Künzelsau............	220	—	—	—	—	
Langenburg...........	438	5. Juni	20. Juni	28. Juni	8. Juni	10. Juni
Lauterburg	670	10. Juni	29. Juni	15. Juli	4. Juni	—
Mengen		14. Juni	20. Juni	30. Juni	10. Juni	—
Münsingen	716	1. Juli	8. Juli	—	15. Juni	—
Murr	203	4. Juni	27. Juni	24. Juni	14. Juni	19. Juni [3]
Neuffen	408	1. Juni	20. Juni	25. Juni	10. Juni	22. Juni [4]
Neuhengstett	534	12. Juni	18. Juni	12. Juni	15. Juni	
Ochsenhausen..........	614	2. Juni	20. Juni	16. Juni	12. Juni	—
Ravensburg	482	9. Juni	16. Juni	18. Juni	6. Juni	—
Rottweil..............	539	8. Juli	5. Juli	19. Juni	19. Juni	—
Schammach...........		4. Juni	21. Juni	26. Juni	15. Juni	—
Schwenningen..........		18. Juni	4. Juli	15. Juli	16. Juni	—
Seißen	707	26. Juni	27. Juni	28. Juni	20. Juni	—
Simmersfeld		28. Juni	—	5. Juli	25. Juni	—
Sternenfels...........	318	27. Mai	—	—	2. Juni	12. Juni
Tuttlingen	647	15. Juni	20. Juni	20. Juni	30. Mai	—
Überruh		16. Juni	29. Juni	10. Juli	10. Juni	—
Wangen i. Allg.........	557	10. Juni	25. Juni	27. Juni	19. Juni	—
Wilhelmsheim..........		—	—	—	3. Juni	—
Weinsberg I	218	1. Juni	24. Juni	23. Juni	3. Juni	17. Juni [5]
Weinsberg II	218	3. Juni	22. Juni	22. Juni	27. Mai	15. Juni [6]
Winnenden		31. Mai	22. Juni	25. Juni	3. Juni	18. Juni [7]
Wolfegg	676	7. Juni	11. Juni	—	12. Juni	—

[1] An südlichen Hauswänden. [2] Vor dem Schloß Hohenheim. [3] Mittlere Lage, Südhang. [4] Niedere

Beobachtungen in Württemberg.

Sommer- linde blüht	Winter- linde blüht	Liguster blüht	Johannis- beeren reif	Roggen- ernte beginnt	Dinkelernte beginnt	Weizen- ernte beginnt	Kirschen reif
26. Juni	21. Juli	24. Juni	10. Juli	31. Juli	12. Aug.	12. Aug.	—
14. Juni	29. Juni	12. Juni	9. Juli	25. Juli	8. Aug.	10. Aug.	3. Juli
26. Juni	—	12. Juli	27. Juli	12. Aug.	18. Aug.	31. Aug.	20. Aug.
17. Juni	15. Juni	—	21. Juli	21. Aug.	18. Sept.	18. Sept.	—
26. Juni	4. Juli	23. Juni	19. Juli	1. Aug.	26. Aug.	28. Aug.	—
12. Juni	23. Juni	3. Juni	29. Juni	21. Juli	31. Juli	8. Aug.	14. Juni
3. Juli	1. Aug.	—	20. Juli	15. Aug.	25. Aug.	2. Sept.	—
2. Juli	—	—	23. Juli	—	27. Aug.	29. Aug.	12. Juli
17. Juni	16. Juli	25. Juni	26. Juli	12. Aug.	30. Aug.	5. Sept.	14. Juli
25. Juni	20. Juli	21. Juni	15. Juli	19. Juli	31. Juli	4. Aug.	30. Juni
25. Juni	28. Juni	1. Juli	8. Juli	29. Juli	12. Aug.	12. Aug.	18. Aug.
24. Juni	6. Juli	—	8. Juli	31. Juli	11. Aug.	22. Aug.	4. Juli
19. Juni	25. Juni	23. Juni	30. Juni	25. Juli	31. Juli	2./15. Aug.	1./10. Juli
5. Juli	—	—	15. Juli	5. Aug.	5. Aug.	5. Aug.	—
—	2. Juli	15. Juni	14. Juli	4. Aug.	11. Aug.	12. Aug.	30. Juni
18. Juni	25. Juni	—	5. Juli	15. Aug.	—	8. Aug.	15. Juli
25. Juni	4. Juli	24. Juni	15. Juli	2. Aug.	16. Aug.	18. Aug.	20. Juni
—	6. Juli	20. Juni	5. Juli	12. Aug.	20. Aug.	28. Aug.	15. Juli
4. Juli	12. Juli	—	18. Juli	4. Aug.	4. Sept.	19. Aug.	28. Juni
—	—	—	—	—	—	—	—
14. Juni	29. Juni	10. Juni	29. Juni	31. Juli	20. Aug.	23. Aug.	18. Juni
3. Juli	10. Juli	—	12. Juli	8. Aug.	14. Aug.	20. Aug.	—
4. Juli	14. Juli	—	24. Juli	30. Juli	13. Aug.	20. Aug.	10. Juli
1. Juli	1. Juli	—	12. Aug.	25. Aug.	30. Aug.	30. Aug.	30. Aug.
1. Juli	6. Juli	20. Juni	24. Juni	3. Aug.	18. Aug.	14. Aug.	25. Juni
—	20. Juni	20. Juni	12. Juli	10. Aug.	18. Aug.	20. Aug.	1. Juli
—	10. Juli	16. Juni	23. Juli	10. Aug.	17. Aug.	17. Aug.	—
2. Juli	14. Juli	2. Juli	20. Juli	11. Aug.	10. Aug.	12. Aug.	—
10. Juli	17. Juli	25. Juli	—	2. Aug.	15. Aug.	17. Aug.	—
6. Juli	10. Juli	8. Juli	9. Juli	10. Sept.	28. Aug.	15. Sept.	—
1. Juli	7. Juli	25. Juni	20. Juli	4. Aug.	11. Aug.	—	30. Juli
1. Juli	23. Juli	4. Juli	10. Aug.	12. Aug.	15. Aug.	15. Sept.	10. Aug.
4. Juli	20. Juli	26. Juli	24. Juli	14. Aug.	21. Aug.	22. Aug.	24. Juli
8. Juli	20. Juli	25. Juli	2. Aug.	25. Aug.	—	30. Aug.	—
—	—	—	20. Juni	28. Juli	—	7. Aug.	15. Juni
30. Juni	15. Juli	1. Juli	1. Aug.	1. Aug.	1. Sept.	1. Sept.	—
3. Juli	4. Juli	15. Juli	19. Juli	10. Aug.	16. Aug.	3. Sept.	15. Juli
26. Juni	2. Juli	1. Juli	18. Juli	20. Juli	31. Juli	3. Aug.	10. Juli
16. Juni	3. Juli	—	—	—	—	—	—
12. Juni	1. Juli	10. Juni	1. Juli	15. Juli	3. Aug.	7. Aug.	6. Juli
17. Juni	20. Juni	5. Juni	29. Juni	15. Juli	3. Aug.	7. Aug.	5. Juli
19. Juni	30. Juni	15. Juni	28. Juni	26. Juli	6. Aug.	13. Aug.	16. Juni
7. Juli	11. Juli	27. Juni	18. Juli	10. Aug.	14. Aug.	17. Aug.	—

Lage, Südhang.   [5] Sylvaner, südliche Hänge.   [6] Allgemeine Rebenblüte.   [7] Portugieser, Südhang.

1922	Meereshöhe in Metern	Aprikosen reif	Pfirsiche reif		Palmbirnen reif	Welschbrat- birne reif
			einheimische	amerikanische		
Abtsgmünd	374	—	—	—	19. Sept.	27. Sept.
Backnang	266	—	24. Sept.	28. Juli	20. Sept.	24. Sept.
Böttingen	908	—	—	—	—	—
Dobel	687	—	—	—	1. Okt.	9. Okt.
Ehingen a. D.	514	—	—	—	25. Sept.	27. Sept.
Eßlingen a. N.	240	—	15. Sept.	20. Juli	8. Sept.	27. Sept.
Fluorn	636	—	—	—	—	—
Frankenhofen	740	—	—	—	26. Sept.	—
Freudenstadt	738	—	25. Aug.	—	30. Sept.	14. Okt.
Friedrichshafen	410	—	—	—	—	—
Gerabronn	462	—	25. Sept.	—	20. Sept.	24. Sept.
Gründelhardt	475	—	—	—	15. Sept.	28. Sept.
Gundelsheim	156	—	28. Sept.	1./3. Sept.	10. Sept.	18. Sept.
Heidenheim	494	—	—	—	—	—
Heimerdingen	410	—	—	22. Sept.	23. Sept.	25. Okt.
Herrenalb		—	15. Aug.	—	8. Sept.	7. Sept.
Hohenheim	402	—	14. Sept.	21. Sept.	20. Sept.	12. Okt.
Hohenstaufen	605	—	—	—	20. Sept.	15. Okt.
Kirchberg a. d. Sulz	577	—	—	—	20. Sept.	29. Sept.
Künzelsau	220	—	—	—	—	—
Langenburg	438	—	—	—	15. Sept.	20. Sept.
Lauterburg	670	—	—	—	28. Sept.	30. Sept.
Mengen		—	—	—	20. Sept.	4. Okt.
Münsingen	716	—	25. Sept.	25. Sept.	20. Sept.	—
Murr	203	—	—	—	—	—
Neuffen	408	—	—	—	15. Sept.	—
Neuhengstett	534	—	—	—	—	—
Ochsenhausen	614	—	—	—	18. Sept.	5. Okt.
Ravensburg	482	—	—	—	—	—
Rottweil	539	—	—	—	2. Okt.	—
Schammach		—	—	—	—	—
Schwenningen		—	—	—	20. Okt.	—
Seißen	707	—	—	—	9. Okt.	16. Okt.
Simmersfeld		—	—	—	10. Okt.	18. Okt.
Sternenfels	318	—	7. Okt.	4. Sept.	30. Sept.	—
Tuttlingen	647	—	—	—	1. Okt.	15. Okt.
Überruh		—	—	—	—	—
Wangen i. Allg.	557	21. Juli	30. Juli	—	—	—
Wilhelmsheim		—	—	—	—	—
Weinsberg I	218	25. Juli	1. Aug.	25. Juli	10. Sept.	20. Sept.
Weinsberg II	218	30. Juli	28. Juli	15. Juli	10. Sept.	15. Sept.
Winnenden		—	25. Sept.	5. Aug.	12. Sept.	25. Sept.
Wolfegg	676	23. Aug.	24. Aug.	1. Aug.	10. Okt.	18. Okt.

Beobachtungen in Württemberg.

Jakobiäpfel reif	Gold-parmänen reif	Quiten reif	Schneebeeren Fruchtreife	Holunder reif	Liguster reif	Heidekraut blüht	Roß-kastanien reif
13. Aug.	29. Sept.	30. Sept.	30. Aug.	23. Sept.	16. Sept.	26. Aug.	23. Sept.
10. Aug.	21. Sept.	23. Sept.	10. Sept.	15. Sept.	14. Sept.	28. Aug.	23. Sept.
3. Sept.	—	25. Sept.	—	15. Okt.	30. Okt.	30. Sept.	—
22. Aug.	16. Okt.	20. Okt.	—	20. Okt.	—	20. Aug.	15. Okt.
20. Aug.	26. Sept.	30. Sept.	15. Sept.	21. Sept.	30. Sept.	—	28. Sept.
25. Juli	22. Sept.	28. Sept.	25. Juli	1. Sept.	5. Okt.	31. Juli	15. Sept.
5. Sept.	10. Okt.	—	—	10. Okt.	—	20. Aug.	4. Okt.
31. Aug.	30. Sept.	10. Okt.	22. Aug.	28. Sept.	—	—	27. Sept.
6. Sept.	28. Sept.	10. Okt.	29. Sept.	28. Sept.	25. Sept.	31. Juli	2. Okt.
15. Aug.	25. Sept.	—	18. Sept.	15. Sept.	29. Sept.	17. Aug.	18. Sept.
10. Sept.	30. Sept.	30. Sept.	15. Okt.	20. Okt.	25. Okt.	—	5. Okt.
18. Aug.	28. Sept.	10. Okt.	—	25. Sept.	—	20. Aug.	20. Sept.
—	18. Sept.	26. Sept.	1. Okt.	13. Okt.	4. Okt.	15. Aug.	8. Sept.
—	—	15. Sept.	—	25. Sept.	—	—	28. Sept.
30. Juli	29. Sept.	2. Okt.	17. Aug.	10. Sept.	23. Sept.	17. Aug.	12. Sept.
28. Aug.	12. Sept.	1. Okt.	—	20. Sept.	—	14. Aug.	20. Sept.
6. Sept.	28. Sept.	8. Okt.	30. Sept.	24. Sept.	12. Okt.	20. Aug.	8. Okt.
18. Sept.	15. Okt.	20. Okt.	—	15. Sept.	10. Okt.	20. Sept.	18. Sept.
20. Aug.	23. Sept.	3. Okt.	7. Sept.	10. Sept.	—	1. Sept.	25. Sept.
1. Aug.	30. Sept.	20. Okt.	—	—	—	—	—
3. Aug.	25. Aug.	30. Sept.	20. Aug.	31. Aug.	17. Sept.	17. Aug.	24. Sept.
—	5. Okt.	5. Okt.	—	10. Sept.	—	28. Aug.	15. Sept.
20. Aug.	15. Okt.	20. Okt.	—	5. Okt.	—	20. Aug.	20. Okt.
1. Sept.	—	10. Okt.	10. Okt.	10. Okt.	—	5. Okt.	—
—	28. Sept.	—	22. Sept.	18. Aug.	5. Sept.	5. Aug.	26. Sept.
10. Aug.	—	—	—	—	—	—	28. Sept.
—	—	—	—	—	—	—	—
25. Aug.	30. Sept.	30. Sept.	29. Sept.	10. Sept.	10. Sept.	17. Aug.	1. Okt.
25. Juli	11. Sept.	—	4. Aug.	1. Sept.	—	—	1. Okt.
15. Aug.	4. Okt.	10. Okt.	18. Sept.	5. Sept.	18. Sept.	16. Aug.	25. Sept.
20. Aug.	—	—	—	24. Sept.	24. Sept.	18. Aug.	30. Sept.
10. Sept.	15. Okt.	25. Okt.	16. Aug.	20. Sept.	10. Okt.	5. Sept.	20. Okt.
30. Aug.	10. Okt.	16. Okt.	—	10. Okt.	4. Okt.	20. Aug.	4. Okt.
20. Sept.	10. Okt.	—	—	16. Sept.	—	5. Sept.	8. Okt.
2. Aug.	27. Sept.	1. Okt.	—	15. Sept.	—	20. Aug.	1. Okt.
15. Aug.	16. Okt.	15. Okt.	15. Okt.	15. Okt.	15. Okt.	—	15. Okt.
29. Aug.	16. Okt.	30. Okt.	10. Sept.	1. Okt.	10. Sept.	3. Sept.	15. Okt.
8. Aug.	25. Sept.	—	—	10. Sept.	18. Sept.	10. Sept.	12. Okt.
—	—	—	—	—	—	—	—
30. Juli	25. Sept.	30. Sept.	25. Aug.	25. Aug.	30. Aug.	2. Aug.	27. Sept.
1. Aug.	30. Sept.	5. Okt.	20. Aug.	25. Aug.	25. Aug.	3. Aug.	5. Okt.
28. Juli	26. Sept.	30. Sept.	6. Sept.	28. Aug.	16. Sept.	9. Aug.	27. Sept.
16. Sept.	10. Okt.	15. Okt.	10. Okt.	28. Sept.	30. Sept.	2. Sept.	17. Okt.

1922	Meereshöhe in Metern	Weinlese beginnt	Eichenlaub-färbung	Birkenlaub-färbung	Roßkastanien-laubfärbung	Buchenlaub-färbung
Abtsgmünd	374	—	25. Okt.	14. Okt.	15. Okt.	14. Okt.
Backnang	266	—	20. Okt.	18. Okt.	19. Okt.	2. Okt.
Böttingen	908	—	10. Sept.	15. Sept.	—	18. Sept.
Dobel	687	—	10. Nov.	31. Okt.	27. Okt.	15. Okt.
Ehingen a D...........	514	—	18. Okt.	28. Okt.	20. Okt.	18. Okt.
Eßlingen a. N.	240	12. Okt.	15. Okt.	17. Okt.	10. Okt.	10. Okt.
Fluorn	636	—	—	—	10. Okt.	10. Sept.
Frankenhofen...........	740	—	20. Okt.	—	16. Okt.	14. Okt.
Freudenstadt	738	—	6. Nov.	26. Okt.	28. Okt.	30. Okt.
Friedrichshafen	410	—	5. Nov.	18. Okt.	10. Okt.	15. Okt.
Gerabronn	462	—	25. Okt.	30. Okt.	30. Okt.	30. Okt.
Grünbelhardt	475	—	7. Nov.	2. Nov.	2. Nov.	26. Okt.
Gundelsheim	156	16. Okt.	7. Okt.	10./15. Okt.	17. Okt.	11./20. Okt.
Heidenheim	494	—	8. Okt.	3. Okt.	10. Okt.	15. Okt.
Heimerdingen	410	—	18. Okt.	10. Okt.	21. Okt.	16. Okt.
Herrenalb		—	12. Okt.	10. Okt.	3. Okt.	10. Okt.
Hohenheim	402	6. Okt.	3. Okt.	9. Okt.	1. Okt.	2. Okt.
Hohenstaufen	605	—	7. Nov.	5. Nov.	1. Nov.	5. Nov.
Kirchberg a. b. Sulz	577	—	12. Okt.	10. Okt.	30. Sept.	14. Okt.
Künzelsau............	220	—	—	—	—	—
Langenburg	438	17. Okt.	26. Okt.	4. Okt.	28. Sept.	7. Okt.
Lauterburg	670	—	20. Okt.	18. Okt.	15. Okt.	18. Okt.
Mengen		—	2. Nov.	25. Okt.	20. Okt.	26. Okt.
Münsingen	716	—	—	10. Okt.	15. Okt.	15. Okt.
Murr	203	12. Okt.	17. Okt.	22. Okt.	20. Okt.	14. Okt.
Neuffen	408	7. Okt.	30. Okt.	—	25. Okt.	10. Okt.
Neuhengstett	534	—	—	—	—	—
Ochsenhausen..........	614	—	30. Sept.	30. Sept.	10. Okt.	18. Okt.
Ravensburg	482	—	—	—	10. Okt.	13. Okt.
Rottweil	539	—	10. Okt.	8. Okt.	5. Okt.	2. Okt.
Schammach		—	20. Okt.	13. Okt.	8. Okt.	10. Okt.
Schwenningen.........		—	16. Okt.	6. Nov.	11. Okt.	25. Okt.
Seißen	707	—	4. Okt.	8. Okt.	11. Okt.	13. Okt.
Simmersfeld		—	15. Okt.	10. Okt.	28. Sept.	25. Sept.
Sternenfels	318	9. Okt.	20. Okt.	30. Sept.	1. Okt.	12. Okt.
Tuttlingen	647	—	15. Okt.	15. Okt.	15. Okt.	15. Okt.
Überruh		—	10. Okt.	5. Okt.	20. Okt.	15. Okt.
Wangen i. Allg.........	557	—	28. Okt.	30. Okt.	3. Nov.	4. Nov.
Wilhelmsheim		—	—	—		
Weinsberg I	218	12. Okt.	15. Okt.	20. Okt.	10 .Okt.	15. Okt.
Weinsberg II	218	12. Okt.	12. Okt.	18. Okt.	10. Okt.	15. Okt.
Winnenden		16. Okt.	18. Okt.	14. Okt.	1. Okt.	14. Okt.
Wolfegg	676	—	20. Okt.	4. Okt.	1. Okt.	12. Okt.

Beobachtungen in Württemberg. Tabelle 35.

Schnee-glöckchen blühen	Dirlitzen blühen	Narzissen blühen	Birke grün	Birkenkätzchen stäuben	Stachelbeeren schlagen aus	Stachelbeeren blühen
15. März	16. April	14. April	10. Mai	28. April	31. März	16. April
15. März	14. März	15. April	8. Mai	6. Mai	14. April	28. April
11. März	—	10. Mai	14. Mai	12. Mai	20. April	10. Mai
19. März	—	4. Mai	25. Mai	—	25. April	18. Mai
5. März	20. März	15. April	16. Mai	15. Mai	10. April	2. Mai
22. Febr.	6. März	4. April	26. April	15. April	4. März	15. April
6. März	—	20. Mai	18. Mai	—	3. April	10. Mai
11. März	—	—	—	—	1. Mai	6. Mai
18. März	2. April	26. April	18. Mai	26. Mai	22. April	11. Mai
2. März	17. März	8. April	10. Mai	7. Mai	19. März	14. April
2. März	—	14. April	20. April	24. April	15. März	17. April
10. April	—	20. Mai	14. Mai	30. April	14. April	30. April
3. März	17. März	11. April	19. April	30. April	14. April	22. April
4. März	—	30. April	12. Mai	—	12. April	20. April
6. März	—	—	14. Mai	8. Mai	20. März	7. Mai
11. März	25. April	12. April	13. Mai	—	10. März	15. April
12. März	8. April	14. April	12. Mai	4. Mai	23. März	19. April
2. März	—	14. April	10. Mai	16. Mai	10. März	28. April
—	—	—	—	—	—	—
1. März	14. März	31. März	15. Mai	6. Mai	6. März	15. April
3. März	—	15. Mai	10. Mai	—	26. April	4. Mai
—	—	—	—	—	—	—
30. März	—	—	—	12. Mai	15. April	—
7. März	—	8. April	14. Mai	8. Mai	10. März	10. April
1. März	14. März	3. April	5. Mai	—	1. April	20. April
2. März	—	10. April	—	4. Mai	12. März	10. Mai
10. März	10. April	15. April	10. Mai	20. Mai	2. April	30. April
3. März	18. März	—	—	—	—	—
5. März	18. März	20. Mai	21. Mai	24. Mai	15. April	1. Mai
5. März	—	13. April	17. Mai	7. Mai	13. April	6. Mai
5. März	—	10. April	15. Mai	—	5. April	20. April
13. April	—	18. Mai	16. Mai	24. Mai	21. April	1. Mai
5. März	—	10. April	20. April	—	14. März	25. April
1. April	15. März	1. April	1. Mai	15. Mai	1. April	15. April
1. März	22. Mai	29. April	22. Mai	—	20. April	5. Mai
24. Febr.	6. April	3. Mai	8. Mai	16. Mai	—	28. März
2. März	14. März	—	—	—	12. April	15. April
6. März	15. März	26. März	28. April	1. Mai	5. April	16. April
20. März	20. März	30. März	2. Mai	7. Mai	5. April	15. April
28. Febr.	16. März	10. April	30. April	9. Mai	14. März	22. April
2. März	4. März	10. April	15. Mai	—	19. April	4. Mai

1922	Meereshöhe in Metern	Weichselkirschen blühen	Rettigbirne blüht	Traubenkirschen blühen	Wintergoldparmänen blühen	Charlamowsky blüht
Abtsgmünd	374	—	—	10. Mai	18. Mai	15. Mai
Backnang	266	10. Mai	—	9. Mai	13. Mai	12. Mai
Böttingen	908	—	—	—	—	—
Dobel	687	20. Mai	18. Mai	—	20. Mai	—
Ehingen a. D.	514	7. Mai	—	10. Mai	15. Mai	—
Eßlingen a. N.	240	28. April	25. April	6. Mai	19. Mai	6. Mai
Fluorn	636	15. Mai	19. Mai	—	—	—
Frankenhofen	740	—	—	—	26. Mai	23. Mai
Freudenstadt	738	21. Mai	20. Mai	14. Mai	22. Mai	17. Mai
Friedrichshafen	410	6. Mai	—	—	—	—
Gerabronn	462	4. Mai	12. Mai	10. Mai	17. Mai	17. Mai
Gründelhardt	475	9. Mai	10. Mai	15. Mai	23. Mai	23. Mai
Gundelsheim	156	27. April	3. Mai	6. Mai	7. Mai	10. Mai
Heidenheim	494	—	—	—	—	—
Heimerdingen	410	8. Mai	—	—	20. Mai	—
Herrenalb		26. April	12. Mai	27. April	18. Mai	16. Mai
Hohenheim	402	2. Mai	12. Mai	3. Mai	14. Mai	12. Mai
Hohenstaufen	605	—	—	—	—	—
Kirchberg a. d. Sulz	577	—	—	—	27. Mai	1. Juni
Künzelsau	220	—	—	—	—	—
Langenburg	438	4. Mai	—	5. Mai	20. Mai	8. Mai
Lauterburg	670	—	—	—	—	—
Mengen		—	—	—	—	—
Münsingen	716	—	18. Mai	—	18. Mai	20. Mai
Murr	203	9. Mai	—	—	18. Mai	7. Mai
Neuffen	408	—	—	5. Mai	—	8. Mai
Neuhengstett	534	—	—	—	—	—
Ochsenhausen	614	1. Mai	20. Mai	20. Mai	24. Mai	4. Mai
Ravensburg	482	—	—	14. April	—	—
Rottweil	539	24. Mai	—	25. Mai	30. Mai	28. Mai
Schammach		14. Mai	—	12. Mai	—	—
Schwenningen		—	—	—	25. Mai	—
Seißen	707	15. Mai	21. Mai	—	25. Mai	16. Mai
Simmersfeld		—	—	—	—	—
Sternenfels	318	—	5. Mai	15. April	15. Mai	—
Tuttlingen	647	30. April	15. Mai	15. Mai	30. Mai	15. Mai
Überruh		1. Juni	—	20. Mai	3. Juni	26. Mai
Wangen i. Allg.	557	—	24. April	—	12. Mai	23. April
Wilhelmsheim		—	—	—	—	—
Weinsberg I	218	21. April	25. April	20. April	1. Mai	30. April
Weinsberg II	218	20. April	29. April	25. April	6. Mai	3. Mai
Winnenden		30. April	—	6. Mai	16. Mai	9. Mai
Wolfegg	676	7. Mai	—	15. Mai	22. Mai	23. Mai

¹) Im botanischen Garten.

Taffetapfel blüht	Heidelbeeren blühen	Vogelbeere schlägt aus	Vogelbeere grün	Esche schlägt aus	Esche grün	Vogelbeere blüht
1. Juni	24. Mai	7. Mai	19. Mai	20. Mai	25. Mai	—
25. Mai	—	4. April	26. April	18. Mai	25. Mai	17. Mai
—	—	25. April	30. April	21. April	10. Mai	30. Mai
26. Mai	10. Mai	1. Mai	15. Mai	—	—	23. Mai,
4. Juni	—	20. Mai	25. Mai	20. Mai	30. Mai	—
23. Mai	28. April	fr. 5., sp. 12. 4.	fr. 12., sp. 18. 4.	8. Mai	17. Mai	fr. 8., sp. 13. 5.
	26. Mai	—	—	15. Mai	22. Mai	—
25. Mai	—	4. Mai	22. Mai	23. Mai	27. Mai	30. Mai
1. Juni	16. Mai	5. Mai	13. Mai	16. Mai	30. Mai	26. Mai
29. Mai	—	2. Mai	10. Mai	18. Mai	27. Mai	27. Mai
18. Mai	—	15. Mai	20. Mai	12. Mai	18. Mai	24. Mai
31. Mai	10. Mai	30. April	18. Mai	19. Mai	28. Mai	10. Juni
19. Mai	—	8. Mai	13. Mai	27. April	4. Mai	9. Mai
—	—	6. Mai	12. Mai	15. Mai	23. Mai	31. Mai
30. Mai	—	—	—	14. Mai	21. Mai	—
21. Mai	27. April	8. Mai	13. Mai	—	—	15. Mai
7. Juni	19. Mai [1])	8. April	23. April	7. Mai	22. Mai	10. Mai
6. Juni	10. Mai	26. April	7. Mai	10. Mai	20. Mai	16. Mai
19. Mai	26. Mai	15. April	1. Mai	17. Mai	29. Mai	18. Mai
—	14. Mai	8. Mai	12. Mai	8. Mai	23. Mai	23. Mai
1. Juni	—	1. Juni	20. Mai	15. Mai	20. Mai	—
—	—	—	—	8. Mai	18. Mai	—
—	—	—	—	10. Mai	22. Mai	—
—	—	—	—	—	—	—
27. Mai	20. Mai	12. April	25. April	2. Mai	14. Mai	12. Mai
27. Mai	—	3. Mai	30. Mai	19. Mai	23. Mai	28. Mai
—	10. Mai	1. Mai	8. Mai	22. Mai	30. Mai	25. Mai
23. Mai	—	10. Mai	23. Mai	15. Mai	23. Mai	5. Juni
—	5. Mai	—	—	—	—	—
15. Juni	—	1. Mai	15. Mai	20. April	1. Mai	10. Juni
28. Mai	20. Mai	20. April	15. Mai	15. Mai	29. Mai	26. Mai
—	15. Mai	16. Mai	—	13. Mai	25. Mai	—
—	—	—	5. Mai	—	—	—
15. Mai	10. Mai	1. Mai	14. Mai	3. Mai	20. Mai	25. Mai
25. Mai	14. Mai	4. Mai	15. Mai	6. Mai	15. Mai	31. Mai
28. Mai	15. Mai	26. April	8. Mai	14. Mai	22. Mai	19. Mai
—	—	21. Mai	26. Mai	22. Mai	27. Mai	—

1922	Meereshöhe in Metern	Gräser				Lilie blüht	Sommergerste blüht	Hafer blüht
		Wiesenfuchs-schwanz blüht	Knauelgras blüht	Thimot.-Gras blüht	Klee blüht			
Abtsgmünd	374	29. Mai	2. Juni	24. Juni	9. Juli	—	—	—
Backnang	266	26. Mai	6. Juni	2. Juli	9. Juni	28. Juni	19. Juni	2. Aug.
Böttingen	908	5. Juni	4. Juni	6. Juni	12. Juni	10. Juli	23. Juli	27. Juli
Dobel	687	6. Juni	6. Juni	27. Mai	26. Mai	15. Juli	28. Juni	—
Ehingen a. D.	514	5. Juni	1. Juni	5. Juni	6. Juli	6. Juli	28. Juli	6. Aug.
Eßlingen a. N.	240	23. Mai	24. Mai	—	6. Juni	22. Juni	15. Juni	20. Juni
Fluorn	636	26. Juni	—	—	—	—	—	5. Juli
Frankenhofen	740	—	—	—	—	4. Juli	6. Juli	8. Juli
Freudenstadt	738	30. Mai	10. Juni	20. Juni	18. Juni	10. Juli	28. Juni	12. Juli
Friedrichshafen	410	28. Mai	25. Mai	29. Mai	9. Juni	29. Juni	—	1. Juli
Gerabronn	462	24. Mai	29. Mai	24. Mai	30. Mai	5. Juni	8. Juli	11. Juli
Gründelhardt	475	2. Juni	9. Juni	12. Juni	29. Juni	10. Juni	18. Juli	21. Juli
Gundelsheim	156	3. Juni	7. Juni	10. Juni	12. Juni	12. Juni	9. Juni	27. Juni
Heidenheim	494	6. Juni	6. Juni	—	8. Juni	8. Juli	2. Juli	14. Juli
Heimerdingen	410	—	12. Juni	—	9. Juni	—	—	—
Herrenalb		29. Mai	30. Mai	30. Mai	15. Juni	12. Juli	2. Aug.	1. Aug.
Hohenheim	402	16. Mai	2. Juni	24. Juni	28. Juni	8. Juli	30. Juni	4. Juli
Hohenstaufen	605	—	—	—	—	—	—	—
Kirchberg a. d. Sulz	577	15. Juni	7. Juni	10. Juni	12. Juni	10. Juli	11. Juli	18. Juli
Künzelsau	220	—	—	—	—	—	—	—
Langenburg	438	17. Mai	14. Juni	20. Juli	10. Juni	24. Juni	16. Juni	30. Juni
Lauterburg	670	—	—	—	20. Juni	9. Juli	23. Juli	28. Juli
Mengen		—	—	—	—	—	—	—
Münsingen	716	1. Juni	2. Juni	—	15. Juni	—	—	5. Juli
Murr	203	9. Juni	3. Juni	20. Juni	3. Juni	—	26. Juni	8. Juli
Neuffen	408	—	28. Mai	—	—	28. Juni	—	—
Neuhengstett	534	—	—	—	—	—	—	—
Ochsenhausen	614	26. Mai	1. Juni	14. Juni	12. Juni	10. Juni	8. Juli	14. Juli
Ravensburg	482	—	—	—	—	—	—	—
Rottweil	539	30. Mai	29. Mai	30. Mai	26. Juni	12. Juli	20. Juli	25. Juli
Schammach		23. Mai	—	—	15. Juni	5. Juli	29. Juni	7. Juli
Schwenningen		—	5. Juni	15. Juni	25. Juni	11. Juli	15. Juli	20. Juli
Seißen	707	22. Juni	22. Juni	23. Juni	25. Juni	20. Juni	8. Juli	20. Juli
Simmersfeld		—	—	—	—	—	—	—
Sternenfels	318	—	—	—	—	—	—	—
Tuttlingen	647	1. Juni	15. Juni	15. Juni	30. Juni	20. Juni	10. Juni	1. Juli
Überruh		26. Mai	28. Mai	26. Mai	28. Mai	10. Juli	30. Juni	10. Juli
Wangen i. Allg.	557	—	—	—	—	1. Juli	—	—
Wilhelmsheim		—	—	—	—	—	—	—
Weinsberg I	218	28. Mai	29. Mai	2. Juni	5. Juni	5. Juni	25. Juni	1. Juli
Weinsberg II	218	6. Juni	6. Juni	10. Juni	15. Juni	7. Juni	28. Juni	5. Juli
Winnenden		26. Mai	27. Mai	7. Mai	7. Mai	30. Juni	20. Juni	5. Juli
Wolfegg	676	10. Juni	14. Juni	19. Juni	22. Juni	—	3. Juli	—

Beobachtungen in Württemberg.

Dirlitzen reif	Weichselkirschen reif	Rettigbirne reif	Wintergold-parmäne reif	Charlamowsky reif	Taffetäpfel reif	Erste Heidelbeeren reif	Sommergerste schnittreif	Hafer schnittreif
—	18. Juni	—	29. Sept.	17. Aug.	30. Sept.	3. Jul	14. Aug.	19. Aug.
—	16. Juli	—	21. Sept.	10. Aug.	23. Sept.	—	2. Aug.	29. Aug.
—	—	—	—	—	—	—	12. Sept.	16. Sept.
—	22. Juli	—	25. Okt.	—	25. Okt.	24. Juni	19. Aug.	28. Sept.
5. Sept.	—	—	26. Sept.	—	30. Sept.	—	14. Aug.	21. Aug.
—	24. Juni	5. Sept.	30. Sept.	30. Juli	4. Okt.	20. Juni	5. Aug.	7. Aug.
—	—	—	—	—	—	1. Juli	—	—
—	—	—	—	10. Okt.	5. Okt.	—	22. Aug.	26. Aug.
17. Sept.	28. Juli	14. Sept.	15. Okt.	10. Sept.	16. Okt.	6. Juli	12. Sept.	18. Sept.
—	—	—	—	10. Okt.	10. Okt.	1. Juli	—	11. Aug.
—	10. Juli	1. Okt.	10. Okt.	10. Okt.	12. Okt.	—	15. Aug.	24. Aug.
—	21. Juli	27. Aug.	3. Okt.	1. Okt.	20. Okt.	8. Juli	24. Aug.	30. Aug.
2. Juli	1. Juli	1. Sept.	14. Sept.	2. Sept.	17. Sept.	—	25. Juli	19. Aug.
—	—	—	—	—	—	—	5. Aug.	15. Aug.
—	—	—	29. Sept.	—	1. Okt.	—	9. Aug.	16. Aug.
7. Juli	10. Juli	25. Aug.	29. Sept.	1. Okt.	1. Okt.	20. Juni	26. Aug.	28. Aug.
10. Sept.	30. Juni	4. Okt.	6. Okt.	16. Sept.	14. Okt.	—	16. Aug.	30. Aug.
—	—	—	—	—	—	—	—	—
—	—	—	28. Sept.	30. Sept.	5. Okt.	3. Juli	15. Aug.	30. Aug.
21. Juli	3. Juli	—	30. Sept.	20. Aug.	2. Okt.	8. Juli	10. Aug.	28. Sept.
—	4. Juli	—	—	—	—	4. Juli	19. Aug.	31. Aug.
—	—	—	—	—	—	—	—	—
—	—	—	5. Okt.	10. Okt.	—	—	25. Sept.	5. Okt.
—	12. Juli	—	28. Sept.	14. Aug.	—	—	8. Aug.	19. Aug.
—	—	—	—	—	—	—	—	—
—	—	—	—	—	—	—	—	—
1. Aug.	10. Juli	10. Okt.	5. Okt.	16. Sept.	5. Okt.	23. Juni	4. Aug.	24. Aug.
—	—	—	—	—	10. Okt.	—	—	15. Aug.
10. Sept.	—	28. Sept.	6. Okt.	6. Okt.	6. Okt.	—	28. Aug.	15. Sept.
—	1. Aug.	—	—	—	—	2. Juli	11. Aug.	22. Aug.
—	—	—	15. Okt.	—	—	—	15. Sept.	10. Okt.
—	30. Juli	—	—	25. Sept.	10. Okt.	—	24. Aug.	26. Aug.
—	—	—	—	—	—	—	—	—
16. Aug.	15. Sept.	30. Sept.	15. Okt.	15. Aug.	15. Okt.	—	5. Aug.	10. Sept.
11. Juli	20. Juli	—	—	30. Sept.	30. Okt.	1. Juni	25. Aug.	15. Sept.
—	—	—	—	20. Aug.	—	—	—	—
—	—	—	—	—	—	—	—	—
30. Juli	25. Juni	17. Sept.	25. Sept.	4. Aug.	30. Sept.	25. Juni	2. Aug.	10. Aug.
3. Aug.	25. Juni	20. Sept.	30. Sept.	5. Aug.	2. Okt.	1. Juli	2. Aug.	9. Aug.
—	16. Juli	—	28. Sept.	20. Aug.	30. Sept.	30. Juni	13. Aug.	18. Aug.
10. Okt.	25. Aug.	3. Okt.	10. Okt.	23. Aug.	15. Okt.	20. Juli	5. Aug.	2. Sept.

1922	Meereshöhe in Metern	Herbstzeitlose blüht	Vogelbeeren reif	Eichenlaubfall	Birnbaumholz- reife	Apfelbaumholz- reife	Wallnüsse blühen
Abtsgmünd	374	24. Aug.	9. Sept.	19. Okt.	10. Okt.	20. Okt.	—
Backnang	266	5. Sept.	10. Aug.	22. Okt.	16. Aug.	24. Aug.	—
Böttingen	908	2. Sept.	23. Aug.	5. Sept.	16. Okt.	20. Okt.	—
Dobel	687	18. Sept.	23. Aug.	20. Okt.	10. Nov.	10. Nov.	—
Ebingen a. D.	514	10. Sept.	—	20. Okt.	28. Okt.	28. Okt.	—
Eßlingen a. N.	240	14. Aug.	fr. 3., sp. 10. Aug.	23. Okt.	28. Sept.	15. Okt.	
Fluorn	636	15. Aug.	20. Aug.	14. Okt.	—	—	
Frankenhofen	740	23. Aug.	24. Aug.	22. Sept.	—	—	
Freudenstadt	738	15. Sept.	4. Okt.	30. Okt.	14. Nov.	25. Nov.	27. Mai
Friedrichshafen	410	4. Sept.	28. Aug.	6. Nov.	3. Nov.	17. Nov.	—
Gerabronn	462	20. Aug.	25. Aug.	20. Okt.	5. Nov.	15. Nov.	—
Gründelhardt	475	26. Aug.	12. Aug.	7. Nov.	2. Nov.	4. Nov.	2. Juni
Gundelsheim	156	24. Sept.	28. Sept.	10. Okt.	15. Okt.	21. Okt.	—
Heidenheim	494	25. Sept.	—	—	—	—	—
Heimerdingen	410	—	—	—	—	—	22. Mai
Herrenalb		8. Sept.	10. Aug.	—	—	—	—
Hohenheim	402	—	—	—	24. Okt.	5. Okt.	—
Hohenstaufen	605	—	—	—	—	—	—
Kirchberg a. d. Sulz	577	25. Aug.	18. Sept.	9. Okt.	25. Okt.	30. Okt.	12. Mai
Künzelsau	220	—	—	—	—	—	—
Langenburg	438	26. Aug.	17. Sept.	10. Okt.	14. Okt.	20. Okt.	22. Mai
Lauterburg	670	12. Okt.	14. Sept.	18. Okt.	—	—	26. Mai
Mengen		—	—	—	—	—	—
Münsingen	716	25. Okt.	25. Okt.	30. Okt.	30. Okt.	30. Okt.	—
Murr	203	20. Aug.	—	22. Okt.	—	—	—
Neuffen	408	15. Sept.	—	—	—	—	20. Mai
Neuhengstett	534	—	—	—	—	—	—
Ochsenhausen	614	10. Okt.	5. Okt.	15. Okt.	10. Nov.	10. Nov.	20. Mai
Ravensburg	482	—	—	—	—	—	—
Rottweil	539	10. Sept.	3. Sept.	4. Okt.	15. Sept.	15. Sept.	6. Juni
Schammach		20. Sept.	20. Aug.	10. Okt.	—	—	—
Schwenningen		20. Sept.	25. Sept.	—	10. Okt.	1. Okt.	—
Seißen	707	30. Sept.	29. Sept.	14. Okt.	16. Okt.	18. Okt.	—
Simmersfeld		—	—	—	—	—	10. Juli
Sternenfels	318	—	—	—	—	—	16. Mai
Tuttlingen	647	10. Sept.	30. Sept.	10. Okt.	10. Okt.	15. Okt.	—
Überruh		10. Sept.	10. Sept.	20. Okt.	—	—	—
Wangen i. Allg.	557	20. Aug.	—	21. Okt.	—	—	26. Mai
Wilhelmsheim		—	—	—	—	—	—
Weinsberg I	218	3. Sept.	25. Aug.	15. Okt.	10. Okt.	15. Okt.	—
Weinsberg II	218	30. Aug.	6. Aug.	15. Okt.	10. Okt.	20. Okt.	—
Winnenden		24. Aug.	2. Okt.	20. Okt.	10. Okt.	20. Okt.	24. Mai
Wolfegg	676	5. Sept.	4. Okt.	13. Okt.	25. Okt.	20. Okt.	—

Beobachtungen in Württemberg.

Wallnüsse reif	Gräser						Heuernte beginnt	Ohmdernte beginnt
	Wiesen-schwingel blüht	Goldhafer blüht	Kammgras blüht	Franz. Raygras blüht	Knaulgras blüht	Wiesen-rispengras blüht		
—	—	—	—	—	—	—	—	—
—	—	—	—	—	—	—	—	—
—	—	—	—	—	—	—	—	—
26. Sept.	5. Juni	14. Juni	5. Juni	6. Juni	1. Juni	3. Juni	21. Juni	19. Aug.
—	—	—	—	—	—	—	—	—
—	—	—	—	—	—	—	—	—
5. Okt.	14. Juni	16. Juni	Anf. Juli	15. Juni	10. Juni	9. Juni	17. Juni	16. Aug.
—	—	—	—	—	—	—	—	—
29. Sept.	1. Juni	—	5. Juni	5. Juni	9. Juni	12. Juni	19. Juni	15. Aug.
—	—	—	—	—	—	—	—	—
16. Sept.	—	—	—	4. Juni	12. Juni	4. Juni	12. Juni	27. Aug.
—	—	—	—	—	—	—	—	—
—	—	—	—	—	—	—	—	—
—	—	—	—	—	—	—	—	—
25. Sept.	6. Juni	7. Juni	12. Juni	14. Juni	7. Juni	10. Juni	—	10. Sept.
—	—	—	—	—	—	—	—	—
6. Okt.	10. Juni	26. Juni	15. Juli	16. Juli	4. Juni	12. Juni	25. Juni	20. Aug.
10. Okt.	25. Juni	—	—	27. Juni	24. Juni	—	29. Juni	31. Aug.
—	15. Juni	—	15. Juni	—	20. Juni	18. Juni	22. Juni	29. Aug.
—	—	—	—	—	—	—	—	—
20. Sept.	—	—	—	—	28. Mai	—	24. Juni	—
—	—	—	—	—	—	—	—	—
30. Sept.	7. Juni	10. Juni	2. Juni	10. Juni	1. Juni	7. Juni	10. Juni	20. Aug.
—	—	—	—	—	—	—	—	—
20. Okt.	30. Mai	28. Mai	31. Mai	30. Mai	29. Mai	31. Mai	28. Juni	15. Sept.
—	—	—	—	—	—	—	—	—
—	—	—	—	—	—	—	—	—
6. Okt.	13. Juni	10. Juni	15. Juni	17. Juni	15. Juni	13. Juni	24. Juni	28. Aug.
20. Sept.	—	—	—	—	—	—	10. Juni	20. Sept.
—	30. Juni	30. Juni	1. Juli	1. Juli	15. Juni	1. Juli	1. Juli	25. Aug.
14. Sept.	10. Mai	12. Mai	12. Mai	16. Mai	17. Mai	16. Mai	20. Mai	28. Juli
—	—	—	—	—	—	—	—	—
—	—	—	—	—	—	—	—	—
15. Sept.	7. Juni	10. Juni	7. Juni	8. Juni	27. Mai	31. Mai	18. Juni	26. Aug.
20. Okt.	—	—	—	—	14. Juni	—	—	20. Aug.

1922	Coburg H. Schumann, Oberlehrer	Schweinfurt (Main) A. Fischer, Hauptlehrerin	Bamberg J. Bapistella, Lehrer	Nürnberg F. Ris, Studienprof.
Meereshöhe in Metern	310	200	288	315
Vorfrühling				
Anfang der Aufblühzeit von:				
Schneeglöckchen [1]	5./7. März	18. März	—	—
Huflattich (Tussilago Farfara)	10. April	18. März	2. April	20./25. März
Anemone (Anemone nemorosa).....	12. April	10. April	20. April	—
Kornelkirsche (Cornus mas).........	9. April	28. März	15. März	20. März
Sahlweide (Salix Caprea)	13. April	15. März	10. März	
Anfang d. Laubentfaltung [2] bei:				
Stachelbeere (Ribes Grossularia)....	15. April	28. März	9. April	—
Erstfrühling				
Anfang der Aufblühzeit von:				
Dotterblume (Caltha palustris)	22. April	10. März	27. April	16. April
Johannisbeere (Ribes rubrum)	7. Mai	18. April	3. Mai	—
Süßkirsche (Prunus avium).........	11. Mai	1. Mai	28. April	—
Schlehe (Prunus spinosa)..........	9. Mai	1. Mai	30. April	3. Mai
Traubenkirsche (Prunus Padus)	9. Mai	3. Mai	7. Mai	7./9. Mai
Birne (Pirus Communis)	Graue 13. Mai	3. Mai	5. Mai	8./10. Mai
Apfel (Pirus malus)	Goldparmäne 20. Mai	7. Mai	8. Mai	Goldparmäne 10. Mai
Anfang d. Laubentfaltung bei:				
Roßkastanie (Aesculus Hippocastanum)	7. Mai	27. April	3. Mai	—
Linde (Tilia grandifolia, Sommerlinde)	6. Mai	2. Mai	3. Mai	—
(Tilia parvifolia, Winterlinde)	20. Mai	—	3. Mai	—
Buche (Fagus silvatica)..........	12. Mai	10. Mai	11. Mai	—
Vollfrühling				
Anfang der Aufblühzeit von:				
Roßkastanie.....................	23. Mai	12. Mai	20. Mai	19. Mai
Flieder (Nägelchen, Syringa vulgaris)	22. Mai	10. Mai	18. Mai	11. Mai
Goldregen (Cytisus Laburnum)	26. Mai	22. Mai	21. Mai	—
Eberesche (Sorbus aucuparia).......	21. Mai?	25. Mai	25. Mai	—
Allgemeine Belaubung:				
Buchenhochwald, grün [3]	15. Mai	18. Mai	15. Mai	—
Eichenhochwald, grün	24. Mai	22. Mai	21. Mai	18. Mai
Frühsommer				
Anfang der Aufblühzeit von:				
Holunder (Sambucus nigra)........	10. Juni	2. Juni	26. Mai	5./7. Juni
Schneebeere (Symphoricarpus-racem.)	11. Juni	5. Juni	21. Mai	—
Falscher Jasmin (Philadelphus coron.)	12. Juni	1. Mai	3. Juni	19. Juni
Gartensalbei (Salvia officinalis).....	—	24. Mai	15. Juni	—
Winterroggen	Petkufer 3. Juni	5. Juni	27. Mai	Landrogg. 3. Juni
Winterweizen	27. Juni	15. Juni	—	—
Erste Entwickl. v. Johannistrieb. bei:				
Eiche...........................	3. Juli	—	15. Juni	—
Spitzahorn	—	—	14. Juni	—

[1] Galanthus nivalis oder Leucojum vernum. [2] Erste normale Blattoberflächen sichtbar. [3] D. h. über 50%
in größerem Garten am Seeufer. Untergrund ziemlich bindige Grundmoräne und Kies.

Beobachtungen in Bayern. Tabelle 37.

Dentlein a. F. F. Meyer, Hilfslehrer	Bockhorn, Bez.-A. Erding Hörmann, Hauptlehrer	Guttenberg a. Inn H. Fiebler, Lehrer	Wasserburg (Bodensee) Dr. H. Gams [5]	Zw. Lindau und Bregenz, i. Delta d. Laiblach R. Holtzhey, Major a. D.
448	440	451		400
12. März	—	27. Febr.	—	4. März
27. März	19. März	24. Febr.	—	—
—	—	—	—	10. April
—	—	—	Anfang März?	—
29. März	3. März	26. Febr.	—	—
—	—	—	10. April	—
20. Mai	8. Mai	2. Mai	15. April	25. April
24. Mai	5. Mai	24. April	April	—
27. April	1. April	10. März	—	25. April
19. Mai	Diels Butterbirne 8. Mai	28. April	—	8. Mai
20. Mai	Harb. Reinette 16. Mai	27. April	18./23. April [4]	9. Mai
4. April	—	10. April		—
—	16. Mai	10. Mai		—
—	—	—	—	—
—	—	—	—	—
19. Mai	—	20. Mai	etwa 22. Mai	22. Mai
18. Mai	—	2. Mai	14. Mai	13. Mai
—	—	10. Mai	22. Mai	22. Mai
—	—	—	23. Mai	
—	—	—	—	—
—	—	—	—	—
4. Juni	3. Juni	7. Juni	8. Juni	8. Juni
—	—	—	3. Juni	8. Juni
—	—	—	—	—
—	26. Mai	28. Mai	—	—
4. Juni	—	15. Juni	—	—
—	—	—	—	—
—	—	—	15. Juni	—

jämtlicher Blätter an der Station entfaltet. 4) Grundwasser bei Birne und Apfel in 1/2 m Tiefe. 5) Meiste Beobachtungen

1922	Coburg H. Schumann, Oberlehrer	Schweinfurt (Main) A. Fischer, Hauptlehrerin	Bamberg J. Bapistella, Lehrer	Nürnberg F. Ris, Studienprof.
Meereshöhe in Metern..............	310	200	288	315
Hochsommer				
Anfang der Aufblühzeit von:				
Sommer- und Winterlinde..........	24. Juni/6. Juli	15. Juni	19. Juni	—
Heide (Calluna vulgaris)	2. Aug.	25. Juni	24. Juni	—
Weiße Lilie (Lilium candidum)	8. Juli	24. Juni	4. Juli	—
Anfang der Fruchtreife von:				
Johannisbeere....................	10. Juli	29. Juni	3. Juli	—
Eberesche.......................	28. Juli	27. Juli	5. Juli	—
Schneebeere.....................	2. Aug.	5. Sept.	—	—
Holunder	29. Aug.	12. Sept.	—	—
Erntebeginn[1]) von:				
Winterroggen	31. Juli	—	18. Juli	—
Winterweizen	17. Aug.	—	19. Juli	—
Frühherbst (Spätsommer)				
Anfang der Aufblühzeit von:				
Herbstzeitlose (Colchicum autumnale)	21. Aug.	25. Aug.	—	—
Efeu (Hedera helix).............	—	8. Okt.	—	—
Anfang der Fruchtreife von:				
Roßkastanie.....................	10. Sept.	1. Sept.	—	—
Herbst				
Allgemeine Laubverfärbung u. a. bei:				
Roßkastanie.....................	29. Sept.	24. Sept.	—	—
Eiche	10. Okt.	15. Okt.	—	—
Dazu einige Beobachtungen aus der **Tierwelt**				
1. Grasfrosch[2]) } zuerst gesehen oder { Wasserfrosch[3]) } gehört {	— —	— —	 5. Mai	 12. April
2. Erste Falter der Kohlweißlinge[4]) .. Erste Maikäfer[5])	16. Mai 14. Mai	25. Mai 25. April	9. April 7. Mai	— 15. Mai
3. Erste Frostspanner an Probeleim- ringen[6])...................	29. Okt.	10. Nov.	—	—

[1]) D. h. Anfang des Schnittes auf mehreren Feldern. [2]) Rana temporaria. [3]) Rana esculenta. [4]) Pieris Hibernia defoliaria [7]) Meiste Beobachtungen in größerem Garten am Seeufer. Untergrund ziemlich bindige Grundmoräne und Kies.

  Noch: Tabelle **37**.

Dentlein a. F. F. Meyer, Hilfslehrer	Bockhorn, Bez.-A. Erding Hörmann, Hauptlehrer	Guttenberg a. Inn H. Fiebler, Lehrer	Wasserburg (Bodensee) Dr. H. Gams [7]	Zw. Lindau und Bregenz, Delta d. Laiblach R. Holtzhey, Major a. D.
448	440	451		400
—	Sommer 24. Juni	Sommer 26. Juni	Sommer 26. Juni	
—	—	—	5./7. Juli	
6. Aug.	9. Juli	1. Sept.	21. Juli	—
—	—	—	—	—
25. Sept.	12. Sept.	1. Sept.	—	—
4. Juli	23. Juli	12. Juli	—	—
3. Aug.	27. Juli	25. Juli	—	—
10. Sept.	5. Sept.	1. Sept.	—	—
—	—	28. Aug.	—	—
20. Sept.	—	1. Sept.	—	—
30. Sept.	—	20. Sept.	—	—
—	—	—	—	—
—	14. April	28. März	—	—
26. Mai	4. Juni	20. Mai	13. April	—
7. April	14. April	10. Mai	—	—
—	—	—	Mitte Mai	—
—	12.Okt./12.März	1. April	—	—

brassicae und Pieris rapae.   [5]) Melolontha melolontha und Melolontha hippocastan.   [6]) Cheimatobia brumata und

1922	Landau i. b. Pfalz Beobachter: E. Herbel, Studienprofessor	Rosenthal, Bez.-A. Kirchheimbolanden b. Speyer Beob.: A. Binz, Landwirtssohn	Sonnefeld b. Coburg (Oberfr.) Beobachter: M. Annmüller, Domänenpächter	Coburg Beob.: Fischer, Ökonomierat	Goldbach (Unterfr.) Bez. Aschaffenburg Beob.: Then, Oberlehrer	Schweinfurt a. M. Beobachter: Landwirtschaftsrat
Meereshöhe in Metern	149	250	310	310	137	200
Haselnußkätzchen beginnen zu stäuben	—	—	—	2. März	—	—
Haselnußkätzchen beginnen abzufallen	—	—	—	—	—	—
Schneeglöckchen (Galanthus nivalis) beginnt zu blühen	31. Jan.	—	—	5. März [2]	—	—
Spitzahorn (Acer platanoides) beginnt zu blühen	Mitte April?	—	—	—	—	—
Krokus in Parkanlagen beginnt zu blühen	1. Aprilwoche?	—	—	9. April	—	—
Stare, Ankunft	26. Febr.?	—	26. Mai	—	—	—
Schwalben, Ankunft	—	—	14. April	2. Mai	—	—
Roßkastanie (weiße Sorte) beginnt zu blühen	13. Mai	—	—	22. Mai	—	17./18. Mai
Rote Johannisbeere beginnt zu blühen	—	—	—	7. Mai	—	5./6. Mai
Süßkirsche beginnt zu blühen	13. April	—	18. Mai	Cob. Maiherzkirsche 7. 5.	—	12./13. Mai
Sauerkirsche beginnt zu blühen	—	—	15. Mai	Ofth. Weichsel 12. Mai	—	8./9. Mai
Birnbaum beginnt zu blühen	16. April	—	17. Mai	Will. Christb. 14. Mai	—	Frz. Madame 11. Mai [3]
Apfelbaum beginnt zu blühen	6. Mai	—	19. Mai	Rot. Aftrach. 14. Mai	—	—
Schlehe beginnt zu blühen . .	15. April	—	15. Mai	9. Mai	—	8./9. Mai
Gemeiner Flieder (blau blühende, stark duftende Sorte) beginnt zu blühen	8. Mai	—	20. Mai	20. Mai	—	20. Mai
Schwarzer Holunder beginnt zu blühen	27. Mai	—	11. Juni	6. Juni	6. Juni	11. Juni
Sommerlinde (Tilia grandifolia) beginnt zu blühen .	8. Juni	—	24. Juni	24. Juni	16. Juni	15. Juni
Winterlinde (Tilia parvifolia) beginnt zu blühen .	—	—	2. Juli	5. Juli	—	—
Heuerntebeginn	19. Juni [1]	15. Juli	16. Juni	16. Juni	12. Juni	19. Juni
Herbstzeitlose, erste Blüten . .	15. Aug.	12. Sept.	—	23. Aug.	30. Aug.	15. Sept.
Roßkastanie, Beginn des Früchteabfalls	15. Sept.	15. Okt. durch Reif	—	19. Sept.	27. Sept.	5. Okt.
Roßkastanie, Beginn eines starken Blattfalls	26. Okt.	25. Okt.	—	23. Okt.	—	16. Okt.
Esche, Beginn eines starken Blattfalls	26. Okt.	—	—	24. Okt.	7. Okt.	—
Spitzahorn, Beginn eines starken Blattfalls	26. Okt.	—	—	24. Okt.	7. Okt.	—
Robinia Pseudaccacia, falsche Akazie, Beginn eines starken Blattfalls	26. Okt.	—	—	26. Okt. vereinzelt Laub erfror.	28. Nov.	20. Okt.
Grummeternte beginnt	30. Aug.	3. Sept.	—	29. Aug.	29. Aug.	28. Aug. [4]
Abzug der Schwalben	25. Sept.	5. Sept.	—	—	27. Sept.	25. Sept.

[1] Allgemein. [2] Leucojum: 7. März. [3] Diels Birne: 16. Mai. [4] Ende 21. Oktober. [5] Mehl- oder 19. April. [9] Nach starkem Frost.

Beobachtungen in Bayern. Tabelle 38.

Dentlein a. Forst bei Feuchtwangen Beobachter: F. Meyer, Lehrer	Schwabach (Mittelfranken) Beob.: W. Müller, Studienprof. a. D.	Bodenreuth, Post Falkenberg, Bez.-A. Tirschenreuth (Oberpfalz) Beob.: J. Reß, Ökonomssohn	Neumarkt (Oberpfalz) Beob.: Dr. A. Lehner, Studienrat	Weißenburg in Bayern Beob.: E. Probst, Hauptlehrer	Eichstädt (Mittelfranken) Beobachter: Prof. A Knörzer	Lenting, Bez.-A. Ingolstadt (Oberbayern) Beob.: A. Rigler, Müller und Landwirt
448	340	518	430	417	400—450	
24. März	9. März	—	—	—	1. März	—
12. April	26. März	—	—	—	—	—
Garten12.März	4. März	—	—	—	4. März	—
—	16. April	—	—	—	16. April	—
—	—	—	—	—	6. April	—
24. April	22. Febr.	—	—	—	21. Febr.	14. Febr.
6. Mai	9. Mai 5)	12. April	—	—	13. April	4. April
19. Mai	20. Mai	1. Juni	18./20. Mai	19. Mai	18. Mai	—
20. Mai	21. April	—	28.April/6.Mai	15. Mai	—	—
12. Mai	Herzkirsche 2. Mai	—	26.April/5.Mai	10. Mai	28. April 8)	29. April
12. Mai	Weichsel 6. Mai	—	16./19. April	12. Mai	5. Mai	10. Mai
15. Mai	Gute Luise 3. Mai	—	18./22. Mai	15. Mai	6. Mai	12. Mai
15. Mai	Goldparmäne 12. Mai	—	17./21. Mai	12./20. Mai	9. Mai	18. Mai
27. April	1. Mai	—	30.April/3.Mai	2. Mai	19. April	—
10. Mai	20. Mai	22. Mai	19. Mai	19. Mai	15. Mai	—
4. Juni	6. Juni	—	7./9. Juni	—	2. Juni	16. Juni
—	21. Juni	10. Juni	18./21. Juni	14. Juni	17. Juni	—
—	6. Juli	20. Juli	26./28. Juni	2. Juli	6. Juli	—
12. Juni	14. Juni 1)	20. Juni	20./23. Juni	10./18. Juni	14. Juni	14. Juni
10. Sept.	28. Aug.	—	13./16. Sept.	20. Aug.	—	10. Sept.
20. Sept.	6. Okt.	29. Sept.	21./23. Sept.	25. Aug.	22. Sept.	—
30. Sept.	27. Sept.	12. Okt.	3./5. Okt.	—	11. Okt.	—
—	2. Okt.	—	26./28. Sept.	—	22. Okt. 9)	—
—	26. Sept.	—	4./6. Okt.	—	—	—
—	24. Sept.	—	26./28. Okt.	—	22. Okt.	—
5. Aug.	19. Aug. 6)	30. Aug.	25./28. Aug.	E.Aug./1.Spt.	—	28. Aug.
25. Sept.	23. Sept. 7)	17. Sept.	—	12. Sept.	—	20. Sept.

Stadtschwalbe, sonst meist Mitte April.   6) Ertrag gut.   7) Turmschwalben, Mauersegler (Apus) 18. August.   8) Vereinzelt.

Noch: Allgemeine phänologische Beobachtungen in Bayern.

1922	Thalhausen Bez.-A. Freising (Oberbayern) Beobachter: Gg Grabwohl	Bockhorn Bez.-A. Erding Beob.: Hörmann, Hauptlehrer	Memmingen (Schwaben) Beob.: Schüler, Verbandsinspektor	Kollmannshof Bez.-A. Schongau (Oberb.) Beob.: L Florian, Landw	Karl, Post Ramerberg bei Wasserburg a. J. Beob.: Knittlmayer, Diplomlandwirt	Guttenberg(Oberb.) Beob.: Hans Fiedler, Lehrer
Meereshöhe in Metern.....	490	440	600	800		451
Haselnußkätzchen beginnen zu stäuben	—	21. Febr. Wiese	—	—	—	28. Febr.
Haselnußkätzchen beginnen abzufallen	—	7. März	—	—	—	15. März
Schneeglöckchen (Galanthus nivalis) beginnt zu blühen	—	3. März	—	—	—	27. Febr.
Spitzahorn (Acer platanoides) beginnt zu blühen	—	—	—	Bergahorn 4. Juni	—	10. März
Krokus in Parkanlagen beginnt zu blühen	—	—	—	—	—	3. März
Stare, Ankunft...........	Anf. März	18./23. Febr.	Anf. April	—	—	20. Febr.
Schwalben, Ankunft	Anf. April	14./19. April	—	—	—	7. März
Roßkastanie (weiße Sorte) beginnt zu blühen	Ende April	24. Mai	21. Mai	1. Juni	—	20. Mai
Rote Johannisbeere beginnt zu blühen	Ende April	Rote Profilie 8. Mai	10. Mai	—	—	Rote Versailles 2. Mai
Süßkirsche beginnt zu blühen	Ende April	Knorpelkirsche 5. Mai	12. Mai	12. Mai	—	2. Mai
Sauerkirsche beginnt zu blühen	Anf. Mai	—	—	10. Mai	—	8. Mai
Birnbaum beginnt zu blühen	Ende April	Diels Butterb. 10. Mai	8. Mai	15. Mai	—	4. Mai
Apfelbaum beginnt zu blühen	Anf. Mai	Harberts Reinette 16. Mai	5. Mai	21. Mai	—	5. Mai
Schlehe beginnt zu blühen..	Anf. Mai	1. Mai	7. Mai	—	—	2. Mai
Gemeiner Flieder (blau blühende, stark duftende Sorte) beginnt zu blühen	Anf. Mai	17. Mai	18. Mai	25. Mai	—	2. Mai
Schwarzer Holunder beginnt zu blühen	12. Juni	3. Juni	8. Juni	22. Mai	4. Juni	7. Juni
Sommerlinde (Tilia grandifolia) beginnt zu blühen .	10. Juni	24. Juni	25. Juni	2. Juli	25. Juni	10. Juni
Winterlinde (Tilia parvifolia) beginnt zu blühen .	15. Juni	2. Juli	29. Juni	—	4. Juli	12. Juni
Heuerntebeginn	10. Juni	8. Juni [1]	9. Juni	15. Juni	30. Mai [4]	12. Juni
Herbstzeitlose, erste Blüten ..	Ende Sept.	5. Sept.	—	12. Sept.	12. Sept.	1. Sept.
Roßkastanie, Beginn des Früchteabfalls	Anf. Okt.	19. Sept.	—	—	24. Sept.	10. Sept.
Roßkastanie, Beginn eines starken Blattfalls	2.Hälfte Okt.	8. Okt.	—	—	—	15. Okt.
Esche, Beginn eines starken Blattfalls	10. Okt.	12. Okt.	—	2. Okt.	24. Sept.	10. Okt.
Spitzahorn, Beginn eines starken Blattfalls	—	—	—	6. Okt.	28. Sept.	15. Okt.
Robinia Pseudacacia, falsche Akazie, Beginn eines starken Blattfalls	—	—	—	—	—	—
Grummeternte beginnt	Anf. Sept.	16. Aug.	ca. 20. Aug.	16. Aug.	22. 8. 5. 9.	24. Aug.
Abzug der Schwalben	Mitte Okt.	4./19. Sept. [2]	—	[3]	21. Sept.	10. Sept.

[1]) Allgemein.   [2]) Mehlschwalben.   [3]) Schwalben verschwanden anfangs am 16. September, zeigten sich in Sammelscharen am 6. Oktober.   [4]) Bauernheuernte 15. Juni.

Einzelbeobachtungen.

Marggrabowa, 1922
(Beob. Ziehr)

30. März.	Schneeschimmel an Weizen
8. Juni.	Mehltau an Johannisbeere
9. Juni.	Mutterkorn, Honigtaustadium
15. Juni.	Mehltau an Weizen und Gerste
10. Juli.	Rost an Ackerbohne

Gumbinnen, 1922
(Beob. Dr. Ehlert)

17. Mai.	Apfel, Beginn der Blüte
25. Mai.	Flieder, Beginn der Blüte

Königsberg, 1922
(Beob. Prof. Dr. Abromeit)

20. Juni.	Gartensalbei, Beginn d. Blüte

Fischhausen, 1922
(Beob. Kuhnke)

25. Juni.	Schwarze Blattlaus, erstes Auftreten an Ackerbohne
27. Juni.	Kräuselkrankheit an Pfirsich

Heilsberg i. Ostpr., 1922
(Beob. Dr. Rogalski)

12. April.	Rostpilze auf Getreide
2. Mai.	Löwenzahn, Beginn d. Blüte
5. Mai.	Rapsglanzkäfer
19. Mai	Wucherblume, Beginn d. Blüte
30. Mai.	Weißdorn, Beginn der Blüte Rübenfliege, 1. Blattminen auf Rüben
2. Juni.	Wiesenschaumkraut, Beginn der Blüte
3. Juni.	Rostpilze auf Rübe
11. Juni.	Bovist

15. Juni.	Wintergerste, Beginn d. Blüte
18. Juni.	Ackerdistel, Beginn d. Blüte
2. Juli.	Champignon
6. Juli.	Wintergerste, Beginn d. Ernte
12. Juli.	Flugbrand an Hafer
20. Juli.	Flugbrand an Weizen
27. Juli.	Flugbrand an Gerste

Rössel, 1922
(Beob. Landw. Schule)

18. April.	Sommerrogen, Aussaat Sommerweizen, Aussaat Ackerbohne, Aussaat

Allenstein, 1922
(Beob. Dr. Radgien)

24. Juli.	Gelbe Halmfliege an Weizen
10. August.	Blattflecken an Johannisbeere

Greifswald i. Pomm., 1922
(Beob. Dr. Roßner)

4. Juni.	Gartensalbei, Beginn der Blüte
15. Juni.	Spitzahorn, 1. Johannistriebe Eberesche, 1. Johannistriebe
25. Juni.	Eiche, 1. Johannistriebe
15. Juli.	Eberesche, Fruchtreife
24. Juli.	Schneebeere, Beginn der Fruchtreife Heide, Beginn der Blüte
8. August.	Grummeternte
26. September.	Liguster, Beginn der Fruchtreife
7. Oktober.	Buche, allgemeine Laubverfärbung
11. Oktober.	Eiche, allgemeine Laubverfärbung

Sägemühl, Kr. Deutsch Krone, 1922
(Beob. Arndt, Lehrer)
100 m über N. N.

23. Februar.   Feldlerche, Ankunft
12. März.   Buchfink, Ankunft
 4. April.   Rauchschwalbe, Ankunft
15. April.   Hase, 1. Junge
27. April.   Scharbockskraut, Beginn der Blüte
Kuckuck, Ankunft
10. Mai.   Pfirsich, Beginn der Blüte
Hausschwalbe, Ankunft
12. Mai.   Wiesenschaumkraut, Beginn der Blüte
Zwetsche, Beginn der Blüte
15. Mai.   Gartenspötter, Ankunft
Nachtigall, Ankunft
16. Mai.   Löwenzahn, Beginn der Blüte
23. Mai.   Walderdbeere, Beginn der Blüte
31. Mai.   Weißdorn, Beginn der Blüte
 1. Juni.   Reh, 1. Junge
 4. Juni. Wucherblume, Beginn der Blüte
10. Juni.   Rotklee, Beginn der Blüte
Schwalbe, 1. Junge
15. Juni. Mauerpfeffer, Beginn der Blüte
19. Juni.   Ackerwinde, Beginn der Blüte
20. Juni.   Kuckucksspeichel
 4. Juli.   Champignon
Braunelle, Beginn der Blüte
 7. Juli.   Weiderich, Beginn der Blüte
24. August. Zwetschge, Beginn d. Fruchtreife
15. September.   Weißdorn, Beginn der Fruchtreife
15. Oktober. Schlehe, Beginn der Fruchtreife

Sophienberg (Netzekreis), 1922
(Beob. Busse)

14. April.   Weißlinge, 1. Falter
24. April.   Wiesenschaumkraut, Beginn der Blüte
29. April. Löwenzahn, Beginn der Blüte

 2. Mai.   Birne, Beginn der Blüte
 3. Mai.   Pfirsich, Beginn der Blüte
Weißdorn, Beginn der Blüte
 5. Mai.   Champignon
 9. Mai.   Apfel, Beginn der Blüte
20. Mai.   Bovist
Vergißmeinnicht, Beginn der Blüte
28. Mai.   Kuckucksspeichel
 1. Juni.   Winterroggen, Beginn der Blüte
 3. Juni.   Rotklee, Beginn der Blüte
 4. Juni.   Ackerwinde, Beginn der Blüte

Buchwalde, Kr. Deutsch Krone, 1922
(Beob. Stolbt, Hegemeister)

10. Februar.   Hasel, Beginn der Blüte
 3. März.   Goldammer, Ankunft
10. März.   Feldlerche, Ankunft
20. März.   Pappel, Beginn der Blüte
28. März.   Hase, 1. Junge
 4. April.   Buchfink, Ankunft
10. April.   Singdrossel, Ankunft
 5. Mai.   Kuckuck, Ankunft
Kiefer, Austrieb
 6. Mai.   Birke, Beginn der Laubentfaltung
Hausschwalbe, Ankunft
10. Mai.   Besenginster, Beginn der Blüte
20. Mai.   Fichte, Austrieb
Scharbockskraut, Beginn der Blüte
30. Mai.   Akazie, Beginn der Laubentfaltung
 7. Juni.   Reh, 1. Junge
10. Juni.   Weißdorn, Beginn der Blüte
Kiefernspanner, 1. Falter
Rebhuhn, 1. Junge
 2. Juli.   Akazie, Beginn der Blüte
10. Juli.   Stinkmorchel
15. Juli.   Heidelbeere, Beginn der Fruchtreife
Kiefernspinner, 1. Falter
 1. August.   Fliegenpilz
 6. August.   Pfefferling

25. September. Weißdorn, Beginn der Fruchtreife
15. Oktober. Birke, Beginn der Laubverfärbung

Altkarbe i. d. Neumark,
a. d. Ostbahn, 1922
(Beob. Höft, Rektor)
Südrand des Höhenrandes der Neumark, eben, sonnig, 28 m über N. N.

2. April. Löwenzahn, Beginn der Blüte
4. Mai. Winterraps, Beginn der Blüte
15. Mai. Hederich, Beginn der Blüte
4. Juni. Ackerwinde, Beginn der Blüte
12. Juni. Weißdorn, Beginn der Blüte
20. Juni. Winterraps, Beginn der Fruchtreife
Ackerwinde, Beginn der Blüte
27. Juni. Rotklee, Beginn der Blüte
15. Juli. Hopfen, Beginn der Blüte
22. Juli. Wegwarte, Beginn der Blüte
4. August. Champignon
20. August. Bovist
13. September. Ackerdistel, Beginn der Fruchtreife
27. September. Weißdorn, Beginn der Fruchtreife
15. Oktober. Schlehe, Beginn der Fruchtreife

Altkarbe, 1922
(Beob. O. Gierke, Lehrer)
Südhang des Höhenrandes der Neumark, Nordrand des Netzebruches, eben, sonnig, 34,504 m ü. N. N.

3. April. Weide, Beginn der Blüte
26. April. Wiesenschaumkraut, Beginn der Blüte
28. April. Löwenzahn, Beginn der Blüte
5. Juni. Braunelle, Beginn der Blüte
10. Juni. Kuckucksspeichel
12. Juni. Weiderich, Beginn der Blüte
15. Juni. Wucherblume, Beginn der Blüte

20. Juni. Vergißmeinnicht, Beginn der Blüte
22. Juni. Bovist
20. Juli. Champignon

Altkarbe, 1922
(Beob. O. Köhler, Lehrer)
eben, sonnig, 34,05 m über N. N.

4. Mai. Pfirsich, Beginn der Blüte
26. Mai. Walnuß, Beginn der Blüte
10. September. Pfirsich, Beginn der Fruchtreife

Neuklücken, Kr. Arnswalde,
Post Kleeberg, 1922
(Beob. Klausenitzer, Lehrer)
etwa 75 m über N. N., eben, schwach hügelig

9. April. Buchfink, Ankunft
15. April. Hausschwalbe, Ankunft
23. April. Hase, 1. Junge
29. April. Kuckuck, Ankunft
4. Mai. Frühzwetsche, Beginn der Blüte
12. Mai. Wachtel, Ankunft
25. Mai. Weißdorn, Beginn der Blüte
9. Juni. Zweigdürre der Kirsche
Mitte Juli. Apfelobstmade
Pflaumenmade
2. September. Frühzwetsche, Beginn der Fruchtreife
12. September. Weißdorn, Beginn der Fruchtreife

Gottschimmerbruch a. d. Netze, 1922
(Beob. Ninnemann, Hauptlehrer)

3. März. Erle, Beginn der Blüte
20. April. Wiesenschaumkraut, Beginn der Blüte
22. April. Löwenzahn, Beginn der Blüte
6. Mai. Pfirsich, Beginn der Blüte
7. Mai. Rotklee, Beginn der Blüte
10. Mai. Winterraps, Beginn der Blüte
15. Mai. Vergißmeinnicht, Beginn der Blüte

16. Mai. Kuckucksspeichel

21. Mai. Walnuß, Beginn der Blüte

22. Mai. Ackerdistel, Beginn der Blüte
Wein, Beginn der Blüte

25. Mai. Weißdorn, Beginn der Blüte

28. Mai. Ackerwinde, Beginn der Blüte

16. September. Bovist

Meseritz, 1922
(Beob. Klemke)
48—50 m über N. N.

Mitte April. Scharbockskraut, Beginn der Blüte

26. April. Pfirsich, Beginn der Blüte

2. Mai. Zwetsche, Beginn der Blüte

3. Mai. Löwenzahn, Beginn der Blüte

10. Mai. Vergißmeinnicht, Beginn der Blüte

20. Mai. Wucherblume, Beginn der Blüte
Walderdbeere, Beginn der Blüte

Ende Mai. Weißdorn, Beginn der Blüte

30. Mai. Wintergerste, Beginn der Blüte

Anfang Juni. Kuckucksspeichel
Walnuß, Beginn der Blüte

5. Juni. Ackerwinde, Beginn der Blüte

10. Juni. Rotklee, Beginn der Blüte

Anfang Juli. Flugbrand am Weizen
Flugbrand am Hafer
Ackerdistel, Beginn der Blüte

1. Juli. Wegwarte, Beginn der Blüte

Mitte Juli. Wintergerste, Beginn der Fruchtreife
Weiderich, Beginn der Blüte
Champignon
Apfelobstmade

Ende Juli. Bovist
Champignon
Braunelle, Beginn der Blüte

Anfang August. Ackerdistel, Beginn der Fruchtreife
Bovist
Pflaumenmade

Mitte August. Hopfen, Beginn der Blüte

Mitte September. Zwetsche, Beginn der Fruchtreife

Schweinert bei Schwerin, 1922
(Beob. Schlüter)

8. Juni. Winterroggen, Petkuser, Beginn der Blüte

19. Juni. Winterroggen, Petkuser, Beginn der Ernte

Tempel, Kr. Oststernberg, 1922
(Beob. Liebich, Lehrer)
100—120 m über N. N.

März. Feldlerche, Ankunft
Goldammer, Ankunft

April. Schlehe, Beginn der Blüte

Anfang April. Erle, Beginn der Blüte
Hasel, Beginn der Blüte
Buchfink, Ankunft

Mitte April. Löwenzahn, Beginn der Blüte
Baumpieper, Ankunft

18. April. Hausschwalbe, Ankunft

20. April. Birke, Beginn der Laubentfaltung
Forsythia, Beginn der Blüte
Hausrotschwanz, Ankunft

Anfang Mai. Singdrossel, Ankunft
Hase, 1. Junge
Pfirsich, Beginn der Blüte
Mispel, Beginn der Blüte
Birke, Beginn der Blüte
Fichte, Austrieb
Heidelbeere, Beginn der Blüte
Zwetsche, Beginn der Blüte

1. Maidrittel. Walnuß, Beginn der Laubentfaltung

1. Mai. Kuckuck, Ankunft

2. Mai. Wiesenschaumkraut, Beginn der Blüte

4. Mai. Schlehe, Beginn der Blüte

8. Mai. Walderdbeere, Beginn der Blüte
12. Mai. Weißdorn, Beginn der Blüte
Mitte Mai. Walnuß, Beginn der Blüte
Vergißmeinnicht, Beginn der Blüte
Wucherblume, Beginn der Blüte
15. Mai. Akazie, Beginn der Laubentfaltung
16. Mai. Weißling, 1. Falter
20. Mai. Kiefer, Austrieb
25. Mai. Kiefer, Beginn der Blüte
29. Mai. Akazie, Beginn der Blüte
Ende Mai. Besenginster, Beginn der Blüte
Juni. Braunelle, Beginn der Blüte
Anfang Juni. Kuckucksspeichel
2. Juni. Wintergerste, Beginn der Blüte
12. Juni. Nachtigall, Ankunft
13. Juni. Walderdbeere, Beginn der Fruchtreife
Rotklee, Beginn der Blüte
Mitte Juni. Ackerwinde, Beginn der Blüte
Ackerdistel, Beginn der Blüte
Ende Juni. Heidelbeere, Beginn der Blüte
Anfang Juli
Weißdorn, Beginn der Blüte
Weiderich, Beginn der Blüte
Fliegenpilz
Mitte Juli. Wegwarte, Beginn der Blüte
Pfefferling
Ende Juli. Wintergerste, Beginn der Fruchtreife
August. Apfelobstmade
Pflaumenmade
Ende September. Walnuß, Beginn der Fruchtreife

Paradies, Post Jordan, 1922
(Beob. Deutscher Lehrerverein für Naturkunde)
Talzug der Packlitz von Westen nach Osten geöffnet,
69 m über N. N.

3. März. Feldlerche, Ankunft
5. März. Erle, Beginn der Blüte
14. März. Buchfink, Ankunft

4. April. Hausrotschwanz, Ankunft
6. April. Rauchschwalbe, Ankunft
8. April. Storch, Ankunft
9. April. Hausschwalbe, Ankunft
14. April. Singdrossel, Ankunft
16. April. Scharbockskraut, Beginn der Blüte
26. April. Löwenzahn, Beginn der Blüte
Pfirsich, Beginn der Blüte
27. April. Nachtigall, Ankunft
28. April. Birke, Beginn der Laubentfaltung
4. Mai. Schlehe, Beginn der Blüte
5. Mai. Kuckuck, Ankunft
7. Mai. Akazie, Beginn der Laubentfaltung
9. Mai. Zwetsche, Beginn der Blüte
10. Mai. Schwalbe, 1. Junge
11. Mai. Walderdbeere, Beginn der Blüte
13. Mai. Walnuß, Beginn der Blüte
17. Mai. Vergißmeinnicht, Beginn der Blüte
Mispel, Beginn der Blüte
20. Mai. Zweigdürre der Kirsche
24. Mai. Wiesenschaumkraut, Beginn der Blüte
Weißdorn, Beginn der Blüte
26. Mai. Rostpilze auf Ackerbohne
3. Juni. Akazie, Beginn der Blüte
4. Juni. Sommergerste, Beginn der Blüte
Besenginster, Beginn der Blüte
10. Juni. Ackerwinde, Beginn der Blüte
12. Juni. Rotklee, Beginn der Blüte
14. Juni. Wucherblume, Beginn der Blüte
18. Juni. Peronospora auf Rebe
20. Juni. Quitte, Beginn der Blüte
22. Juni. Ackerdistel, Beginn der Blüte
29. Juni. Wein, Beginn der Blüte
30. Juni. Ackerwinde, Beginn der Blüte
10. Juli. Wegwarte, Beginn der Blüte
12. Juli. Hopfen, Beginn der Blüte

14. Juli. Rostpilze auf Erbse
21. Juli. Bovist
Braunelle, Beginn der Blüte
26. Juli. Champignon
 3. August. Weiderich, Beginn der Blüte
 6. August. Ackerdistel, Beginn der Fruchtreife
Pflaumenmade
Ende August. Pfirsich, Beginn der Blüte
 4. September. Mehltau an Lupine
16. September. Schlehe, Beginn der Fruchtreife

Lauerzig, Neumark, 1922
(Beob. G. Emrich)

 1. März. Feldlerche, Ankunft
 4. April. Buchfink, Ankunft
12. April. Hausschwalbe, Ankunft
15. April. Kuckuck, Ankunft
20. April. Löwenzahn, Beginn der Blüte
25. April. Roßkastanie, Beginn der Laubentfaltung
29. April. Birke, Beginn der Laubentfaltung
 3. Mai. Goldregen, Beginn der Blüte
 7. Mai. Gartenspötter, Ankunft
19. Mai. Roßkastanie, Beginn der Blüte
15. Juni. Ackerwinde, Beginn der Blüte
 2. Juli. Rotklee, Beginn der Blüte
10. Juli. Champignon
27. Juli. Ackerdistel, Beginn der Blüte

Malkendorf, Kr. Oststernberg, 1922
(Beob. Christoph, Lehrer)

20. April. Wiesenschaumkraut, Beginn der Blüte
26. April. Scharbockskraut, Beginn der Blüte
 2. Mai. Löwenzahn, Beginn der Blüte
 4. Mai. Pfirsich, Beginn der Blüte
Zwetsche, Beginn der Blüte

10. Mai. Stachelbeerblattwespe, 1. erwachsene Larven
Rebstichler
12. Mai. Winterraps, Beginn der Blüte
15. Mai. Walderdbeere, Beginn der Blüte
25. Mai. Quitte, Beginn der Blüte
28. Mai. Walnuß, Beginn der Blüte
Mispel, Beginn der Blüte
 2. Juni. Ackerwinde, Beginn der Blüte
Besenginster, Beginn der Blüte
Vergißmeinnicht, Beginn der Blüte
Rotklee, Beginn der Blüte
 4. Juni. Weißdorn, Beginn der Blüte
 6. Juni. Mauerpfeffer, Beginn der Blüte
12. Juni. Kuckucksspeichel
20. Juni. Stachelbeerspanner, 1. Falter
21. Juni. Einbindiger Heuwurm
22. Juni. Ackerdistel, Beginn der Blüte
25. Juni. Wein, Beginn der Blüte
26. Juni. Polsterschimmel an Kernobst
Ende Juni. Wintergerste, Beginn der Blüte
Juli. Rost an Ackerrübe
 2. Juli. Ackerwinde, Beginn der Blüte
 2. Juli. Oidium der Rebe
10. Juli. Winterraps, Beginn der Fruchtreife
28. Juli. Bovist
 2. August. Champignon
 3. August. Wintergerste, Beginn der Fruchtreife
24. August. Weißdorn, Beginn der Fruchtreife
September. Hopfen, Beginn der Blüte
Anfang September. Pflaumenwickler, 1. Larve
Ende September. Ackerdistel, Beginn der Fruchtreife
 4. Oktober. Herbstfrostspanner, 1. Falter
 5. Oktober. Wein, Beginn der Fruchtreife
10. Oktober. Quitte, Beginn der Fruchtreife
Schlehe, Beginn der Fruchtreife

Mitte Oktober. Zwetsche, Fruchtreife
15. Oktober. Mispel, Beginn der Fruchtreife

Weißenspring bei Finkenheerd, 1922
(Beob. Eisermann, Lehrer)
Senke der Oder- und Spreekanäle, eben,
34 m über N. N.

Ende März. Hasel, Beginn der Blüte
Pappel, Beginn der Blüte
Anfang April. Märzfrostspanner, 1. Fal-
ter
Mitte April. Sahlweide, Beginn der
Blüte
Anfang Mai. Scharbockskraut, Beginn
der Blüte
Schlehe, Beginn der Blüte
Birke, Beginn der Laubentfaltung
Walderdbeere, Beginn der Blüte
Fichte, Austrieb
Kiefer, Austrieb
Besenginster, Beginn der Blüte
Pfirsich, Beginn der Blüte
Johannisbeere, Beginn der Blüte
Polsterschimmel an Kernobst
Mitte Mai. Sommerlinde, Beginn der
Laubentfaltung
Weißdorn, Beginn der Blüte
Zwetsche, Beginn der Blüte
Birne, Beginn der Blüte
Süßkirsche, Beginn der Blüte
Apfel, Beginn der Blüte
Mispel, Beginn der Blüte
Quitte, Beginn der Blüte
Walnuß, Beginn der Blüte
Anfang Juni. Kiefernspanner, 1. Falter
Mitte Juni. Sommerlinde, Beginn der
Blüte
Ende Juni. Heidelbeere, Beginn der
Fruchtreife
Holunder, Beginn der Blüte
Anfang Juli. Stinkmorchel

Mitte Juli. Johannisbeere, Beginn der
Fruchtreife
Fliegenpilz
Pfefferling
Kiefernspinner, 1. Falter
Stachelbeerspanner, 1. Falter
Stachelbeerblattwespe, 1. erw. Rau-
pen
Anfang August. Nonne, 1. Falter
Zweigdürre der Kirsche
Anfang September. Weißdorn, Beginn
der Fruchtreife
Apfelobstmade
Pflaumenmade
Mitte September. Holunder, Beginn der
Fruchtreife
Zwetsche, Beginn der Fruchtreife
Ende September. Efeu, Beginn der Blüte
Schlehe, Beginn der Fruchtreife
Anfang Oktober. Mispel, Beginn der
Fruchtreife
Quitte, Beginn der Fruchtreife
Mitte Oktober. Birke, Beginn der Laub-
entfaltung
Herbstfrostspanner, 1. Falter

Beeskow, 1922
(Beob. Landw. Schule)
40—60 m über N. N.

3. April. Löwenzahn, Beginn der Blüte
4. April. Pappel, Beginn der Blüte
7. April. Hasel, Beginn der Blüte
Feldlerche, Ankunft
8. April. Erle, Beginn der Blüte
14. April. Hausschwalbe, Ankunft
15. April. Forsythia, Beginn der Blüte
Singdrossel, Ankunft
Girlitz, Ankunft
16. April. Rauchschwalbe, Ankunft
17. April. Hase, 1. Junge
19. April. Scharbockskraut, Beginn der
Blüte

20. April. Hausrotschwanz, Ankunft
27. April. Pfirsich, Beginn der Blüte
29. April. Salix cinerea, Beginn der Blüte
 1. Mai. Kuckuck, Ankunft
Sal. purpurea, Beginn der Blüte
Birke, Beginn der Laubentfaltung
Zwetsche, Beginn der Blüte
 2. Mai. Nachtigall, Ankunft
 7. Mai. Wiesenschaumkraut, Beginn Blüte
 9. Mai. Winterraps, Beginn der Blüte
Akazie, Beginn der Laubentfaltung
10. Mai. Vergißmeinnicht, Beginn der Blüte
Gartenspötter, Ankunft
11. Mai. Segler, Ankunft
14. Mai. Fichte, Austrieb
Kiefer, Austrieb
18. Mai. Walnuß, Beginn der Blüte
20. Mai. Walderdbeere, Beginn der Blüte
21. Mai. Quitte, Beginn der Blüte
25. Mai. Weißdorn, Beginn der Blüte
Myosothis palustris, Beginn der Blüte
28. Mai. Wachtel, Ankunft
30. Mai. Besenginster, Beginn der Blüte
Wucherblume, Beginn der Blüte
31. Mai. Akazie, Beginn der Blüte
 5. Juni. Kuckucksspeichel
Wintergerste, Beginn der Blüte
Rotklee, Beginn der Blüte
Schwalbe, 1. Junge
10. Juni. Ackerwinde, Beginn der Blüte
Rübenfliege, 1. Blattminen auf Rüben
27. Juni. Ackerdistel, Beginn der Blüte
 1. Juli. Winterraps, Beginn der Fruchtreife
 3. Juli. Heidelbeere, Beginn der Fruchtreife
 5. Juli. Wegwarte, Beginn der Blüte
Weiderich, Beginn der Blüte
10. Juli. Apfelobstmade

15. Juli. Wintergerste, Beginn der Fruchtreife
Bovist
Champignon
20. Juli. Pfefferling
30. Juli. Fliegenpilz
10. August. Ackerdistel, Beginn der Fruchtreife
15. August. Pflaumenmade
15. September. Weißdorn, Beginn der Fruchtreife
Zwetsche, Beginn der Fruchtreife
25. September. Birke, Beginn der Laubentfaltung
28. September. Quitte, Beginn der Fruchtreife

Nahausen, Neumark, 1922
(Beob. Schwinge)

 1. März. Feldlerche, Ankunft
 7. März. Hasel, Beginn der Blüte
 4. April. Rauchschwalbe, Ankunft
 8. April. Hausschwalbe, Ankunft
15. April. Forsythia, Beginn der Blüte
18. April. Birke, Beginn der Laubentfaltung
Hausrotschwanz, Ankunft
 1. Mai. Pfirsich, Beginn der Blüte
 2. Mai. Kuckuck, Ankunft
 3. Mai. Löwenzahn, Beginn der Blüte
Pappel, Beginn der Blüte
 6. Mai. Zwetsche, Beginn der Blüte
10. Mai. Buchfink, Ankunft
13. Mai. Zweigdürre der Kirsche
14. Mai. Wiesenschaumkraut, Beginn der Blüte
Vergißmeinnicht, Beginn der Blüte
15. Mai. Kiefer, Austrieb
Nachtigall, Ankunft
17. Mai. Akazie, Beginn der Laubentfaltung
Fichte, Austrieb
18. Mai. Walnuß, Beginn der Blüte

20. Mai. Walderdbeere, Beginn der Blüte

1. Juni. Weißdorn, Beginn der Blüte
Wucherblume, Beginn der Blüte

3. Juni. Akazie, Beginn der Blüte

5. Juni. Weiderich, Beginn der Blüte

15. Juni. Rotklee, Beginn der Blüte
Kuckucksspeichel

18. Juni. Mauerpfeffer, Beginn der Blüte

1. Juli. Ackerwinde, Beginn der Blüte
Wein, Beginn der Blüte

11. Juli. Champignon

Petershagen a. d. Ostbahn, 1922
(Beob. W. Reichard, Tischlermeister)

4. Mai. Süßkirsche, Schwarze Knorpelkirsche, Beginn der Blüte

9. Mai. Süßkirsche, Schwarze Knorpelkirsche, Beginn der Austriebs

10. Mai. Birne, Boses Flaschenbirne, Beginn der Blüte

17. Mai. Süßkirsche, Schwarze Knorpelkirsche, Ende der Blüte

26. Juni. Süßkirsche, Schwarze Knorpelkirsche, Beginn der Fruchtreife

22. September. Birne, Boses Flaschenbirne, Beginn der Fruchtreife

22. Oktober. Süßkirsche, Schwarze Knorpelkirsche, Ende des Laubabfalls

30. Oktober. Birne, Boses Flaschenbirne, Ende des Laubabfalls

Kaulsdorf bei Berlin, 1922
(Beob. Th. Grünhut, Haus- und Grundbesitzerverein)

7. Mai. Pflaume, Czar, Ontario, Victoria, Schöne von Löwen, Beginn der Blüte

12. Mai. Birne, Mary Marilot, Beginn der Blüte

20. Mai. Birne, Mary Marilot, Ende der Blüte

9. Juni. Erdbeere, Montot, Ende der Blüte

Berlin-Pankow, 1922
(Beob. Gartenbauverein)

10. Mai. Birne, Klapps Liebling, Beginn der Blüte

15. Mai. Birne, Klapps Liebling, Beginn des Austriebs

23. Mai. Birne, Klapps Liebling, Ende der Blüte

19. Juni. Birne, Klapps Liebling, Beginn des Johannistriebes

17. August. Birne, Klapps Liebling, Beginn der Baumreife

31. August. Birne, Klapps Liebling, Beginn der Genußreife

15. Oktober. Birne, Klapps Liebling, Ende des Laubabfalls

Südwestliche Vororte von Berlin und Umgebung, 1922
(Beob. E. Werth)

19. Februar. Schneeglöckchen, blühend

22. Februar. Kornelkirsche, reife Blütenknospen
Hamamelis virginica, einzelne offene Blüten (verspätete Herbstblüte)

27. Februar. Hamamelis japonica, in voller Blüte
Haselkätzchen beginnen zu stäuben
Alnus incana, vollkommen offene Kätzchen
Alnus japonica, ebenso

2. März. Leucojum vernum, blühend
Daphne mecereum, kurz vor dem Aufblühen
Erica carnea, ganz vereinzelte Blüte
Alnus incana, blühend

7. März. Acer dasycarpum, in voller Blüte, Honigbienen an den männl. Ständen.
Hasel, männliche und weibliche Blüten, zahlreiche Honigbienen mit Höschen an den Kätzchen.
Petasites albus, erste offene Blüten

Draba verna, erſte blühende Exemplare.

Kornelkirſche, Blüten noch nicht geöffnet

8. März. Hirtentäſchel, einzeln blühend
Senecio vulgaris mit Coleosporium Seneciones

9. März. Eranthis hiemalis und Galanthus nivalis, in voller Blüte
1. Stare

11. März. Kornelkirſche, erſte offene Blüten eines voreilenden Strauches
Eranthis hiemalis, blühend, an den Blüten Honigbienen
Schneeglöckchen, zahlreiche Honigbienen an den Blüten

13. März. Efeu, 50% der Beeren ſchwarz.
Seidelbaſt, blühend
Huflattich, blühend, 1. Eidechſe (Lacerta agilis, Männchen)
Miſtel in voller Blüte, Honigblüte und Musziden an den Blüten
Lacerta agilis (Männchen)
Erica carnea, Blütenbeginn
Scilla bifolia, blühend
Helleborus odorus und H. niger, blühend

17. März. Froſchlaich

25. März. Taxus, Höhepunkt der Blüte überſchritten

27. März. Scilla sibirica, blühend

29. März. Salix Caprea, 1. offene Blüten
Kornelkirſche, überwiegend noch vor der Blüte

30. März. Buchsbaum, ſtark geſchwollene Blütenknoſpen

1. April. Gartenkrokus, blühend

5. April. Petasites albus, blühend
Anemone hepatica, blühend
Kornelkirſche, Blütenbeginn
Saxifraga apicalata, erſte Blüten
Scilla amoena, blühend
Salix Caprea, 50% erblüht

Scilla bifolia
Eranthus hiemalis und Helleborus odorus noch in Blüte
Helleborus pallidus, blühend
Kohlmeiſe, ſingend

19. April. Taraxacum offic., blühend
Ulmus campestris, verblüht, junge Früchte

20. April. Acer platanoides, 1. Blüten
Lonicera coerulea, blühend, Bombus lapidarius auf den Blüten
Erica carnea, blühend
Salix cineria, blühend
Bombus terestris und Bombus agrorum an den Blüten
Pulmonaria officinalis, blühend

23. April. Kornelkirſche, faſt verblüht
Pyrus japonica, Blütenknoſpen
Huflattich, blühend

24. April. Aprikoſe, blühend
Euphorbia Cyparissias, 1. Blütenſtände vorſchiebend
Gagea lutea, blühend

26. April. Hirtentäſchel, blühend, von Cystopus befallen
Ackerſtiefmütterchen, kleinblütige Form, blühend
Ackerſchachtelhalm, blühend

27. April. Lathyrus vernus, blühend
Anemone nemorosa, blühend
Erica carnea, Vollblüte
Salix purpurea, blühend
Primula acaulis, blühend
Kornelkirſche, im Verblühen
Potentilla cinerea, blühend
Primula offic., blühend
Küchenſchelle, blühend

28. April. Blumeninſekten: Honigbiene und Erdhummel an Salix cineria (männliche Blüten). Honigbiene und Ackerhummel, Eristalis, Zitronenfalter an Scilla (Sibirica?)
Süßkirſche, 1. Blüten

Ribes sanguineum, 1. Blüten
Salix elegantissima, blühend
Spiraea Thunbergi, blühend

29. April. Viola canina, blühend
Adonis vernalis, blühend
Sauerklee, blühend
Erica carnea, Honigbiene zahlreich an
den Blüten
Ranunculus ficaria, blühend
Ranunculus auricomus, blühend,
Thrips und Meligethes in den Blüten
Küchenschelle, Honigbiene i. d. Blüten
Anemone pratensis, ebenso
Taraxacum officinalis, blühend
Pulmonaria officinalis, blühend
Petasites officinalis, blühend, mit Ho-
nigbiene

2. Mai. Gartentulpe, Blütenbeginn
Osterblume (gelbe Gartennarzisse),
blühend
Immergrün (Vinca minor), Vollblüte
in Ostschutz

3. Mai. 1. Weißling, 1. Gartenschnecke
(Helix hortensis), 1. Wespe

4. Mai. Bombus terrestris an Stachel-
beerblüten
Mahonie (Berberis aquifolium),
1. Blüten
Roßkastanie, Blätter entfaltet

5. Mai. Honigbienen an den Blüten von
Erica carnea und Acer negundo
Forsythia suspensa, noch in voller
Blüte
Bombus agrorum, an den Blüten von
Lonicera coerulea
Prunus trilloba, blühend
Linde (Tilia grandifolia), Blätter
entfaltet
Holunder, ebenso

6. Mai. Roggen, schossend

8. Mai. Buchsbaum, blühend
Flieder (Syringa), 1. Blüten

Glycinie, blühend
Pirol

9. Mai. Caragana arborescens, 1. Blüten

11. Mai. Lonicera tatarica, 1. Blüten

12. Mai. Birne, Baronin von Mello,
1. Blüte

15. Mai. Apfel, Weißer Klarapfel, Mi-
nister von Hammerstein, Landsberger
Reinette, Beginn der Blüte
Kornelkirsche, 1. Blätter entfaltet

16. Mai. Cerastium arvense, blühend
Apfel, Schwarzenbachs Reinette, Peas-
gouds Goldreinette, Beginn d. Blüte
Acer orientale, blühend

22. Mai. Acre pseudoplatanus, blühend

23. Mai. Apfel, Uelzener Calvill, Ende
der Blüte

24. Mai. Lamium album, blühend, Bom-
bus terrestris an den Blüten
Iris germanica, blühend
Senecio Jacobaea, blühend
Pfirsich, kräuselkrank

25. Mai. Polygonatum japonicum, in
voller Blüte

26. Mai. Honigbienen an den Blüten von
Lonicera tatarica
Roggen, Blütenähren allgemein vor-
geschoben
Ulmus campestris, Blattkräuselung
durch Blattläuse

27. Mai. Apfel, Königlicher Kurzstiel,
noch 5% Blüten
Cytisus Adami, Bombus hortorum
an den Blüten

29. Mai. Himbeere, Beginn der Blüte

30. Mai. Weißer Maulbeerbaum, blühend
Ulmus campestris, Fruchtreife
Honigbiene an den Blüten von Aes-
culus Hippocastanum und Lonicera
tartarica
Lycium barbarum, blühend
Himbeere, blühend, Honigbienen an
den Blüten

Gartenerdbeere, blühend, Coenonympha an den Blüten

3. Juni. Honigbiene an den Blüten von Saubohne, Gartenerdbeere, Himbeere
Bombus agrorum an den Blüten von Saubohne, Himbeere
Weinrebe, blühend
Spinat, blühend
Brassica oloracea, blühend

5. Juni. Vinc toxicum officinale, blühend

6. Juni. Roggen, in voller Blüte
Holunder, 1. Blüten

7. Juni. Weinrebe, Honigbienen Pollen sammelnd
Berberitzenrost, Pykniden und Aecidien

8. Juni. Berberis vulgaris, letzte Blüten
Pararge species an den Blüten von Anchusa officinalis und Vicia villosa

9. Juni. Ranunculus aquatilis, blühend
Trollius europaeus, letzte Blüten
Butomus umbellatus, 1. Blüten
Thalictrum aquilegifolium, blühend
Honigbiene, Pollen sammelnd auf Rosa canina
Sanguisorba minor, blühend
Paeonia albiflora, blühend
Calycanthus, Vollblüte
Loranthus europaeus, blühend

10. Juni. Symphoricarpus racemosus, 1. blühende Zweige
Sedum acre, 1. blühende Bestände
Muscari comosum, blühend
Honigbiene, Pollen sammelnd an Rubus fruticosus

12. Juni. Honigbiene an den Blüten von Sambucus nigra
Convolvulus arvensis, seit etwa einer Woche blühend

13. Juni. Kornelkirsche, 1. reifen Früchte
Cornus sanguinea, blühend

14. Juni. Diervilla florida, blühend

15. Juni. Honigbiene an den Blüten von Allium fistulosum, Vicia villosa, Sedum acre
Bombus lapidarius an den Blüten von Allium fistulosum
Bombus terrestris an den Blüten von Vicia villosa, Anchusa officinalis
Bombus agrorum an den Blüten von Anchusa offic.

16. Juni. 1. Lindenblüten
Sanguisorba minor, letzte Blüten
Caltha palustris, letzte Blüten
Stratiotes aloides, blühend
Alisma plantago, blühend
Listera ovata, blühend
Calla palustris, letzte Blüten
Erica tetralix, blühend
Orchis maculata, blühend
Sparganium simplex, blühend
Butomus umbellatus, in voller Blüte, Honigbiene auf den Blüten
Tofieldia calyculata, blühend
Naumburgia thyrsiflora, letzte Blüten
Geum rivale, blühend
Polygonum bistorta, blühend
Rumex crispus, blühend
Corydalis cava
1. Kartoffelblüte

19. Juni. Mispel, Ende der Blüte

20. Juni. Honigbiene und Bombus lapidarius an den Blüten der Schneebeere
Honigbiene und Bombus terestris an den Blüten von Convolvulus arvensis
Potentilla recta, blühend
Buchweizen, blühend, reichlich Honigbienen an den Blüten
Silene inflata, blühend

22. Juni. Melandrium album, blühend
Himbeere, noch blühend

23. Juni. Lysimachia thyrsiflora, letzte Blüten
Sweertia perennis, blühend

Periploca graeca, blühend
Ranunculus lingua, blühend
Nufar pumilum, blühend
Lytrum salicaria, blühend
Sagittaria sagittifolia, blühend
Acorus calamus, blühend

30. Juni. Bryonia dioica, blühend

4. Juli. Sinapis arvensis, blühend

5. Juli. Loranthus europaeus, verblüht
Talictrum flavum und Minus, blühend
Comarum palustris, blühend
Limnanthemum nymphaeoides, blühend

8. Juli. Tilia americana, blühend, Bombus terrestris und Honigbiene an den Blüten
Echium vulgare, 1. Blüten

7. August. Malva silvestris, blühend
Aristolochia clematitis, letzte Blüten
Honigbienen zahlreich an den Blüten von Thymus serpyllum, Echinops, Mais

8. August. Oenothera biennis, blühend
Althaea rosea, blühend
Gartendahlie, blühend
Calluna vulgaris, blühend
Castanea vesca, verblüht

9. August. Bombus lapidarius, B. terrestris und Honigbiene an den Blüten von Lythrum salicaria

10. August. Nerium Oleander, blühend (im Freien)

11. September. Efeu, 1. offene Blüten

15. September. Trollius europaeus, blühend
Physallis alkekengi, blühend
Nicandra physaloides, blühend
Tropaeolum peregrinum, blühend

25. Dezember. Primula offic., blühend

27. Dezember. Christrose (Helleborus niger), blühend

Berlin-Zehlendorf Mitte, 1922
(Beob. Dr. R. Laubert, Reg.-Rat, aus: »Land und Frau« 1922, Nr. 16 S. 125 und Nr. 17 S. 133)

22. Februar. Stare

23. Februar. Feldlerche und Amsel singen

26. Februar. Bienen und Mücken schwärmen
Buchfink singt
Wildgänse ziehen ostwärts

27. Februar. Haselnuß, Beginn d. Blüte

28. Februar. Schneeglöckchen (Gal. niv.), Beginn der Blüte

2. März. Großes Schneeglöckchen (Leucojum), Beginn der Blüte
Erica carnea, Beginn der Blüte
Hamamelis Japonica, Beginn der Blüte
Grauerle, Beginn der Blüte
Baumhasel, Beginn der Blüte
(letztere drei schon seit einigen Tagen)

4. März. Winterling (Eranthis), Beginn der Blüte
Galanthus Elwesii, Beginn der Blüte
Gartenstiefmütterchen, Beginn der Blüte
Silberahorn (Acer dasycarpum), treibt
Lonicera tatarica, treibt

7. März. Weiße Pestwurz (Petasites albus), Beginn der Blüte
Hungerblümchen (Draba verna), Beginn der Blüte

9. März. Heidelerche

11. März. Huflattich, Beginn der Blüte
Leberblümchen, Beginn der Blüte

13. März. Seidelbast, Beginn der Blüte
Kornelkirsche, Beginn der Blüte
Scilla, Beginn der Blüte

16. März. Eibe (Taxus), Beginn der Blüte

17. März. Froschlaich

18. März. Aprikose an Spalier, Beginn der Blüte

Werder, Prov. Brandenburg, 1922
(Beob. Fr. Zacher und K. Ludwigs)

11. April.   Petasites, blühend

18. April.   Aprikose, blühend

20. April.   Kirsche und Birne kurz vor
der Blüte
Ontario-Pflaume, Blütenknospen
durch Frost gebräunt
Larve von Psylla mali, zum Teil
geschlüpft
Roter wie grauer Knospenwickler, sehr
junge Larven
Apfelblütenstecher an den Zweigen
Pfirsich, Blütenknospen
Stachelbeere, Blätter entfaltet
Johannisbeere, ebenso, Blütenknospen
Johannisbeere, ebenso, Blütenknospen

7. Mai. Pflaumen und Kirschen, blühend
1. Apfelblüte
Oxalis acetosella, blühend
Diclytra spectabilis, Blütenbeginn

18. Mai.   Kräuselkrankheit am Pfirsich
Stachelbeere, Blattrost
Johannisbeere, Frostreißen der Blätter

Alt-Glienicke, 1922
(Beob. Obst- und Gartenbauverein)

25. April.   Erdbeere, König Albert, Beginn der Blüte

1. Mai.   Süßkirsche, Früheste, Beginn
der Blüte

4. Mai.   Apfel, Gravensteiner, Beginn
der Blüte

10. Mai.   Birne, Gute Luise, Beginn der
Blüte
Sauerkirsche, Schattenmorelle, Be-
ginn der Blüte
Apfel, Gravensteiner, Ende der Blüte

15. Mai.   Apfel, Königlicher Kurzstiel,
Beginn der Blüte
Erdbeere, König Albert, Ende der
Blüte

Süßkirsche, Früheste der Mark, Ende
der Blüte
Apfel, Gravensteiner, Beginn des Austriebes

16. Mai. Birne, Boses Flaschenbirne, Beginn der Blüte

18. Mai.   Sauerkirsche, Schattenmorelle,
Ende der Blüte

19. Mai.   Birne, Marh Marilot, Beginn
der Blüte
Birne, Gute Luise, Ende der Blüte

20. Mai.   Sauerkirsche, Schattenmorelle,
Beginn des Austriebes
Birne, Gute Luise, Beginn des Aus-
triebes
Süßkirsche, Früheste der Mark, Beginn
des Austriebes

25. Mai. Birne, Marh Marilot, Ende der
Blüte
Apfel, Königlicher Kurzstiel, Ende der
Blüte
Birne, Boses Flaschenbirne, Ende der
Blüte

1. Juni.   Birne Marh Marilot, Beginn
des Austriebes
Birne, Gute Luise, Beginn des Johannistriebs
Apfel, Gravensteiner, Beginn des Johannistriebs

4. Juni.   Apfel, Königlicher Kurzstiel,
Ende der Blüte

6. Juni.   Apfel, Königlicher Kurzstiel,
Beginn des Austriebs
Birne, Boses Flaschenbirne, Beginn
des Austriebs

15. Juni.   Birne, Boses Flaschenbirne,
Beginn des Johannistriebs

20. Juni.   Apfel, Königlicher Kurzstiel,
Beginn des Johannistriebs

30. August.   Sauerkirsche, Schattenmorelle, Beginn der Fruchtreife

15. September. Birne, Boses Flaschenbirne, Beginn der Baumreife
Apfel, Gravensteiner, Beginn der
Baumreife
Birne, Gute Luise, Beginn der Baumreife
Birne, Mary Marilot, Beginn der
Fruchtreife
20. September. Birne, Boses Flaschenbirne, Beginn der Genußreife
Birne, Gute Luise, Beginn der Genußreife
Apfel, Gravensteiner, Beginn der Genußreife
30. September. Saurekirsche, Schattenmorelle, Ende des Laubabfalls
Apfel, Königlicher Kurzstiel, Beginn
der Baumreife
 1. Oktober. Birne, Gute Luise, Ende des
Laubabfalls
10. Oktober. Birne, Boses Flaschenbirne,
Beginn des Laubabfalls
20. Oktober. Apfel, Königlicher Kurzstiel,
Ende des Laubabfalls
30. Oktober. Apfel, Königlicher Kurzstiel,
Beginn der Genußreife

Mahlow, Kr. Teltow, 1922
(Beob. Käßner)

20. April bis 5. Mai. Birne, Klapps Lieb-
ling, Blüte
Williams Christbirne, Blüte
Gute Luise, Blüte
Grumbkower Butterbirne, Blüte
Pastorenbirne, Blüte
2.—12. Mai. Apfel, Wintergoldpar-
mäne, Blüte
Schöner von Boskop, Blüte
Adersleber Calvill, Blüte
Landsberger Reinette, Blüte
Prinzenapfel, Blüte
Charlamowski, Blüte

Die Wintergoldparmäne kam 1—2
Tage später

Rohrbeck, Kr. Jüterbog, 1922
(Beob. W. Niendorf)

19. Mai. Schwarze Ackerbohne

Langenlipsdorf, Kr. Jüterbog, 1922
(Beob. W. Schütze)

15. Mai. Weinaustrieb

Bornsdorf bei Luckau, 1922
(Beob. W. Richter)

25. April. Fritfliege, 1. Auftreten an
Weizen
20. Mai. Schwarzbeinigkeit an Lupine
25. Mai. Fritfliege, 1. Auftreten an
Roggen
28. Mai. Fritfliege, 1. Auftreten an Hafer
 4. Juni. Schwarze Blattlaus an Rübe
21. Juni. Rotklee, Ende der Blüte
25. Juni. Windhalm in Blüte
 8. Juli. Mutterkorn Sclerotium
20. Juli. Rotklee, Beginn der Ernte
21. Juli. Viersamige Wicke in Frucht
30. August. Polsterschimmel an Pflaume
 2. September. Taschenkrankheit an
Pflaume

Luckau, Niederlausitz, 1922
(Beob. Reuter, Landw. Schule)
etwa 60—70 m über N. N.

24. Februar. Feldlerche, Ankunft
 2. April. Nachtigall, Ankunft
 3. April. Buchfink, Ankunft
 4. April. Hausschwalbe, Ankunft
 5. April. Segler, Ankunft
 9. April. Hausrotschwanz, Ankunft
13. April. Forsythia, Beginn der Blüte
Gartenspötter, Ankunft
14. April. Flugbrand an Weizen
Rauchschwalbe, Ankunft
16. April. Wachtel, Ankunft

17. April. Birke, Beginn der Laubentfaltung
25. April. Girlitz, Ankunft
27. April. Löwenzahn, Beginn der Blüte
1. Mai. Pfirsich, Beginn der Blüte
2. Mai. Wiesenschaumkraut, Beginn der Blüte
4. Mai. Kuckuck, Ankunft
5. Mai. Walnuß, Beginn der Blüte
6. Mai. Zwetsche, Beginn der Blüte
8. Mai. Winterraps, Beginn der Blüte
10. Mai. Fichte, Austrieb
15. Mai. Zweigdürre an Sauerkirsche
18. Mai. Kiefer, Austrieb
24. Mai. Weißdorn, Vollblüte
Flugbrand an Wintergerste
Kiefer, Vollblüte
26. Mai. Quitte, Beginn der Blüte
27. Mai. Wintergerste, Beginn der Blüte
29. Mai. Besenginster, Vollblüte
Schwarze Blattlaus an Saubohne
31. Mai. Wucherblume, Beginn der Blüte
1. Juni. Akazie, Beginn der Blüte
Rotklee, Beginn der Blüte
2. Juni. Mehltau an Roggen
4. Juni. Champignon
8. Juni. Rapsglanzkäfer
10. Juni. Hederich, Beginn der Spritzzeit
12. Juni. Reh, 1. Junge
17. Juni. Flugbrand an Sommergerste
18. Juni. Ackerwinde, Vollblüte
23. August. Zwetsche, Beginn der Fruchtreife

Hammer am Finowkanal, 1922
(Beob. W. Bohm)

3. April. Sommerweizen, Schlanstedter Aussaat
15. August. Weinernte

Kr. Prenzlau, 1922

6. April. Kirsche, Frühe Werdersche, Beginn des Austriebs

7. April. Kirsche Kassius, Frühe, Beginn des Austriebs
Bernstein-Kirsche, Beginn des Austriebs
1. Mai. Apfel, Schöner von Boskop (Spalier) und Landsberger Reinette, Beginn des Austriebs
2. Mai Kirsche, Ostheimer Weichsel, Beginn des Austriebs
3. Mai. Sauerkirsche, Beginn des Austriebs
Apfel, Gelber Bellefleur, Eva-Apfel, Ananas-Reinette, Danziger Kantapfel, Beginn des Austriebs
Birne, Williams Christbirne, Herzogin von Angoulême, Diels Butterbirne, Pastorenbirne, Andenken an den Kongreß, Clairgeaus Butterbirne, Beginn des Austriebs (die letzten vier Spalier)
4. Mai. Diels Butterbirne, Beginn des Austriebs
Pflaume, Gelbe Eierpflaume, Beginn des Austriebs
Apfel, Gefl. Kardinal, Boikenapfel, Adersleber Calvill, Beginn des Austriebs
5. Mai. Apfel, Gravensteiner, Schöner von Boskop, Beginn des Austriebs
6. Mai. Birne, Clairgeaus Butterbirne, Beginn des Austriebs
Pflaume, Mirabelle von Nancy, Beginn des Austriebs
Kirsche, Cassius Frühe, Frühe Werdersche, Beginn der Blüte
Apfel von Berlepsch, Beginn des Austriebs
7. Mai. Birne, Herzogin von Angoulême, Clairgeaus Butterbirne, Beginn der Blüte
Kirsche, Bernstein, Beginn der Blüte
Apfel, Cox' Orangen-Reinette, Roter Eiser-Apfel, Beginn des Austriebs

Birne, Boſes Flaſchenbirne, Klapps Liebling, Fr. Luiſe Goethe, Olivier de Serres, Beginn des Austriebs

8. Mai. Birne, Klapps Liebling, Beginn der Blüte

9. Mai. Birne, Präſident Drouard, Beginn des Austriebs
Pflaume, Gelbe Eierpflaume, Beginn der Blüte
Sauerkirſche, Beginn der Blüte
Apfel, Baumanns Reinette, Beginn des Austriebs

10. Mai. Apfel, Schöner von Boskop (Spalier), Beginn der Blüte
Birne, Diels Butterbirne, Williams Chriſtbirne, Paſtorenbirne, Andenken an den Kongreß, Clairgeaus Butterbirne, Beginn der Blüte. (Die letzten drei Spalier)

11. Mai. Birne, Präſident Drouard, Beginn der Blüte

12. Mai. Birne, Boſes Flaſchenbirne, Olivier de Serres, Beginn der Blüte

13. Mai. Birne, Fr. Luiſe Goethe, Beginn der Blüte

14. Mai. Sauerkirſche, Oſtheimer Weichſel, Beginn der Blüte

15. Mai. Wein, Früher blauer Burgunder, Beginn des Austriebs
Apfel, Gelber Bellefleur, Schöner von Boskop, Eva-Apfel, Pflaume, Mirabelle von Nancy, Beginn der Blüte
Cox' Orangen-Reinette, Beginn d. Blüte
Danziger Kantapfel (Spalier), Beginn der Blüte

16. Mai. Wein, Früher blauer Malvabien, Beginn des Austriebs
Apfel, Baumanns Reinette, Gefl. Cardinal, Ananas-Reinette, Boikenapfel, Aberleber Calvill, Beginn der Blüte
Birne, Clairgeaus Butterbirne, Ende der Blüte

17. Mai. Birne, Klapps Liebling, Ende der Blüte
Pflaume, Gelbe Eierpflaume, Ende der Blüte
Kirſche, Bernſteinkirſche, Frühe Caſſius, Frühe Werderſche, Ende der Blüte
Apfel, Gravenſteiner, Landsberger Reinette, Beginn der Blüte

18. Mai. Wein, Madeleine Royal, Beginn des Austriebs

19. Mai. Apfel, von Berlepſch, Beginn der Blüte
Birne, Diels Butterbirne, Ende der Blüte

20. Mai. Birne, Herzogin v. Angoulème, Paſtorenbirne, Andenken an den Kongreß, Clairgeaus Butterbirne (die letzten drei Spalier), Ende der Blüte
Wein, Diamant Gutedel, Roter Burgunder, Beginn des Austriebs
Apfel, Schöner von Boskop (Spalier), Ende der Blüte

21. Mai. Kirſche (Sauer), Ende der Blüte

22. Mai. Birne, Williams Chriſtbirne, Boſes Flaſchenbirne, Ende der Blüte

23. Mai. Birne, Fr. Luiſe Goethe, Präſident Drouard, Olivier de Serres, Ende der Blüte

24. Mai. Pflaume, Mirabelle v. Nancy, Ende der Blüte

25. Mai. Kirſche, Oſtheimer Weichſel, Ende der Blüte
Apfel, Cox' Orangen-Reinette, Abersleber Calvill, Ende der Blüte

26. Mai. Apfel, Evaapfel, Danziger Kantapfel, Ende der Blüte

27. Mai. Apfel, Gelber Bellefleur, Baumanns Reinette, Gefl. Cardinal, Ende der Blüte

28. Mai. Apfel, Schöner von Boskop, Ananas-Reinette, Landsberger Reinette, Ende der Blüte

29. Mai. Apfel, v. Berlepſch, Ende der
  Blüte
30. Mai. Boikenapfel, Ende der Blüte
 3. Juni. Wein, Früher blauer Burgunder,
  Beginn der Blüte
 4. Juni. Wein, Diamant Gutedel, Beginn der Blüte
 5. Juni. Wein, Früher blauer Malvaſier,
  Beginn der Blüte
 6. Juni. Wein, Madeleine Royal, Beginn der Blüte
 7. Juni. Wein, Roter Gutedel, Beginn
  der Blüte
21. Juni. Wein, Früher blauer Burgunder,
  Ende der Blüte
23. Juni. Wein, Früher blauer Malvaſier,
  Ende der Blüte
25. Juni. Wein, Diamant Gutedel, Madeleine Royal, Ende der Blüte
30. Juni. Wein, Roter Gutedel, Ende der
  Blüte

Uckermark, 1922
(Beob. Werth)

Ende Mai bis Anfang Juni. Außer-
ordentlich viel Maikäfer. Vor allem
Roßkaſtanien, danach Eiche mehr oder
weniger kahl gefreſſen (Hansfelde,
Gr. Spiegelberg bei Paſewalk)
12. Juli. Letzter lebender Maikäfer (Wer-
below)
11. Juli. Zuckerrübe, Blüten von verſchie-
benen Musziden, Syrphiden, 1 Wanze
und 2 Käferarten beſucht (Damerow)
Beginn der Wintergerſtenernte (An-
germünde)
18. Juli. Winterroggenerntebeginn
(Prenzlau)
21. Juli. Zuckerrübe, Blüten von ver-
ſchiedenen Musziden, Syrphiden und
einer pollenſammelnden Imme beſucht.

19. Juli. Lebender Maikäfer (am Oberen
Uckerſee)
Phallus impudicus in tauſenden von
Exemplaren ebenda

Neuruppin, 1922
(Beob. Landw. Schule)

Januar/Februar.   Haſel, Beginn der
Blüte
Anfang März. Erle, Beginn der Blüte
Pappel, Beginn der Blüte
Scharbockskraut, Beginn der Blüte
April. Wieſenſchaumkraut, Beginn der
Blüte
Forſythia, Beginn der Blüte
Mai. Rotklee, Beginn der Blüte
Vergißmeinnicht, Beginn der Blüte
Kuckucksſpeichel
Birke, Beginn der Laubentfaltung
Akazie, Beginn der Laubentfaltung
Anfang Mai. Kiefer, Austrieb
Ende Mai. Akazie, Beginn der Blüte
Fichte, Austrieb
Weißdorn, Beginn der Blüte
Juni. Wintergerſte, Beginn der Blüte
Ackerwinde, Beginn der Blüte
Ackerdiſtel, Beginn der Blüte
Haferflugbrand
Löwenzahn, Beginn der Blüte
Wucherblume, Beginn der Blüte
Mitte Juni. Rübenfliege, 1. Blattminen
an Rüben
Juli. Hopfen, Beginn der Blüte
Mitte Juli. Wintergerſte, Beginn der
Fruchtreife
Ende Juli. Champignon
Anfang Auguſt. Ackerdiſtel, Beginn der
Blüte
Mitte Auguſt. Weißdorn, Beginn der
Fruchtreife

Kyritz (Priegnitz), 1922
(Beob. Gartenbauverein)

10. Mai. Sauerkirsche, Beginn der Blüte

Mitte Mai. Rote Himbeere, Beginn der Blüte

20. Mai. Sauerkirsche, Ende der Blüte

Ende Mai. Rote Himbeere, Beginn der Fruchtreife

Anfang Juni. Sauerkirsche, Beginn des Austriebes

Mitte Juni. Rote Himbeere, Ende der Blüte

Ende Juni. Sauerkirsche, Beginn des Johannistriebes

Anfang August. Sauerkirsche, Beginn der Fruchtreife

Wittstock, 1922
(Beob. Feil)

12. März. Johannisbeere, Lees Schwarze, Beginn des Austriebes

2. Mai. Johannisbeere, Lees Schwarze, Beginn der Blüte

4. Mai. Birne, Boses Flaschenbirne, Beginn der Austriebes

8. Mai. Johannisbeere, Lees Schwarze, Ende der Blüte
Apfel, Königlicher Kurzstiel, Beginn des Austriebes

13. Mai. Sauerkirsche, Minister v. Podbielski, Beginn der Blüte

15. Mai. Sauerkirsche, Minister v. Podbielski, Beginn des Austriebes

18. Mai. Sauerkirsche, Minister v. Podbielski, Ende der Blüte

22. Mai. Birne, Boses Flaschenbirne, Beginn der Blüte

24. Mai. Apfel, Königlicher Kurzstiel, Beginn der Blüte

28. Mai. Birne, Boses Flaschenbirne, Ende der Blüte

1. Juni. Himbeere, Superlativ, Beginn der Blüte

3. Juni. Apfel, Königlicher Kurzstiel, Ende der Blüte

10. Juni. Himbeere, Superlativ, Beginn der Fruchtreife

14. Juni. Johannisbeere, Lees Schwarze, Beginn des Johannistriebes

16. Juni. Himbeere, Superlativ, Ende der Blüte

21. Juni. Sauerkirsche, Minister v. Podbielski, Beginn des Johannistriebes

23. Juni. Birne, Boses Flaschenbirne, Beginn des Johannistriebes

26. Juni. Himbeere, Superlativ, Beginn des Johannistriebes

1. Juli. Apfel, Königlicher Kurzstiel, Beginn des Johannistriebes

15. Juli. Johannisbeere, Lees Schwarze, Beginn der Fruchtreife

21. Juli. Sauerkirsche, Minister v. Podbielski, Beginn der Fruchtreife

29. September. Birne, Boses Flaschenbirne, Beginn der Baumreife

5. Oktober. Apfel, Königlicher Kurzstiel, Beginn der Fruchtreife

10. Oktober. Birne, Boses Flaschenbirne, Beginn der Genußreife

22. Oktober. Birne, Boses Flaschenbirne, Ende des Laubabfalls

2. November. Sauerkirsche, Minister v. Podbielski, Ende des Laubabfalls
Johannisbeere, Lees Schwarze Beere, Ende des Laubabfalls

Pritzwalk, 1922
(Beob. W. Parden)

13. Mai. Sauerkirsche, Weichsel, Glaskirsche und Amarellen, Beginn der Blüte

14. Mai. Pflaume, Anna Spät, Beginn der Blüte

17. Mai. Birne, Klapps Liebling, Amanlis Butterb., Birne v. Tongre, Köst-

liche von Charneu und Triumph von Vienne, Beginn der Blüte

20. Mai. Birne, Klapps Liebling, Amanlis Butterbirne, Birne von Tongre, Köstliche von Charneu und Triumph von Vienne, Beginn des Austriebes. Apfel, London Pepping, Berliner, Baumanns Reinette, Cox' Orangen-Reinette, Beginn der Blüte

23. Mai. Apfel, London Pepping, Berliner, Baumanns Reinette, Cox' Orangen-Reinette, Beginn des Austriebes
Sauerkirsche, Weichsel, Glaskirsche und Amarellen, Ende der Blüte

24. Mai. Birne, Klapps Liebling, Amanlis, Birne von Tongre, Köstliche von Charneu und Triumph von Vienne, Ende der Blüte
Pflaume, Anna Spät, Ende der Blüte

26. Mai. Apfel, London Pepping, Berliner, Baumanns Reinette, Cox' Orangen-Reinette, Ende der Blüte

8. Juli. Sauerkirsche, Weichsel, Glaskirsche und Amarellen, Beginn der Fruchtreife

Wassersleben bei Flensburg, 1922
(Beob. Dr. Labian)
Wald, hügeliges Gelände an der Ostsee,
5—40 m über dem Meere

7. April. Huflattich, Beginn der Blüte

9. Mai. Löwenzahn, Beginn der Blüte

18. Mai. Schlehe, Beginn der Blüte

1. Juni. Weißdorn, Beginn der Blüte

18. Juni. Winterroggen, Beginn d Blüte

21. Juni. Rotklee, Beginn der Blüte

Kiel, 1922
(Beob. Dir. Dr. Finken)
Am Meer, eben

10. Februar. Hasel, Beginn der Blüte

20. Februar. Pappel, Beginn der Blüte

15. April. Scharbockskraut, Beg d. Blüte
Birke, Beginn der Laubentfaltung
Forsythia, Beginn der Blüte

3. Mai. Walderdbeere, Beginn der Blüte

5. Mai. Besenginster, Beginn der Blüte
Akazie, Beginn der Laubentfaltung

10. Mai. Fichte, Beginn des Austriebes
Kiefer, Beginn des Austriebes

14. Juni. Akazie, Beginn der Blüte

30. August. Weißdorn, Beginn der Fruchtreife

15. September. Birke, Beginn der Laubentfaltung

15. Oktober. Schlehe, Beginn d. Fruchtreife

Seegalendorf, 1922
(Beob. Beckmann)
20—28 m über N. N.

Mitte Februar. Buchfink, Ankunft

25. Februar. Goldammer, Ankunft
Feldlerche, Ankunft

5. März. Singdrossel, Ankunft

12. März. Misteldrossel, Ankunft

14. April. Rauchschwalbe, Ankunft

15. April. Baumpieper, Ankunft

Mitte April. Hase, 1. Junge

19. April. Hausrotschwanz, Ankunft

Anfang Mai. Segler, Ankunft

7. Mai. Kuckuck, Ankunft
Hausschwalbe, Ankunft

Mitte Mai. Reh, 1. Junge
Rebhuhn, 1. Junge

20. Mai. Gartenspötter, Ankunft

Anfang Juni. Schwalbe, 1. Junge

27. August. Segler, Abreise

Oldenburg i. Holstein, 1922
(Beob. Landw. Schule)

Mitte Juni. Mehltau, 1. Auftr. an Rosen
Kleeseide

Juli. Apfelobstmade
Blattfleckenkrankheit an Johannisbeere

Mitte Juli. Schneeschimmel auf Rosen

Margarethenhof bei Segeberg, 1922
(Beob. Desenip, Gutsbesitzer)

Anfang Mai. Birne, Beginn der Blüte

Rendsburg, 1922
(Beob. Dr. A. Carl)
Eben, dem Winde sehr ausgesetzt

12. März. Pappel, Beginn der Blüte
April. Birke, Beginn der Laubentfaltung
17. April. Forsythia, Beginn der Blüte
25. April. Hasel, Beginn der Blüte
Ende April. Birke, Beginn der Blüte
Mai. Akazie, Beginn der Laubentfaltung
Anfang Mai. Kiefer, Beginn des Austriebes
7. Mai. Scharbockskraut, Beginn der Blüte
Mitte Mai. Walderdbeere, Beginn der Blüte
Fichte, Beginn des Austriebes
Fichte, Beginn der Blüte
15. Mai. Weißdorn, Beginn der Blüte
Ende Juli. Pfefferling
7. August. Gelbe Lupine, Beginn der Blüte

Schülp bei Notorf, Kr. Rendsburg, 1922
(Beob. H. Sachau)
Nbl. der Bahn Neumünster—Sandrupp

5. März. Erle, Beginn der Blüte
19. April. Wiesenschaumkraut, Beginn der Blüte
20. April. Löwenzahn, Beginn der Blüte
1. Juni. Vergißmeinnicht, Beginn der Blüte
7. Juni. Weißdorn, Beginn der Blüte
2. Juli. Ackerdistel, Beginn der Blüte
15. Juli. Champignon
5. August. Viersam. Wicke, 1. Frucht
29. August. Ackerdistel, Beginn der Fruchtreife
10. September. Weißdorn, Beginn der Fruchtreife

24. Oktober. Schlehe, Beginn der Fruchtreife

Einfeld bei Neumünster, 1922
(Beob. H. Schröder)
23 m über N. N.

1. Mai. Löwenzahn, Beginn der Blüte
12. Mai. Weißlinge, 1. Falter
15. Mai. Schlehe, Beginn der Blüte
18. Mai. Wiesenschaumkraut, Beginn der Blüte
20. Mai. Erle, Beginn der Blüte
22. Mai. Vergißmeinnicht, Beginn der Blüte
2. Juni. Weißdorn, Beginn der Blüte

Klein-Niendorf, Kr. Segeberg, 1922
(Beob. Dir. Dr. Hinrichs)
etwa 20 m über N. N., frei, eben, Sonne

April. Hasel, Beginn der Blüte
Mai. Birke, Beginn der Laubentfaltung
Akazie, Beginn der Laubentfaltung
15. Mai. Kiefer, Beginn der Laubentfaltung
Fichte, Beginn der Laubentfaltung
Flieder, Beginn der Laubentfaltung
16. Mai. Hasel, Beginn der Laubentfaltung
20. Mai. Weißdorn, Beginn der Blüte
Birke, Beginn der Laubentfaltung
30. Mai. Besenginster, Beginn der Blüte
15. Juli. Akazie, Beginn der Blüte
September. Fliegenpilz
Weißdorn, Beginn der Fruchtreife
Oktober. Birke, Beginn der Laubverfärbung

Padenstedt bei Neumünster, 1922
(Beob. A. Nickel)
16—18 m über N. N.

März. Erle, Beginn der Blüte
April/Mai. Löwenzahn, Beginn der Blüte

April. Wiesenschaumkraut, Beginn der
  Blüte
Mai/Juni. Wucherblume, Beginn der
  Blüte
  Braunelle, Beginn der Blüte
Mai. Hederich, Beginn der Spritzzeit
Juni. Weißdorn, Beginn der Blüte
  Champignon
Juli/August. Bovist
  Ackerdistel, Beginn der Blüte
Juli. Ackerwinde, Beginn der Blüte
August/September. Weißdorn, Beginn
  der Fruchtreife
August. Weiderich, Beginn der Blüte
Ende August. Beginn der Weinernte
September. Ackerdistel, Beginn der
  Fruchtreife.

Bad Oldesloe, 1922
(Beob. Landw. Schule)

 5. Mai. Schneeschimmel an Roggen
13. Mai. Schlehe, Beginn der Blüte
23. Mai. Quitte, Beginn der Blüte
25. Mai. Weißdorn, Beginn der Blüte
15. Juni. Schorf an Apfel
  Holunder, Beginn der Blüte
22. Juni. Wolfsmilchrost
28. Juni. Schwarze Blattlaus an Rübe
10. Juli. Windhalm, 1. Blüte
  Runkelfliege
 2. August. Polsterschimmel an Pflaume
10. August. Polsterschimmel an Apfelfrucht
25. August. Erbsenrost
 3. September. Holunder, Beginn der
  Fruchtreife
22. September. Schlehe, Beginn der
  Fruchtreife

Elmshorn, 1922
(Beob. Landw. Schule)

 2. Juni. Roggenstengelbrand, 1. Auftr.
25. Juni. Gerstenhartbrand, 1. Auftr.

Hamburg, 1922
(Beob. Theil)
Hamburger Marschgebiet, Vierlande

16. Februar. Feldlerche, Ankunft
21. März. Singdrossel, Ankunft
 5. April. Hausrotschwanz, Ankunft
26. April. Hausschwalbe, Ankunft
28. April. Segler, Ankunft
30. April. Rauchschwalbe, Ankunft
 3. Mai. Nachtigall, Ankunft
 4. Mai. Kuckuck, Ankunft

Lockstedt bei Hamburg, 1922
(Beob. Berendes)
8 m über N. N.

März. Hasel, Beginn der Blüte
  Pappel, Beginn der Blüte
  Forsythia, Beginn der Blüte
April/Mai. Birke, Beginn der Laub-
  entfaltung
Mai. Kiefer, Beginn des Austriebes
  Fichte, Beginn des Austriebes
  Akazie, Beginn der Laubentfaltung
Juni. Weißdorn, Beginn der Blüte
  Stachelbeerspanner
  Brennfleckenkrankheit an Erbse
  Akazie, Beginn der Blüte
Juli. Weizensteinbrand
August. Fritfliege an Hafer
September. Weißdorn, Beginn der
  Fruchtreife
Oktober. Schlehe, Beginn der Fruchtreife

Riesengebirge, 1922
(Beob. Werth)

Blüten von Viola saxatilis (620 m)
21. August. Bombus lapidarius an den
22. August. B. terrestris, B. hortorum
  an den Blüten von Impatiens noli
  tangere (620 m)
27. August. Honigbienen und Muszide
  an den Blüten von Polygonum
Bistorta (620 m)

28. August (am kleinen Teich). Aconitum Nappellus, blühend
Veratrum album, Blütenende
Anemone (Pulsatilla) alpina, blühend
Sweertia perennis, blühend
30. August (620 m). Parnassia palustris, blühend
Prenanthes pupurea blühend,
Carlina acaulis, blühend
31. August. Gentiana asclepiadea, blühend (am kleinen Teich)
3. September (bei Schreiberhau). Bombus lapidarius und Lucilia Cæsar an den Blüten von Polygonum Bistorta
Mimulus luteus, blühend

Coswig i. Sachsen, 1922

2. Mai. Birne, Beginn der Blüte
Kuckuck, Ankunft
3. Mai. Süßkirsche, Beginn der Blüte
4. Mai. Sauerkirsche, Beginn der Blüte
9. Mai. Johannisbeere, Weiße Holländer, Beginn der Blüte
11. Mai. Wein, Beginn der Laubentfaltung
13. Mai. Johannisbeere, Rote Holländer, Beginn der Blüte
14. Mai. Schwarze Blattlaus an Johannisbeere
21. Mai. Akazie, Beginn der Laubentfaltung
22. Mai. Erdbeere, Beginn der Blüte
24. Mai. Fledermaus zuerst gesehen
1. Juni. Akazie, 1. Blüte
5. bis 20. August. Nonnenflug

Zwickau, 1922
(Beob. Dr. Distel, Oberstudienrat)

1. Juli. Flugbrand, 1. Auftreten an Hafer
12. Juli. Rost, 1. Auftreten an Roggen

Meißen i. Sachsen, 1922
(Beob. Engler)

19. März. Ringeltaube, Ankunft
21. März. Hausrotschwanz, Ankunft
14. April. Hausschwalbe, Ankunft
Wendehals, Ankunft
Laubfrosch zuerst gesehen
1. Mai. Mauersegler, Ankunft

Meißen i. Sachsen, 1922
(Beob. verschiedener Vereine)

21. Februar. Star, Ankunft
Lerche, Ankunft
26. Februar. Schneeglöckchen, 1. Blüte
28. Februar. Leberblümchen, 1. Blüte
2. März. Kirschkernbeißer, Ankunft
11. März. Wendehals, Ankunft
29. März. Rotschwanz, Ankunft
7. April. Schwalbe, Ankunft
11. April. Gartengrasmücke, Ankunft
23. April. Zaungrasmücke, Ankunft
Girlitz, Ankunft
Ringeltaube, Ankunft
26. April. Mauersegler, Ankunft
5. Mai. Fliegenschnäpper, Ankunft
7. Mai. Kuckuck, Ankunft
8. Mai. Gartenspötter, Ankunft
9. Mai. Pirol, Ankunft

Oetzsch bei Leipzig, 1922
(Beob. F. Ziegler)

22. Februar. Sahlweide, Knospen brechen auf
3. März. Haselnuß, 1. Blüte
13. April. Aprikose, 1. Blüte
2. Mai. Pfirsich, 1. Blüte
4. Mai. Pflaume, 1. Blüte

Calbe a. d. Saale, 1922

Juni. Blattfleckenkrankheit an Erdbeeren
2. Juli. Berberitzenrost
5. Juli. Rauhhaarige Wicke in Frucht

10. Juli. Viersamige Wicke in Frucht
August. Polsterschimmel an Apfelfrucht
Ende August. Polsterschimmel an Birnen-
frucht

Delitzsch, Prov. Sachsen, 1922
(Beob. Dir. M. Schöne)

27. April. Süßkirsche, 1. Blüte
 6. Mai. Apfel, 1. Blüte
Birne, 1. Blüte
20. Mai. Kleeseide
22. Juni. Roggenstengelbrand

Weißenfels, 1922
(Beob. K. Beuthan)

18. September. Liguster, Beginn der
Fruchtreife

Naumburg a. d. S., 1922
(Beob. A. Weise)

26. Februar. Misteldrossel, Ankunft
 2. April. Baumpieper, Ankunft
 4. April. Hausrotschwanz, Ankunft
14. April. Feldlerche, Ankunft
15. April. Forsythia, Beginn der Blüte
17. April. Hase, 1 Junge
22. April. Buchfink, Ankunft
26. April. Hausschwalbe, Ankunft
 3. Mai. Kuckuck, Ankunft
 5. Mai. Gartenspötter, Ankunft
 6. Mai. Nachtigall, Ankunft
 7. Mai. Rauchschwalbe, Ankunft
12. Mai. Fichte, Beginn des Austriebes
Kiefer, Beginn des Austriebes
20. Mai. Akazie, Beginn der Laubentfaltung
 2. Juni. Schwalbe, 1. Junge
 4. Juni. Reh, 1. Junge
20. Juni. Akazie, Beginn der Blüte
19. September. Birke, Beginn der Laubentfaltung

Altenburg a. d. S., 1922
(Beob. Eltner)
Saalewiese zwischen Roßbach und Altenburg

 6. März. Erle, Beginn der Blüte
18. April. Wiesenschaumkraut, Beginn
der Blüte
23. April. Löwenzahn, Beginn d. Blüte
 7. Mai. Vergißmeinnicht, Beginn der
Blüte
26. Mai. Wucherblume, Beginn d. Blüte
 2. Juni. Kuckucksspeichel
23. Juni. Bovist
 3. Juli. Weiderich, Beginn der Blüte

Altenburg a. d. S., 1922
(Beob. A. Friedrich, Mittelschüler)
Alenrich, Nebengarten in Altenburg an der Saale

 6. April. Pfirsich, Beginn der Blüte
24. April. Scharbockskraut, Beginn der
Blüte
 1. Mai. Zwetsche, Beginn der Blüte
 6. Mai. Apfel, Beginn der Blüte
12. Mai. Walnuß, Beginn der Blüte
13. Mai. Quitte, Beginn der Blüte
15. Mai. Mispel, Beginn der Blüte
18. Mai. Weißdorn, Beginn der Blüte
 9. Juli. Pflaumenmade
26. Juli. Apfelobstmade
 6. September. Weißdorn, Beginn der
Fruchtreife
 8. September. Zwetsche, Beginn der
Fruchtreife
 2. Oktober. Quitte, Beginn der Fruchtreife
 5. November. Mispel, Beginn der Fruchtreife

Weimar und Umgegend, 1922
(Beob. Werth)

14. April. Blühend: Gartenkrokus, Ane-
mone hepatica, Daphne mecereum,
Galantus nivalis, Helleborus spec.,
Anemone ranunculoides, nemorosa

Honigbiene an den Blüten von Gartenkrokus, Anemone hepatica, Kornelkirsche, Scilla sibirica, Forsythia
suspensa, Salix Caprea, Ulmus campestris
Bombus agrorum an den Blüten von
Daphne mecereum

15. April. Tagpfauenauge und kleiner
Fuchs
Lacerta agilis
Sommerroggen wird gesät
Viola odorata, blühend, Honigbiene
und Bombus agrorum an den Blüten
Huflattich, blühend, Honigbiene, kl.
Fuchs, Schwebfliege und Muscide
an den Blüten
Primula acaulis, Vollblüte, Bombus
agrorum an den Blüten
1. Rauchschwalbe
Bufo cinerea, graue Kröte
Rana esculenta

16. April. Acer platanoides, Blütenbeginn
blühend: Gagea lutea
Anemone nemorosa, A. ranunculoides, A. hepatica, Cornus mas, Viola
(hirta?), Pulmonaria officin.
Bellis perennis, Corydalis cava

Triptis bei Jena, 1922
(Beob. Dr. Kinzel)

10. September. Rapserdfloh an Winte-
rung
Birnengitterrost
26. September. Lupine, Aussaat

Hildburghausen, 1922
(Beob. Landw. Schule)

18. Mai. Pflaumensägewespe
Anfang Juli. Gelbe Halmfliege, Fraß am
Roggenschaft
10. Juli. Weißrippigkeit an Hafer

Natho, Kr. Zerbst, 1922
(Beob. Ohlmann, Amtmann)

März. Buchfink, Ankunft
3. März. Weiße Bachstelze, Ankunft
15. März. Junge Hasen zuerst gesehen
16. März. Hausrotschwanz, Ankunft
19. März. Goldstern (Gagea), Beginn
der Blüte
24. März. Gartenrotschwanz, Ankunft
Nachtigall, Ankunft
15. April. Wiesenschaumkraut, Beginn
der Blüte
26. April. Scharbockskraut, Beginn der
Blüte
28. April. Stachelbeere, Beginn b. Blüte
Mai. Forsythia, Beginn der Blüte
1. Mai. Winterrübe, Beginn der Blüte
2. Mai. Kuckuck, Ankunft
5. Mai. Große Pflaume, Beginn b. Blüte
6. Mai. Birne, Beginn der Blüte
7. Mai. Pirol, Ankunft
8. Mai. Wiedehopf, Ankunft
9. Mai. Blaue Pflaume, Beginn b. Blüte
12. Mai. Wachtel, 1. Ruf
15. Mai. Ziegenmelker, Ankunft
Fichte, Beginn des Nadelaustriebes
Erdbeere, Beginn der Blüte
Kiefer, Beginn des Nadelaustriebes
19. Mai. Tulpe, Beginn der Blüte
20. Mai. Rotrückiger Würger, Ankunft
20. Mai. Wucherblume, Beginn der Blüte
25. Mai. Quitte, Beginn der Blüte
Walnuß, Beginn der Blüte
26. Mai. Mispel, Beginn der Blüte
Weißdorn, Beginn der Blüte
Ende Mai. Bovist
Akazie, Beginn der Laubentfaltung
Schaumzikade, 1. Auftreten (an Erdbeeren)
Anfang Juni. Junge Stare
4. Juni. Blutroter Hartriegel
7. Juni. Akazie, Beginn der Blüte
9. Juni. Lupine, Beginn der Blüte

10. Juni. Rotklee, Beginn der Blüte
11. Juni. Ackerdistel, Beginn der Blüte
Ackerwinde, Beginn der Blüte
12. Juni. Champignon
Mitte Juni. Erste Schwalben flogen aus
16. Juni. Mauerpfeffer, Beginn der Blüte
17. Juni. Vergißmeinnicht, Beginn der Blüte
18. Juni. Junge Rehe zuerst gesehen (etwa 8 Tage alt)
23. Juni. Weinrebe, Beginn der Blüte
28. Juni. Pfifferling
Ende Juni. Wegwarte, Beginn d. Blüte
Anfang Juli. Apfelobstmade (wurmstichiges Obst)
Winterraps, Beginn der Blüte und Fruchtreife
Wilder Hopfen, Beginn der Blüte
Heidelbeere, Beginn der Fruchtreife
4. Juli. Stinkmorchel (besonders häufig)
5. Juli. Fliegenpilz
7. Juli. Weiderich, Beginn der Blüte
10. Juli. Wintergerste, Beginn der Ernte
13. Juli. Heidekraut, Beginn der Blüte
Mitte Juli. Kartoffelbovist
Kiefernspanner, 1. Falter
Anfang August. Ackerdistel, Beginn der Fruchtreife
Ende August. Weißdorn, Beginn der Fruchtreife
15. September. Weinrebe, Beginn der Fruchtreife
Ende September. Birke, Beginn der Laubentfaltung
Im Winter sind fast sämtliche Frösche in den durch die vorjährige Trockenheit fast leeren Weihern umgekommen

Zerbst, Anh., 1922
(Beob. W. Gorgaß)

17. August. Heide, Beginn der Blüte
15. Oktober. Buche, Beginn der Laubverfärbung

Zerbst, Anh., 1922
(Beob. Oppermann)

15. Juni. Schwarze Blattlaus, 1. Auftreten an Saubohne

Wörpen, Kr. Zerbst, 1922
(Beob. Zimmermann, Lehrer)

8.—15. Mai. Obstbäume blühen
Mitte Mai. Beginn der Laubentfaltung
Ende Mai. Mispel, Beginn der Blüte
Anfang Juni. Luzerne, Beginn des Schnittes
4. Juni. Akazie, Beginn der Blüte
11. Juni. Rotklee, Beginn der Blüte
Heu, Beginn der Ernte
17. Juni. Weinrebe, Beginn der Blüte
18. August. Runde Pflaume, Beginn der Fruchtreife
8.—20. September. Birke, Beginn der Laubverfärbung
10. September. Weinrebe, Beginn der Fruchtreife

Coethen, 1922
(Beob. M. Windt, Mittelschullehrer)

Ende Juni. Heidelbeere, Beginn der Fruchtreife
Anfang Juli. Weiderich, Beginn der Blüte
3. Juli. Champignon
6. Juli. Wintergerste, Beginn der Ernte
9. Juli. Zichorie, Beginn der Blüte

Wörlitz, Kr. Dessau, 1922
(Beob. Herre, Hofgärtner)

8. April. Rauchschwalbe, Ankunft
16. April. Nachtigall, Ankunft
10. Mai. Roßkastanie, Beginn der Blüte
1. Juli. Winterraps, Beginn der Blüte und Fruchtreife
10. August. Winterweizen, Beginn der Fruchtreife

Hohenexleben, Kr. Bernburg, 1922
(Beob. O. Sommer, Administrator)

7. März. Junge Hasen

9.—12. April. Gewaltiger Vogelzug, Buchfinken und Bergfinken in Massen

13. April. Rauchschwalbe, Ankunft

15. April. Nachtigall, Ankunft
Rapsglanzkäfer, 1. Auftreten

22. April. Forsythia, Beginn der Blüte

24. April. Ahorn, Beginn der Blüte

30. April. Scharbockskraut, Beginn der Blüte
Löwenzahn, Beginn der Blüte

1. Mai. Wiedehopf, Ankunft
Wendehals, Ankunft
Wiesenschmätzer, Ankunft

2. Mai. Segler, Ankunft

3. Mai. Kuckuck, Ankunft
Baumpieper, Ankunft

5. Mai. Stachelbeere, Beginn der Blüte

7. Mai. Pfirsich, Beginn der Blüte
Tulpe, Beginn der Blüte
Arabis, Beginn der Blüte

8. Mai. Birne, Beginn der Blüte
Mahonie, Beginn der Blüte

14. Mai. Eiche, Beginn der Laubentfaltung
Esche, Beginn der Blüte

15. Mai. Pflaume, Beginn der Blüte
Pirol, Ankunft

17. Mai. Wiesenschaumkraut, Beginn der Blüte
Stinkmorchel

21. Mai. Eiche, Beginn der Blüte
Walnuß, Beginn der Blüte
Maiglöckchen, Beginn der Blüte
Berberitze, Beginn der Blüte
Geisblatt, Beginn der Blüte

28. Mai. Gelbklee, Beginn der Blüte
Akazie, Beginn der Blüte
Taubnessel, Beginn der Blüte
Puffbohne, Beginn der Blüte

Bernburg a. d. S., 1922
(Beob. Dr. Becker)

2. März. Haselnuß, Beginn der Blüte

13. März. Ulme, Beginn der Laubentfaltung

14. März. Krokus, Beginn der Blüte
Chinodoxa, Beginn der Blüte
Schöllkraut, Beginn der Laubentfaltung

10. April. Corydalis, Beginn der Blüte

17. April. Forsythia, Beginn der Blüte

19. April. Prunus Pissardi, Beginn der Blüte

23. April. Anemone ranunculoides, Beginn der Blüte
Ficaria verna, Beginn der Blüte
Glechoma hederacea, Beginn b. Blüte
Veronica hederifolia, Beginn b. Blüte
Viola tricolor, Beginn der Blüte
Birke, Beginn der Laubentfaltung
Lärche, Beginn der Laubentfaltung
Goldstern (Gagea), Beginn der Blüte

7. Mai. Birne, Beginn der Blüte
Kuckuck, Ankunft

11. Mai. Eiche, Beginn der Blüte
Birke, Beginn der Blüte

Wiendorf bei Gerlebogk, 1922
(Beob. G. Debitsch, Landwirt)

5. April. Huflattich, Beginn der Blüte

14. April. Rauchschwalbe, Ankunft

16. April. Johannisbeere, Beginn der Blüte

Ende April. Aprikose, Beginn der Blüte

Mai. Flieder, Beginn der Blüte

3. Juni. Vergißmeinnicht, Beginn der Blüte
Wucherblume, Beginn der Blüte

4. Juni. Holunder, Beginn der Blüte

5. Juni. Rotklee, Beginn der Blüte

8. Juni. Akazie, Beginn der Blüte

10. Juni. Ackerwinde, Beginn der Blüte

20.—25. Juni.   Weinrebe, Beginn der
Blüte
25.—30. Juni. Linde, Beginn der Blüte
Ende Juni. Ackerdistel, Beginn der Blüte
Mitte Juli. Wegwarte, Beginn der Blüte
15.—20. Juli. Wintergerste, Beginn der
Ernte
25. Juli. Winterroggen, Beginn d. Ernte
Gerste, Beginn der Ernte
30. Juli. Hafer, Beginn der Ernte
Die im April wegen des schlechten
Wetters ausgebliebenen Zugvögel
stellten sich im Mai ein.

Storkau, Kr. Dessau, 1922
(Beob. B. Burghausen, Gutsbesitzer)

11. April. Hausschwalbe, Ankunft
Anfang Mai. Goldregen, Beginn d. Blüte
10. Mai. Flieder, Beginn der Blüte
20. Mai. Akazie, Beginn der Laubent-
faltung
Ende Mai. Wucherblume, Beginn der
Blüte
Anfang Juni. Rotklee, Beginn der Blüte
Mitte Juni. Distel, Beginn der Blüte
Ende Juni. Weinrebe, Beginn der Blüte

Ziebigk, Kr. Dessau, 1922
(Beob. N. Staritz, Lehrer)

10. April. Löwenzahn, Beginn der Blüte
15. April. Nachtigall, Ankunft
16. April. Stachelbeere, Beginn d. Blüte
18. April. Forsythia, Beginn der Blüte
19. April. Kuckuck, Ankunft
22. April. Buchfink, Ankunft
24. April. Scharbockskraut, Beginn der
Blüte
26. April. Hausrotschwanz, Ankunft
30. April. Vergißmeinnicht, Beginn der
Blüte
30. Mai. Mauerpfeffer, Beginn d. Blüte
Ende Mai. Akazie, Beginn der Blüte

10. Juni. Ackerwinde, Beginn der Blüte
Weiderich, Beginn der Blüte
21. Juni. Pfifferling
22. Juni. Champignon
Ende Juni. Weinrebe, Beginn der Blüte
2. Juli. Wegwarte, Beginn der Blüte
20. Juli. Stinkmorchel
28. Juli. Fliegenpilz

Reinstedt, Kr. Ballenstedt, 1922
(Beob. Diedrichs, Amtsrat und Rittergutsbesitzer)

2. April. Löwenzahn, Beginn der Blüte
3. April. Junge Hasen
8. April. Forsythia, Beginn der Blüte
14. April. Pfirsich, Beginn der Blüte
Hausrotschwanz, Ankunft
18. April. Buchfink, Ankunft
Hausschwalbe, Ankunft
4. Mai. Birke, Beginn der Laubentfaltung
5. Mai. Vergißmeinnicht, Beginn der
Blüte
10. Mai. Fichte, Beginn des Austriebes
12. Mai. Erdbeere, Beginn der Blüte
Kiefer, Beginn des Austriebs
22. Mai. Akazie, Beginn der Laubentfaltung
Walnuß, Beginn der Blüte
24. Mai. Roter Hartriegel, Beginn der
Blüte
Weißdorn, Beginn der Blüte
25. Mai. Quitte, Beginn der Blüte
2. Juni. Ackerwinde, Beginn der Blüte
10. Juni. Löwenzahn, Beginn der Fruchtreife
12. Juni. Weinrebe, Beginn der Blüte
24. Juni. Distel, Beginn der Blüte
30. Juni. Rotklee, Beginn der Blüte
Ende Juni. Monilia, Zweigdürre an
Kirschen
Anfang Juli. Pfifferling
Fliegenpilz
Wein-Mehltau, 1. Auftreten

Mitte Juli. Heidelbeere, Beginn der Fruchtreife
Ende Juli. Winterraps, Beginn der Fruchtreife
Champignon
2. September. Roßkastanie, Beginn der Laubverfärbung
4. September. Birke, Beginn der Laubverfärbung
15. September. Weinrebe, Beginn der Fruchtreife

Opperode, Kr. Ballenstedt, 1922
(Beob. J. Wieland, Lehrer)

21. Juni. Wintergerste, Beginn der Ernte
28. Juni. Heidelbeere, Beginn der Ernte
Ende Juni. Johannisbeere, Beginn der Fruchtreife
4. Juli. Champignon
25. August. Holunder, Beginn der Fruchtreife
Pflaume, Beginn der Fruchtreife
24. September. Weinrebe, Beginn der Fruchtreife

Güntersberge, K. Ballenstedt, 1922
(Beob. K. Bürkner, Lehrer)

18. April. Hausrotschwanz, Ankunft
20. April. Nachtigall, Ankunft
23. April. Hausschwalbe, Ankunft
25. April. Rauchschwalbe, Ankunft
27. April. Scharbockskraut, Beginn der Blüte
29. April. Buchfink, Ankunft
2. Mai. Löwenzahn, Beginn der Blüte
Anfang Mai. Birke, Beginn der Laubentfaltung
11. Mai. Forsythia, Beginn der Blüte
13. Mai. Birne, Beginn der Blüte
Pflaume, Beginn der Blüte
19. Mai. Vergißmeinnicht, Beginn der Blüte
26. Mai. Junge Hasen

16. Juni. Champignon
25. Juni. Heidelbeere, Beginn der Fruchtreife
Ende Juni. Stinkmorchel
2. Juli. Weiderich, Beginn der Blüte
Ende Juli. Fliegenpilz
28. August. Pflaume, Beginn der Fruchtreife

Ahlerstedt, Kr. Stade, 1922
(Beob. Wegewitz, Lehrer)
30 m über NN

15. März. Erle, Beginn der Blüte
30. April. Birke, Beginn der Laubentfaltung
6. Mai. Kuckuck, Ankunft
23. Mai. Walnuß, Beginn der Blüte
25. Mai. Weißdorn, Beginn der Blüte

Stotel, Hannover, 1922

25. Mai. Hederich, Spritztermin
Anfang Juni. Gelbe Halmfliege, 1. Auftreten an Roggen
Mitte Juni. Rapsglanzkäfer an Kohlrübe

Bederkesa, Hannover, 1922
(Beob. A. Scheidtmann)

7. Mai. Wasserfrosch zuerst gesehen

Lüneburg, Hannover, 1922

Anfang Juli. Schwarzbeinigkeit, 1. Auftreten an Kartoffeln
13. Juli. Flugbrand, 1. Auftreten an Weizen
26. Juli. Stachelbeerwespe, 1. erwachsene Larven

Weener, Hannover, 1922

Juli. Erbsenrost, 1. Auftreten
Rost, 1. Auftreten an Ackerbohne
Mehltau, 1. Auftreten an Apfel
Kräuselkrankheit an Pfirsich

Göttingen, Hannover, 1922
(Beob. Verein Naturf. Freunde)

1. Juni. Spitzahorn, 1. Johannistriebe

Celle, Westercelle, 1922
(Beob. Th. von Arnoldi)

12. April. Forsythia, Beginn der Blüte
25. April. Proskauer Pfirsich, Beginn der Blüte
10. Mai. Zwetsche, Beginn der Blüte
18. Mai. Quitte, Beginn der Blüte
Apfelobstmade
19. Mai. Walnuß, Beginn der Blüte
10. September. Proskauer Pfirsich, Beginn der Fruchtreife
Ende Oktober. Quitte, Beginn der Fruchtreife

Brakel i. W., 1922
(Beob. Landw. Schule)

Februar. Hasel, Beginn der Blüte
März. Pappel, Beginn der Blüte
Anfang März. Scharbockskraut, Beginn der Blüte
Goldammer, Ankunft
Mitte März. Erle, Beginn der Blüte
Ende März. Wiesenschaumkraut, Beginn der Blüte
Löwenzahn, Beginn der Blüte
April. Birke, Beginn der Laubentfaltung
Anfang April. Baumpieper, Ankunft
Ende April. Hausschwalbe, Ankunft
Rauchschwalbe, Ankunft
Akazie, Beginn der Blüte
Mai. Forsythia, Beginn der Blüte
Rebhuhn, 1. Junge
Anfang Mai. Weißdorn, Beginn d. Blüte
Akazie, Beginn der Blüte
Segler, Ankunft
Mitte Mai. Gartenspötter, Ankunft
Walderdbeere, Beginn der Blüte

Birke, Beginn der Blüte
Fichte, Austrieb
15. Mai. Kiefer, Austrieb
17. Mai. Kuckuck, Ankunft
Ende Mai. Kartoffel, Beginn der Blüte
Wintergerste, Beginn der Blüte
Quitte, Beginn der Blüte
Anfang Juni. Braunelle, Beginn der Blüte
Schwalbe, 1. Junge
3. Juni. Wucherblume, Beginn d. Blüte
4. Juni. Ackerwinde, Beginn der Blüte
6. Juni. Winterroggen, Beginn d. Blüte
7. Juni. Bovist
3. Juli. Mehltau an Weizen

Erndtebrück i. Westf., 1922

Juni. Windhalm in Blüte
Roggenstengelbrand
Stachelbeerrost auf Riedgräsern

Weidenau, 1922
(Beob. Patzeld)

12. April. Holunder, Beginn der Laubentfaltung
16. April. Forsythia, Beginn der Blüte
30. April. Goldregen, Beginn der Blüte
7. Mai. Birke, Beginn der Laubentfaltung
10. Mai. Fichte, Austrieb
14. Mai. Pappel, Beginn der Laubentfaltung
15. Mai. Kiefer, Austrieb
18. Mai. Hasel, Beginn der Laubentfaltung
28. Mai. Akazie, Beginn der Laubentfaltung
17. Juni. Goldregen, Beginn der Blüte
5. September. Goldregen, Beginn der Laubverfärbung
14. September. Hasel, Beginn der Laubverfärbung

15. September. Goldregen, Beginn der
    Fruchtreife
20. September. Birke, Beginn der Laub=
    verfärbung
25. September. Pappel, Beginn der
    Laubverfärbung
10. Oktober. Hasel, Beginn der Frucht=
    reife
15. Oktober. Akazie, Beginn der Frucht=
    reife

Siegen, 1922
(Beob. Landw. Schule)

26. März. Erle, Beginn der Blüte
15. April. Scharbockskraut, Beginn der
    Blüte
 2. Mai. Wiesenschaumkraut, Beginn der
    Blüte
 6. Mai. Löwenzahn, Beginn der Blüte
16. Mai. Vergißmeinnicht, Beginn der
    Blüte
23. Mai. Quitte, Beginn der Blüte
24. Mai. Weißdorn, Beginn der Blüte
    Walderdbeere, Beginn der Blüte
26. Mai. Walnuß, Beginn der Blüte
31. Mai. Mispel, Beginn der Blüte
 4. Juni. Wucherblume, Beginn der
    Blüte
12. Juni. Kuckucksspeichel
17. Juni. Hederich, Beginn der Spritzzeit
19. Juni. Braunelle, Beginn der Blüte
12. Juli. Ackerdistel, Beginn der Blüte
15. Juli. Bovist
16. Juli. Ackerwinde, Beginn der Blüte
18. Juli. Champignon
24. Juli. Weiderich, Beginn der Blüte
25. Juli. Wegwarte, Beginn der Blüte
12. September. Weißdorn, Beginn der
    Fruchtreife
 2. Oktober. Schlehe, Beginn der Frucht=
    reife
    Quitte, Beginn der Fruchtreife
 8. Oktober. Mispel, Beginn der Frucht=
    reife

Münster i. Westf., 1922
(Beob. G. Krevert)

20. Februar. Erle, Beginn der Blüte
23. Februar. Buchfink, Ankunft
24. Februar. Hasel, Beginn der Blüte
12. März. Feldlerche, Ankunft
    Goldammer, Ankunft
22. März. Baumpieper, Ankunft
28. März. Forsythia, Beginn der Blüte
 6. April. Scharbockskraut, Beginn der
    Blüte
 8. April. Hausrotschwanz, Ankunft
12. April. Rauchschwalbe, Ankunft
15. April. Nachtigall, Ankunft
16. April. Pfirsich, Beginn der Blüte
17. April. Kuckuck, Ankunft
    Segler, Ankunft
18. April. Hausschwalbe, Ankunft
23. April. Zwetsche, Beginn der Blüte
    Hase, 1. Junge
 1. Mai. Löwenzahn, Beginn der Blüte
    Weide, Beginn der Blüte
    Birke, Beginn der Laubentfaltung
    Girlitz, Ankunft
 7. Mai. Walderdbeere, Beginn der Blüte
    Kiefer, Austrieb
    Akazie, Beginn der Blüte
12. Mai. Fichte, Austrieb
16. Mai. Vergißmeinnicht, Beginn der
    Blüte
18. Mai. Weißdorn, Beginn der Blüte
21. Mai. Besenginster, Beginn der Blüte
24. Mai. Goldregen, Beginn der Blüte
30. Mai. Wucherblume, Beginn der Blüte
 1. Juni. Wintergerste, Beginn der Blüte
 2. Juni. Ackerwinde, Beginn der Blüte
 3. Juni. Rotklee, Beginn der Blüte
 4. Juni. Kuckucksspeichel
 5. Juni. Akazie, Beginn der Blüte
18. Juni. Ackerdistel, Beginn der Blüte
23. Juli. Wegwarte, Beginn der Blüte
25. Juli. Wintergerste, Beginn der
    Fruchtreife

4. August. Hopfen, Beginn der Blüte

13. August. Weißdorn, Beginn der Fruchtreife

18. August. Weiderich, Beginn der Blüte

28. August. Zwetsche, Beginn der Fruchtreife

1. September. Holunder, Beginn der Fruchtreife

2. Oktober. Birke, Beginn der Laubverfärbung

15. Oktober. Schlehe, Beginn der Fruchtreife

Sprakel, 1922
(Beob. Dr. Kotthoff)
49—50 m

16. März. Huflattich, Beginn der Blüte

8. April. Kuckuck, Ankunft

27. Mai. Besenginster, Beginn der Blüte

19. Juni. Ackerdistel, Beginn der Blüte

20. Juni. Vergißmeinnicht, Beginn der Blüte

4. Juli. Champignon

12. Juli. Gelbe Halmfliege auf Weizen

Velen bei Borken i. Westf., 1922
(Beob. Hölscher, Landw. Lehrer)
50—70 m über N. N.

März/April. Erle, Beginn der Blüte

1. März. Misteldrossel, Ankunft
Feldlerche, Ankunft

20. März. Buchfink, Ankunft

April/Mai. Birke, Beginn der Laubentfaltung

Anfang April. Hasel, Beginn der Blüte
Pappel, Beginn der Blüte
Fichte, Beginn des Austriebes
Kiefer, Beginn des Austriebes
Pfirsich, Beginn der Blüte

15. April. Hausrotschwanz, Ankunft
Scharbockskraut, Beginn der Blüte

Mitte April. Zwetsche, Beginn der Blüte
Singdrossel, Ankunft

Ende April. Rapsglanzkäfer

Mai. Rauchschwalbe, Ankunft
Hausschwalbe, Ankunft
Löwenzahn, Beginn der Blüte
Kuckucksspeichel

Mai/Juni. Weißdorn, Beginn der Blüte

Anfang Mai. Weißdorn, Beginn der Blüte

Juni/Juli. Vergißmeinnicht, Beginn der Blüte
Braunelle, Beginn der Blüte
Weiderich, Beginn der Blüte
Besenginster, Beginn der Blüte
Ackerwinde, Beginn der Blüte

Juni/August. Pfifferling

Anfang Juli. Rübenfliege, 1. Blattminen auf Rüben
Wucherblume, Beginn der Blüte
Mispel, Beginn der Blüte

Ende Juni. Rotklee, Beginn der Blüte
Ackerdistel, Beginn der Blüte

Juli/August. Champignon
Apfelobstmade

Lindlar, Rheinprov., 1922

Anfang Mai. Fritfliege, 1. Auftreten an Gerste

12. Mai. Stachelbeerspanner, 1. Falter

10. Juni. Kräuselkrankheit an Pfirsich

28. Juni. Erbsenrost, 1. Auftreten

30. Juni. Kleeteufel, 1. Auftreten

10. Juli. Erdraupen an Kartoffeln

7. August. Monilia, Polsterschimmel an Pflaume
Taschenkrankheit an Pflaume

Ratingen, Rheinprov., 1922
(Beob. Dir. Werbe)

April. Fritfliege an Weizen, 1. Auftreten

Mitte April. Birne, Pastoren-, 1. Blüte
Kirsche, 1. Blüte

Ende April. Apfel, Schöner von Boskop,
1. Blüte
Anfang Mai. Hederich, Spritztermin
Anfang Juli. Drahtwurm, 1. Auftreten

Burbach bei Köln, Rheinprov., 1922
(Beob. Umbach, staatlicher Forstgehilfe)

26. April. Scharbockskraut, 1. Blüte
Lerchensporn, 1. Blüte
Lungenkraut, 1. Blüte
1. Mai. Wiesenschaumkraut, 1. Blüte
Hainbuche, 1. Blüte
Wasserschachtelhalm, 1. Blüte
7. Mai. Gundermann, 1. Blüte
Kriechender Günsel, 1. Blüte
19. Mai. Rote Lichtnelke, 1. Blüte
Knoblauchhederich, 1. Blüte
Esche, Beginn der Laubentfaltung
20. Mai. Akazie, 1. Blüte
Fichte, 1. Blüte
22. Mai. Schneeball, 1. Blüte
Weißdorn, 1. Blüte
23. Mai. Kiefer, 1. Blüte
27. Mai. Mispel, 1. Blüte
Pfaffenhütchen, 1. Blüte
8. Juli. Sambucus racemosa, 1. Blüte

Trier, 1922
(Beob. Dr. H. Zillig)
138,2—148,5 m über N. N.

12. März. Feldlerche, Ankunft
15. März. Singdrossel, Ankunft
19. März. Hausrotschwanz, Ankunft
15. April. Scharbockskraut, Beginn der
Blüte
20. April. Löwenzahn, Beginn der Blüte
29. April. Wiesenschaumkraut, Beginn
der Blüte
6. Mai. Rebstichler
27. Mai. Gitterrost, auf Juniperus
Sabinae

10. Juni. Wein, Riesling, Beginn der
Blüte
12. Juni. Bekreuzter Heuwurm
25. Juni. Riesling, Ende der Blüte
15. August. Sauerwurm, 1. erwachsene
Raupen

Saarburg, Rheinprov., 1922

Ende Mai. Engerlinge an Frühkartoffeln
Ende Juli. Fritfliege, 1. Auftreten an
Weizen

Waldbröl, Rheinprov., 1922

Anfang Juli. Hederich, Spritztermin

Cassel, 1922
(Beob. Scheer)

1. März. Hasel, Beginn der Blüte
2. März. Erle, Beginn der Blüte
5. März. Hausrotschwanz, Ankunft
10. März. Goldammer, Ankunft
15. März. Buchfink, Ankunft
Misteldrossel, Ankunft
19. März. Feldlerche, Ankunft
20. März. Pappel, Beginn der Blüte
15. April. Scharbockskraut, Beginn der
Blüte
Getreideblumenfliege an Roggen
28. April. Hausschwalbe, Ankunft
1. Mai. Forsythia, Beginn der Blüte
Löwenzahn, Beginn der Blüte
Wiesenschaumkraut, Beginn der Blüte
4. Mai. Weißdorn, Beginn der Blüte
5. Mai. Walderdbeere, Beginn der
Fruchtreife
7. Mai. Rauchschwalbe, Ankunft
Segler, Ankunft
8. Mai. Birke, Beginn der Laubentfaltung
10. Mai. Vergißmeinnicht, Beginn der
Blüte
20. Mai. Walnuß, Beginn der Blüte

25. Mai. Quitte, Beginn der Blüte
Mispel, Beginn der Blüte

1. Juni. Besenginster, Beginn der Blüte

4. Juni. Akazie, Beginn der Blüte

10. Juni. Besenginster, Beginn der Blüte
Mauerpfeffer, Beginn der Blüte

24. Juni. Wucherblume, Beginn der Blüte

1. Juli. Champignon
Ackerwinde, Beginn der Blüte

5. Juli. Heidelbeere, Beginn der Fruchtreife
Stinkmorchel

10. Juli. Erdraupen an Kartoffel
Pfifferling
Pflaumensägewespe, Larve

20. August. Cornus sanguinea, Beginn
der Fruchtreife

Harleshausen, Bez. Cassel, 1922

April. Blaue Lupine, Aussaat

7. Mai. Fritfliege, 1. Auftreten an
Gerste

8. Mai. Erbsenrost

7. Juni. Weißrippigkeit an Hafer
Mehltau an Lupine

8. Juni. Roggenstengelbrand

20. Juni. Mehltau an Gerste

4. Juli. Mutterkorn an Roggen im
Honigtaustadium

Ende Juli. Mutterkorn, Sclerotium

Wolfhagen, Bez. Cassel, 1922
(Beob. Jeltsch, Landw. Schule)
(255 m über N. N.

Februar. Hasel, Beginn der Blüte

März. Pappel, Beginn der Blüte

April. Scharbockskraut, Beginn der Blüte
Birke, Beginn der Laubentfaltung

April. Birke, Beginn der Laubentfaltung

Juli. Fliegenpilz
Pfifferling

Oktober. Birke, Beginn der Laubverfärbung

Mengeringhausen i. Waldeck, 1922
(Beob. Dr. Schöne)

März/April. Rapsglanzkäfer
Erle, Beginn der Blüte
Weide, Beginn der Blüte

April. Löwenzahn, Beginn der Blüte
Winterraps, Beginn der Blüte
Hederich, Beginn der Spritzzeit

April/Mai. Löwenzahn, Beginn der
Blüte

Mai. Vergißmeinnicht, Beginn der Blüte

Mai/Juni. Wucherblume, Beginn der
Blüte
Kuckucksspeichel

Ende Mai. Wintergerste, Beginn der
Blüte

Anfang Juni. Beginn der Fruchtreife

Juni. Weißdorn, Beginn der Blüte
Rotklee, Beginn der Blüte
Rostpilze auf Getreide

Juni/Juli. Rübenfliege, 1. Blattminen
an Rüben

Juni/Juli/August. Champignon

Juli. Rostpilze auf Erbse

Juni/Juli. Flugbrand an Gerste

Juli. Flugbrand an Weizen und Hafer

Juli/August. Bovist
Champignon

August. Rostpilze auf Rübe

August/September. Rostpilze auf Ackerbohne

Oberzwehren bei Cassel, 1922
(Beob. Obstbauanstalt)
geschlossene Obstpflanzung, gegen Osten durch
Bahndamm geschützt, leichte Neigung nach Süden

10. Mai. Schlehe, Beginn der Blüte
Mispel, Beginn der Blüte

26. Mai. Quitte, Beginn der Blüte

30. Juli. Pflaumenmade

4. August. Apfelobstmade
26. September. Quitte, Beginn der Fruchtreife
18. Oktober. Herbstfrostspanner, 1. Falter

Melsungen, 1922

Anfang Mai. Fritfliege an Weizen

Hünfeld, 1922
(Beob. Hügel)

20. Februar. Feldlerche, Ankunft
25. Februar. Goldammer, Ankunft
24. März. Misteldrossel, Ankunft
25. März. Singdrossel, Ankunft
 6. April. Hausrotschwanz, Ankunft
21. April. Buchfink, Ankunft
25. April. Girlitz, Ankunft
28. April. Baumpieper, Ankunft
 3. Mai. Hausschwalbe, Ankunft
12. Mai. Kuckuck, Ankunft
16. Mai. Segler, Ankunft
17. Mai. Gartenspötter, Ankunft
20. Mai. Rauchschwalbe, Ankunft
28. Mai. Hase, 1. Junge
30. Mai. Weißlinge, 1. Falter
22. Juni. Rebhuhn, 1. Junge
25. Juni. Reh, 1. Junge
16. Juli. Schwalbe, 1. Junge

Fulda, 1922
(Beob. Tremmel, Direktor der Landw. Schule)
250 m über dem Meere

März. Hasel, Beginn der Blüte
Pappel, Beginn der Blüte
20. April. Scharbockskraut, Beginn der
Blüte
 8. Mai. Birke, Beginn der Laubentfaltung
20. Mai. Goldflieder (Forsythia), Beginn der Blüte
Walderdbeere, Beginn der Fruchtreife
24. Mai. Weißdorn, Beginn der Blüte

25. Mai. Akazie, Beginn der Laubentfaltung
29. Mai. Fichte, Beginn des Austriebes
Kiefer, Beginn des Austriebes
 3. Juni. Akazie, Beginn der Blüte

Biedenkopf, 1922
(Beob. Dr. Tornede)

August. Viersamige Wicke in Frucht

Frankfurt a. M., 1922
(Beob. P. Lange)
Mainebene südlich des Taunus

14. April. Goldflieder (Forsythia), Beginn der Blüte
15. April. Birke, Beginn der Laubentfaltung
16. April. Pfirsich, Beginn der Blüte
28. April. Löwenzahn, Beginn der Blüte
Kuckuck, Ankunft
Zwetsche, Zimmers Zwetsche, Beginn der Blüte
30. April. Zwetsche, Zimmers, Beginn
der Blüte
 7. Mai. Birne, Hardenponts Winter-
butterbirne und Vereinsdechants-
birne, Beginn der Blüte
 9. Mai. Birne, Hardenpontsbirne, Win-
terbutterbirne und Vereinsdechants-
birne, Beginn des Austriebes

Geisenheim a. Rh., 1922
(Beob. Prof. Dr. Lüstner)
100 m über dem Meere, südliche Lage

26. Februar. Buchfink, Ankunft
 1. März. Goldammer, Ankunft
 3. März. Hasel, Beginn der Blüte
 4. März. Singdrossel, Ankunft
 5. März. Erle, Beginn der Blüte
Feldlerche, Ankunft
11. März. Pappel, Beginn der Blüte
12. März. Hausrotschwanz, Ankunft

25. März. Wolfsmilchsrost
Forsythia, Beginn der Blüte

2. April. Walderdbeere, Beginn der Blüte

5. April. Rauchschwalbe, Ankunft

13. April. Nachtigall, Ankunft
Baumpieper, Ankunft

14. April. Scharbockskraut, Beginn der Blüte
Birke, Beginn der Laubentfaltung
Kuckuck, Ankunft
Girlitz, Ankunft

16. April. Segler, Ankunft
Birke, Beginn der Laubentfaltung

23. April. Wiesenschaumkraut, Beginn der Blüte

25. April. Besenginster, Beginn der Blüte

26. April. Löwenzahn, Beginn der Blüte

3. Mai. Hausschwalbe, Ankunft

7. Mai. Heidelbeere, Beginn der Blüte
Vergißmeinnicht, Beginn der Blüte

8. Mai. Fichte, Beginn der Blüte

15. Mai. Walnuß, Beginn der Blüte

17. Mai. Quitte, Beginn der Blüte

19. Mai. Weißdorn, Beginn der Blüte

21. Mai. Kuckucksspeichel

24. Mai. Mispel, Beginn der Blüte
Kiefer, Beginn der Blüte

25. Mai. Wucherblume, Beginn der Blüte

26. Mai. Akazie, Beginn der Blüte

3. Juni. Ackerwinde, Beginn der Blüte

16. Juni. Fliegenpilz

17. Juni. Braunelle, Beginn der Blüte

20. Juni. Ackerdistel, Beginn der Blüte

21. Juni. Champignon
Bekreuzter Heuwurm, 1. Auftreten

25. Juni. Mauerpfeffer, Beginn der Blüte
Wegwarte, Beginn der Blüte
Weiderich, Beginn der Blüte

4. Juli. Stinkmorchel

5. Juli. Pfifferling

8. Juli. Bovist

30. Juli. Hopfen, Beginn der Blüte

2. September. Weißdorn, Beginn der Fruchtreife

Friedberg (Hessen), 1922
(Beob. Dr. Heßler, Studienrat)

148 m über dem Meere, Wetterau, 5 km westlich der Taunusausläufer, eben bis schwach hügelig

Ende Februar. Hasel, Beginn der Blüte
Feldlerche, 1. Gesang
Storch, Ankunft

Anfang März. Singdrossel, Ankunft

Ende März. Buchfink, Ankunft
Hausrotschwanz, Ankunft
Hase, 1. Junge
Scharbockskraut, Beginn der Blüte

13. April. Golbammer, Ankunft
Rauchschwalbe, Ankunft
Goldflieder (Forsythia), Beginn der Blüte

Mitte April. Flieder, Beginn der Laubentfaltung
Birke, Beginn der Blüte
Hasel, Beginn der Blattentfaltung

16. April. Kuckuck, 1. Ruf

26. April. Birke, Beginn der Laubentfaltung

Ende April. Löwenzahn, Beginn der Blüte

1. Mai. Wiesenschaumkraut, Beginn der Blüte

7. Mai. Sommerlinde, Beginn der Laubentfaltung

10. Mai. Fichte, Beginn des Austriebes

16. Mai. Akazie, Beginn der Laubentfaltung

23. Mai. Quitte, Beginn der Blüte

24. Mai. Weißdorn, Beginn der Blüte
Ackerbohne, Beginn der Blüte

25. Mai. Goldregen, Beginn der Blüte

26. Mai. Besenginster, Beginn der Blüte
Mispel, Beginn der Blüte

27. Mai. Kuckucksspeichel (besonders häufig an Achillea millefolium)

1. Juni. Walderdbeere, Beginn der Blüte

2. Juni. Wucherblume, Beginn der Blüte

6. Juni. Wintergerste, Friedrichswerther, Beginn der Blüte
Hartbrand an Wintergerste
Akazie, Beginn der Blüte

10. Juni. Wintergerste, Friedrichswerther, Ende der Blüte
Ackerwinde, Beginn der Blüte
Rauchschwalbe, 1. Junge

12. Juni. Vergißmeinnicht, Beginn der Blüte

18. Juni. Sommerlinde, Beginn der Blüte

21. Juni. Ackerbohne, Ende der Blüte

28. Juni. Ackerdistel, Beginn der Blüte

Ende Juni. Flugbrand an Sommerweizen und Hafer (7. Juni an Wintergerste)

Anfang Juli. Rebhuhn, 1. Junge

4. Juli. Braunelle, Beginn der Blüte
Weiderich, Beginn der Blüte

8. Juli. Brennfleckenkrankheit an Erbse

Mitte Juli. Heidelbeere, Beginn der Fruchtreife
Fliegenpilz
Stinkmorchel
Wintergerste, Beginn der Ernte

12. August. Bovist

23. August. Sommergerste, Bethges, Beginn der Ernte

10. September. Efeu, Beginn der Blüte
Weißdorn, Beginn der Fruchtreife

16. September. Birke, Beginn der Laubverfärbung

12. Oktober. Schlehe, Beginn der Fruchtreife

20. Oktober. Herbstfrostspanner, 1. Falter

24. Oktober. Quitte, Beginn der Fruchtreife

28. Oktober. Mispel, Beginn der Fruchtreife

Reichelsheim (Odenwald), 1922
(Beob. Dr. Keil, Landw. Schule)
260 m über dem Meere

10. März. Hasel, Beginn der Blüte
24. März. Feldlerche, Ankunft
2. April. Hausrotschwanz, Ankunft
12. April. Scharbockskraut, Beginn der Blüte
16. April. Hausschwalbe, Ankunft
20. April. Kuckuck, 1. Ruf
29. April. Wiesenschaumkraut, Beginn der Blüte
2. Mai. Löwenzahn, Beginn der Blüte
14. Mai. Besenginster, Beginn der Blüte
17. Mai. Walderdbeere, Beginn der Blüte
18. Mai. Walnuß, Beginn der Blüte
4. Juni. Weißdorn, Beginn der Blüte
10. Juni. Vergißmeinnicht, Beginn der Blüte
12. August. Fliegenpilz und Pfifferling

Heppenheim a. d. Bergstraße, 1922
(Beob. Rabenau)
100 m über dem Meere

6. März. Hasel, Beginn der Blüte
10. April. Pfirsich, Beginn der Blüte
11. April. Nachtigall, Ankunft
14. April. Kuckuck, 1. Ruf
18. April. Zwetsche, Beginn der Blüte
20. April. Löwenzahn, Beginn der Blüte
21. April. Rauchschwalbe, Ankunft
Hausschwalbe, Ankunft
5. Mai. Hederich, Beginn der Spritzzeit
Wachtel, Ankunft
20. Juni. Rübenfliege, 1. Blattminen
3. Juli. Heuwurm (Conchylis ambiguella), 1. erwachsene Raupen
Oidium der Rebe, 1. Auftreten

10. Juli. Champignon
Pfirſich, Beginn der Fruchtreife
20. Juli. Wintergerſte, Beginn der Fruchtreife
22. Juli. Winterraps, Beginn der Fruchtreife
26. Juli. Heidelbeere, Beginn der Fruchtreife

Gau=Algesheim, ſüdöſtl. v. Bingen, 1922
(Beob. Dr. Ph. Rupp, Landw. Schule)
95 m über dem Meere
25 km vom Rhein entfernt, Neigung nach NO geſchützt

1. März. Buchfink, Ankunft
15. März. Feldlerche, Ankunft
14. April. Rauchſchwalbe, Ankunft
Hausſchwalbe, Ankunft
15. April. Hausrotſchwanz, Ankunft
20. April. Löwenzahn, Beginn der Blüte
23. April. Scharbockskraut, Beginn der Blüte
1. Mai. Wieſenſchaumkraut, Beginn der Blüte
10. Mai. Akazie, Beginn der Laubentfaltung
15. Mai. Vergißmeinnicht, Beginn der Blüte
17. Mai. Quitte, Beginn der Blüte
20. Mai. Walnuß, Beginn der Blüte
Weißdorn, Beginn der Blüte
21. Mai. Wucherblume, Beginn der Blüte
26. Mai. Akazie, Beginn der Blüte
31. Mai. Ackerwinde, Beginn der Blüte
1. Juni. Ackerdiſtel, Beginn der Blüte
12. Juni. Wein, Beginn der Blüte
22. Juni. Wein, Ende der Blüte
28. Juni. Wegwarte, Beginn der Blüte
10. Auguſt. Sauerwurm (Conchylis ambiguella), 1. Larve
15. September. Efeu, Beginn der Blüte
20. September. Quitte, Beginn der Fruchtreife
6. Oktober. Wein, Beginn der Ernte

Weinsberg i. Württemberg, 1922
(Beob. Schoffer)
205 m über dem Meere

5. März. Feldlerche, Ankunft
10. März. Miſteldroſſel, Ankunft
4. April. Kohlweißling, 1. Falter
5. April. Singdroſſel, Ankunft
12. April. Kuckuck, 1. Ruf
16. April. Schlehe, Beginn der Blüte
Rauchſchwalbe, Ankunft
18. April. Scharbockskraut, Beginn der Blüte
1. Mai. Hausſchwalbe, Ankunft
6. Mai. Girlitz, Ankunft
8. Mai. Wachtel, Ankunft
15. Mai. Miſpel, Beginn der Blüte
16. Mai. Walderdbeere, Beginn der Blüte
19. Mai. Quitte, Beginn der Blüte
Weißdorn, Beginn der Blüte
24. Mai. Walnuß, Beginn der Blüte
27. Mai. Holunder, Beginn der Blüte
Beſenginſter, Beginn der Blüte
Anfang Juni. Reh, 1. Junge
Schwalbe, 1. Junge
5. Juni. Kräuſelkrankheit an Pfirſich
10. Juni. Ackerwinde, Beginn der Blüte
18. Juni. Mauerpfeffer, Beginn der Blüte
Rebhuhn, 1. Junge
Juni. Fritfliege an Weizen
Juli. Streifenkrankheit an Gerſte
Ende Juli. Monilia, Zweigdürre an Kirſchen
25. Auguſt. Holunder, Beginn der Fruchtreife
1. September. Weißdorn, Beginn der Fruchtreife
5. September. Wegwarte, Beginn der Blüte
10. September. Schlehe, Beginn der Fruchtreife
10. Oktober. Quitte, Beginn der Fruchtreife

20. Oktober. Efeu, Beginn der Blüte
15. November. Herbstfrostspanner, 1. Falter

Satteldorf i. Württemberg, 1922
(Beob. Gg. Gronbach)
425 m über dem Meere

Mitte März. Erle, Beginn der Blüte
Ende April. Hederich, Spritztermin
Anfang Mai. Löwenzahn, Beginn der Blüte
Wiesenschaumkraut, Beginn der Blüte
Ende Mai. Wucherblume, Beginn der Blüte
Vergißmeinnicht, Beginn der Blüte
Weißdorn, Beginn der Blüte
Rübenfliege, 1. Blattminen, starker Schaden
Anfang Juni. Wintergerste, Beginn der Blüte
Rotklee, Beginn der Blüte
Anfang Juli. Wintergerste, Beginn der Fruchtreife
Ackerdistel, Beginn der Blüte
Mitte Juli. Ackerwinde, Beginn der Blüte
Wegwarte, Beginn der Blüte
Rost auf Getreide
Flugbrand an Hafer
Ende Juli. Hopfen, Beginn der Blüte
August. Ackerdistel, Beginn der Fruchtreife
Rost auf Erbse
Braunelle, Beginn der Blüte
Ende September. Schlehe, Beginn der Fruchtreife
Weißdorn, Beginn der Fruchtreife

Bräumersberg in Württemberg, 1922
(Beob. Lang, Anwalt)
459 m über dem Meere

Juni. Erbsenrost
Viersamige Wicke in Frucht

Anfang Juli. Mutterkorn, Honigtaustadium
Hartbrand an Gerste
Runkelfliege, Larve

Höpfigheim, O. A. Marbach, Württemberg, 1922
(Beob. Schukraft, Hauptlehrer)

27. Juni. Heide, 1. Blüte
6. Oktober. Efeu, 1. Blüte
7. Oktober. Roßkastanie, Beginn der Fruchtreife

Aalen in Württemberg, 1922
(Beob. Landw. Schule)
428 m über dem Meere

Mitte März. Feldlerche, Ankunft
Goldammer, Ankunft
Anfang April. Singdrossel, Ankunft
Mitte April. Kuckuck, 1. Ruf
Ende April. Rauchschwalbe, Ankunft
8. Mai. Walderdbeere, Beginn der Blüte
20. Mai. Quitte, Beginn der Blüte
20. September. Blattfleckenkrankheit an Erdbeere
23. Oktober. Schlehe, Beginn der Fruchtreife
Ende Oktober. Quitte, Beginn der Fruchtreife

Ulm, 1922
(Beob. K. Mangrer, Hauptlehrer a. D.)

6. März. Eranthis hiemalis, 1. Blüte
7. März. Corylus avellana, 1. Blüte
19. März. Scilla bifolia, 1. Blüte
7. April. Ficaria verna, 1. Blüte
Pulmonaria officinalis, 1. Blüte
15. April. Primula elatior, 1. Blüte
Petasites, 1. Blüte
23. April. Acer platanoides, 1. Blüte
11. Mai. Acer pseudoplatanus, 1. Blüte
16. Mai. Wasserfrosch zuerst gesehen
17. Mai. Maikäfer, 1. Käfer

Hohenheim bei Stuttgart, 1922
(Beob. Dr. Gaule)
400 m über N. N.

28. März. Misteldrossel, Ankunft
29. März. Forsythia, Beginn der Blüte
3. April. Scharbockskraut, Beginn der Blüte
13. April. Rauchschwalbe, Ankunft
20. April. Weißdorn, Beginn der Blüte
12. Mai. Walderdbeere, Beginn der Blüte
18. Mai. Roßkastanie, Beginn der Blüte
20. Mai. Flieder, Beginn der Blüte
24. Mai. Goldregen, Beginn der Blüte
1. Juni. Holunder, Beginn der Blüte
18. Juni. Sommerlinde, Beginn der Blüte
4. Juli. Weißlinge, 1. Falter
26. September. Holunder, Beginn der Fruchtreife

Pfaffenweiler bei Villingen, Württemberg, 1922
(Beob. K. Stilbach)

14. April. Seidelbast, 1. Blüte
20. April. Gentiana verna, 1. Blüte
22. April. Ficaria verna, 1. Blüte
4. Mai. Gundermann, 1. Blüte
10. Mai. Wiesenschaumkraut, 1. Blüte
Heidelbeere, 1. Blüte
20. Mai. Trollius europaeus, 1. Blüte
26. Mai. Birke, 1. Blüte
8. Juni. Genista sagitellus, 1. Blüte
1. Juli. Brunella grandiflora, 1. Blüte
14. August. Winterspelz, Beginn der Ernte

Coburg, 1922
(Beob. Fischer, Ökonomierat)

Anfang Mai. 1. Auftreten von Fritfliege an Hafer
7. Juni. 1. Auftreten von Flugbrand an Friedrichswerther Wintergerste
26. Juni. 1. Auftreten von Halmfliege an Landweizen

28. Juni. 1. Auftreten von Braunrost an Winterweizen und Winterroggen
29. Juni. 1. Auftreten von Flugbrand an Hafer
1. Auftreten von Flugbrand an Weizen
Juli. 1. Auftreten von Schwarzrost an Winterweizen und Winterroggen
2. Juli. 1. Auftreten von Hartbrand an Gerste

Coburg, 1922
(Beob. H. Schumann)

13. September. Liguster, Fruchtreife
30. September. Buche, Beginn der Laubverfärbung

Sonnefeld bei Coburg, 1922
(Beob. Aumüller)
320 m über dem Meere

15. Mai. Schlehe, Beginn der Blüte
17. Mai. Birne, Beginn der Blüte
18. Mai. Vergißmeinnicht, Beginn der Blüte
Süßkirsche, Beginn der Blüte
21. Mai. Weißlinge, 1. Falter
22. Mai. Bovist
23. Mai. Weißdorn, Beginn der Blüte
25. Mai. Kuckucksspeichel
Quitte, Beginn der Blüte
30. Mai. Wucherblume, Beginn d. Blüte
4. Juni. Rotklee, Beginn der Blüte
5. Juni. Winterroggen, Beginn d. Blüte
16. Juni. Ackerwinde, Beginn der Blüte
18. Juni. Wegwarte, Beginn der Blüte
Champignon
20. Juni. Ackerdistel, Beginn der Blüte
24. Juni. Weiderich, Beginn der Blüte

Bamberg, 1922
(Beob. J. Bapistilla)

17. Juni. Eberesche, Johannistriebe

Schweinfurt am Main, 1922
(Beob. Landwirtschaftsrat)

10. Mai. Hederich, Spritztermin
25. Mai. Braunrost, 1. Auftreten an
Winterweizen, Strubes Dickkopf
Juni. Schwarze Blattlaus, 1. Auftreten
an Runkelrübe
Peronospora, 1. Auftreten an Wein
10. Juni. Schwarzrost, 1. Auftreten an
Winterweizen, Strubes Dickkopf und
Roggen
15. Juni. Apfelschorf
16. Juni. Schwarzrost, 1. Auftreten an
Winterroggen, Petkuser
18. Juni. Fritfliege, 1. Auftreten an Bar-
binger Siegeshafer
19. Juni. Flugbrand, 1. Auftreten an
Gerste
20. Juni. Birnenschorf
25. Juni. Flugbrand, 1. Auftreten an
Fichtelgebirgshafer
Polsterschimmel an Apfelfrucht
Pflaumenwickler, Larve
30. Juni. Birnengitterrost
Anfang Juli. Gelbrost, 1. Auftreten an
Winterweizen, Strubes Dickkopf und
Winterroggen
5. Juli. Polsterschimmel an Birnen-
frucht
15. Juli. Polsterschimmel an Pflaumen-
frucht

Kitzingen am Main, 1922
(Beob. K. Mittermeier)

28. Mai. Weinblüte

Neuendorf, Bez. Lohr, Unterfr., 1922
(Beob. W. Ebert, Schneider)

4. August. Rübe, Aussaat
23. August. Haferernte
14. November. Rübenernte

Kuhardt, Bez. Germersheim, Pfalz, 1922
(Beob. H. Kiefer, Lehrer)·

10. Juni. Rauhhaarige Wicke (Ervum
hirsutum) in Frucht

Rosenthal bei Speyer, Pfalz, 1922
(Beob. A. Winz, Landwirtssohn)

8. Juli. Kartoffel, Parnassia, Beginn
der Blüte
15. Juli. Kartoffel, Wohltmann, Beginn
der Blüte
18. Juli. Kartoffel, Industrie, Beginn
der Blüte
Juli. Peronospora. 1. Auftreten an
Wein
Einbindiger Heuwurm, 1. Auftreten
der Larve

Goldbach, Unterfranken, 1922
(Beob. Then, Oberlehrer)

28. Juni. Kartoffel, Beginn der Blüte
2. Juli. Heu- und Sauerwurm, 1. Auftreten der Larve

Dentlein a. Forst bei Feuchtwangen, 1922
(Beob. F. Meyer, Lehrer)

29. März. Birke, Beginn der Laubentfaltung
12. April. Rapsglanzkäfer, 1. Käfer
Scharbockskraut, Beginn der Blüte
20. April. Löwenzahn, Beginn der Blüte
Wiesenschaumkraut, Beginn b. Blüte
27. April. Hederich, Spritztermin
4. Mai. Vergißmeinnicht, Beginn der
Blüte
Walderdbeere, Beginn der Blüte
Flugbrand, 1. Auftreten an Weizen
12. Mai. Wucherblume, Beginn der Blüte
20. Mai. Fichte, Beginn des Austriebs
23. Mai. Kiefer, Beginn des Austriebs
29. Mai. Besenginster, Beginn der Blüte

30. Mai. Weißdorn, Beginn der Blüte
 2. Juni. Kuckucksspeichel
 4. Juni. Walnuß, Beginn der Blüte
10. Juni. Ackerwinde, Beginn der Blüte
20. Juni. Ackerdistel, Beginn der Blüte
 5. Juli. Fliegenpilz
 7. August. Amerikanischer Mehltau,
    1. Auftreten an Stachelbeeren
10. August. Bovist
15. August. Weißdorn, Beginn d. Frucht-
    reife ·
 8. September. Krautfäule, 1. Auftreten
    an Kartoffeln, stark
15. September. Rostpilze auf Erbsen
    Schlehe, Beginn der Fruchtreife
25. September. Birke, Beginn der Laub-
    verfärbung

Schwabach, Mittelfranken, 1922
(Beob. Müller, Stud.-Prof. a. D.)

31. Mai. Gelbrost, 1. Auftreten an Win-
    terroggen, Petkuser
 2. Juni. Gelbrost, 1. Auftreten an Win-
    terweizen, Landweizen
23. Juni. Kartoffel, Frühe Rosen, Beginn
    der Blüte
24. Juni. Kartoffel, Kaiserkrone, Beginn
    der Blüte
 4. Juli. Schwarzrost, 1. Auftreten an
    Winterroggen, Petkuser
11. Juli. Braunrost, 1. Auftreten an
    Winterweizen, Dickkopf
15. Juli. Fritfliege, 1. Auftreten an Gerste

Nürnberg, 1922
(Beob. F. Ries, Stud.-Prof.)

 1. März. Stachelbeere, Austrieb
    Ribes aureum, Austrieb
12. März. Haselnuß, Beginn der Blüte
13. März. Johannisbeere, Austrieb
16. Mai. Erdbeere, blüht

Bodenreuth, 1922
Post Falkenberg, Bez.-A. Tirschenreuth
Oberpfalz
(Beob. J. Reß, Ökonomssohn)
518 m über dem Meere

25. Mai. Braunelle, Beginn der Blüte
    Kuckucksspeichel
10. Juni. Sommerlinde, Beginn der
    Laubentfaltung
14. Juni. Akazie, Beginn der Blüte
28. Juni. Heidelbeere, Beg. d. Fruchtreife
 4. Juli. Champignon, Pfifferling
 9. Juli. Ackerdistel, Beginn der Blüte
    Haferflugbrand, 1. Auftreten
18. Juli. Weiderich, Beginn der Blüte
20. Juli. Ackerwinde, Beginn der Blüte
23. Juli. Stachelbeere, Beginn der Ernte
    Johannisbeere, Beginn der Ernte
 1. August. Fliegenpilz
17. September. Zwetsche, Beginn d. Ernte
10. Oktober. Schlehe, Fruchtreife
12. Oktober. Holunder, Beginn d. Frucht-
    reife
22. Oktober. Birke, Beginn der Laubver-
    färbung

Eichstätt, Mittelfranken, 1922
(Beob. Prof. A. Knörzer)
400—450 m über dem Meere

Ende Juni. Peronospora an Spalierrebe
24. Juni. Gelbrost an Winterweizen
 1. Juli. Schwarz- und Braunrost, 1. Auf-
    treten an Roggen
    Berberitzenrost in der Nachbarschaft
    Flugbrand, 1. Auftreten an Gerste

Thalhausen, 1922
Bez.-A. Freising, Oberbayern
(Beob. G. G. Gradwohl)
490 m über dem Meere

Anfang Mai. Hederich, Spritztermin,
ebenso Ackersenf
15. Mai. Rauhhaarige Wicke in Frucht
Ende Juni. Fritfliege an Hafer

Anfang August. Flugbrand, 1. Auftreten an Weizen

Bockhorn, Bez.-A. Erding, 1922
(Beob. Hörmann, Hauptlehrer)
440 m über dem Meere

24. Februar. Erle, Beginn der Blüte
4. April. Wiesenschaumkraut in d. Blüte
24. April. Löwenzahn, Beginn der Blüte
9. Mai. Walderdbeere, Beginn d. Blüte
18. Mai. Hederich, Spritztermin
28. Mai. Weißdorn, Beginn der Blüte
3. Juni. Walnuß, Beginn der Blüte
4. Juni. Kuckucksspeichel
5. Juni. Wucherblume, Beginn d. Blüte
6. Juni. Pflaumensägewespe, Larve sehr häufig
4. Juli. Ackerdistel, Beginn der Blüte
10. Juli. Bovist
12. Juli. Hederich und Ackersenf in Frucht
16. Juli. Ackerwinde, Beginn der Blüte Rauhhaarige Wicke in Frucht
20. Juli. Heidelbeere, Beginn d Fruchtreife Pfifferling
21. Juli. Obstmade an Apfel
24. Juli. Birnengitterrost
29. Juli. Fliegenpilz
2. August. Wegwarte, Beginn der Blüte
8. August. Schorf an Birne
9. August. Champignon
16. September. Weißdorn, Beginn der Fruchtreife
9. Oktober. Birke, Beginn der Laubverfärbung
22. Oktober. Schlehe, Beginn d Fruchtreife

Guttenberg, Oberb., 1922
(Beob. H. Fiedler, Lehrer)
451 m über dem Meere
Rechtes Inntal Abdachung nach W.W.

10. März. Erle, Beginn der Blüte Scharbockskraut, Beginn der Blüte Schlehe, Beginn der Blüte

16. März. Pappel (Populus trem. und alba), Beginn der Blüte
20. März. Wiesenschaumkraut, Beginn der Blüte
2. April. Birke, Beginn der Laubentfaltung
29. April. Fichte, Beginn des Austriebs
2. Mai. Hederich, Spritztermin
10. Mai. Löwenzahn, Beginn der Blüte Goldregen, Beginn der Blüte Besenginster, Beginn der Blüte
12. Mai. Kiefer, Beginn des Austriebs Akazie, Beginn der Laubentfaltung
20. Mai. Walnuß, Beginn der Blüte
20. Mai. Rapsglanzkäfer, Larve
26. Mai. Vergißmeinnicht, Beginn der Blüte
29. Mai. Weißdorn, Beginn der Blüte
1. Juni. Mauerpfeffer, Beginn d. Blüte
2. Juni. Kiefernspanner, 1. Falter
7. Juni. Ackerwinde, Beginn der Blüte
9. Juni. Ackerdistel, Beginn der Blüte
10. Juni. Akazie, Beginn der Blüte
20. Juni. Stachelbeerspanner, 1. erwachsene Larve
1. Juli. Stinkmorchel
10. Juli. Hopfen, Beginn der Blüte
15. Juli. Wegwarte, Beginn der Blüte Bovist
20. Juli. Apfelobstmade Heidelbeere, Beginn der Fruchtreife
1. August. Champignon Pflaumenwickler, Larve
15. August. Pfifferling
20. August. Weißdorn, Beginn der Fruchtreife Fliegenpilz Ackerdistel, Beginn der Fruchtreife
15. September. Birke, Beginn der Laubverfärbung
24. September. Schlehe, Beginn der Fruchtreife

Prutting, 1922

Bez.-A. Rosenheim, Ober-B.

(Beob. K. Bräbl, Jmker)

500 m über dem Meere

20. Mai.　Amerikanischer Mehltau an Stachelbeere

29. Mai.　Heuerntebeginn

3. Juni.　Schwarzer Holunder beginnt zu blühen

5. Juni. Gelbrost, 1. Auftreten an Winterroggen

2. Juli.　Flugbrand, 1. Auftreten an Hafer

1. August.　Grummeternte, Beginn

Kollmannshof, 1922

Bez.-A. Schongau, Ober-B.

(Beob. L. Florian, Landwirt)

20. Mai. Gelbrost, 1. Auftreten an Winterweizen

30. Mai.　Amerikanischer Mehltau, sehr stark an Stachelbeere

1. Juli.　Kartoffel, Wohltmann I, Beginn der Blüte

Lindau am Bodensee, 1922

(Beob. R. Holzhey, Major a. D.)

Beginn der Blüte von:

12. März.　Viola odorata

19. März.　Primula iberica

21. März.　Primula veris acaulis und elatior

8. April.　Forsythia suspensa
Fragaria vesca

9. April.　Aubretia hybr.

10. April.　Scilla sibirica

11. April.　Vinca minor

13. April.　Eranthis hiemalis
Arabis alpina

17. April.　Es wird grün

19. April.　Phlox setacea
Schwalben in Massen eingetroffen

20. April.　Baumblüte bei Bregenz und Lindau

24. April.　Ribes grossularia

3. Mai.　Fragaria »Deutsch Evern«

5. Mai.　Alyssum saxatile nanum compactum

6. Mai.　Steinobst im Garten

7. Mai. Fragaria »Flandern und Sieger«

8. Mai.　Viola tricolor maxima

9. Mai.　Cydonia japonica
Tulipa hortensis
Mahonia aquifolium
Allium neapolitanum

17. Mai.　Primula veris elatior coerulea

19. Mai.　Dianthus plumarius
Linum perenne
Saponaria ocymoides
Iberis sempervirens

20. Mai.　Cheirantus cheiri
Dicentra spectabilis
Erysimum nanum compactum

21. Mai.　Doronicum caucasicum
Myosotis alpestris »Viktoria«

22. Mai.　Vicia faba
Viburnum opulus sterile

23. Mai.　Centaurea montana fl. albo

24. Mai.　Azalea mollis
Weigelia

25. Mai.　Cerastium tomentosum

26. Mai.　Ameria formosa
Dianthus neglectus

27. Mai. Centaurea montan. fl. coerulea
Anchusa italica
Iris germanica hybr.

28. Mai.　Aquilegia hybr.
Chrysanthemum leucanthemum hybr.

29. Mai.　Asperula setosa

30. Mai.　Paeonia herbacea
Scorzonera hispanica
Linaria macedonica

31. Mai.　Iris tuberosa

1. Juni.　Amaryllis vittata

2. Juni. Gaillardia grdfl. hybr.
Papaver orientale
Iris germanica hybr. II unb III

3. Juni. Dictamnus caucasicus

4. Juni. Hesperis matronalis
Thymus serpiphyllus fl. alb. u. ros.

5. Juni. Rosa hybr.
Paeonia herbacea II unb III
Aster alpinus

7. Juni. Spirea aruncus

9. Juni. Crataegus monogyna
Crataegus monogyna kernesina
Digitalis gloxiniflora
Sedum aizoon

11. Juni. Digitalis gloxiniflora alba
Astilbe grandis

13. Juni. Campanula medium

14. Juni. Antirrhinum hybr.

15. Juni. Linaria macedonica II
Linaria dalmatica
Leontopodium sibiricum
Lychnis Haageana

17. Juni. Opuntia xanthostemma var. ros. hort.

18. Juni. Rosa »Taufenbſchön«
Dimorphoteca aurantiaca

19. Juni. Hemerocallis flava

20. Juni. Tropaeolum majus nanum
Delphinium hybr.
Coreopsis grdfl.
Achillea millefolium
»Kirſchkönigin«
Allyssum Benthami
Orobus lathyroides
Opuntia Rafinesqui cymochila

21. Juni. Tropaeolum majus
Tamarix caspica
Deutzia crenata

22. Juni. Linaria cymbalaria unb pallida
Phaseolus vulgaris

23. Juni. Astilbe drendsi fl. rosea

24. Juni. Veronica spicata
Erigeron aurantiacus superbus

25. Juni. Sanvetalia procumbens

26. Juni. Oenothera biennis

27. Juni. Lysimachia verticillata

29. Juni. Galega bicolor Hartlandii

30. Juni. Phlox decussata

2. Juli. Delphinium, alle außer Zalil
Dianthus cariophyllus, alle
Hydrangea hortensis

6. Juli. Buphthalmum salicifolium

8. Juli. Eschholtzia californica

11. Juli. Viola cornuta

Memmingen, Schwaben, 1922
(Beob. Schüler, Verbandsinſpektor)
600 m über dem Meere

Anfang Mai. Fritfliege an Roggen

10. Mai. Fritfliege an Hafer unb Gerſte

13. Mai. Heberich, Sprißtermin

Ende Mai. Braunroſt, 1. Auftreten an
Winterweizen, Dickkopf
Flugbranb, 1. Auftreten an Fichtel-
gebirgshafer

5. Juni. Schwarzbeinigkeit der Kartoffel

10. Juli. Weizenſteinbrand

Mitte Juni. Schwarze Blattlaus, 1. Auftreten an Ackerbohnen

Waſſerburg am Bodensee, 1922
(Beob. Dr. H. Gams)
Am Seeufer in Waſſerburg. Alles faſt eine
Woche ſpäter als 10—30 m höher.

12. März. Schwalben, Ankunft

15. April. Acer platanoides beginnt zu
blühen

16. April. Laubfroſch zuerſt geſehen

23. April. Ribes grossularia unb Ribes
aureum beginnen zu blühen
Acer platanoides unb Acer Negundo
Beginn der Laubentfaltung
Aphis species an Johannisbeere

24. April.   Apfel, Beginn der Laubentfaltung

Anfang Mai. Phaseolus coccineus, Aussaat
Maisaussaat

3. Mai. Phylloscopus trochilus, Ankunft

4. Mai. Gartenlaubkäfer an Kernobst
und Rosen

Anfang Mai. Laubfrosch, Laichbeginn

8. Mai. Anthriscus und Ranunculus
acer, Beginn des Aspekts der Feld-
wiesen

10. Mai. Kuckuck, erster Ruf

23. Mai. Dactylis und Arrhenatherum,
Beginn des Aspekts

25. Mai. Kräuselkrankheit an Pfirsich

Mitte Mai. Buche, Vollbelaubung

27. Mai. Hirse, Aussaat

4. Juni. Lonicera caprifolium, Beginn
der Blüte

7. Juni. Liriodendron, Beginn d. Blüte

10. Juni. Lilium croceum, Beginn der
Blüte
Gitterrost an Birne

15. Juni. Buche, 1. Johannistriebe

27. Juni. Phaseolus coccineus, Beginn
der Blüte

4. Juli. Birnblattwespe, große Larven

5. Juli. Calendula officinalis, Beginn
der Blüte

8. Juli. Phaseolus vulgaris nanus, Beginn der Ernte

10. Juli. 2. Grasschnitt

16. Juli. Ustilago maidis (zeae)

Anfang August. Kleeteufel (Orobanche
minor) auf Kapuzinerkresse, blüht

17. August. Tomate, Beginn der Ernte

11. September. Hirse, Beginn der Ernte

19. September. Mais, Beginn der Ernte

25. Oktober. Quitte, Portugieser Birnen,
Beginn der Ernte

18.—24. Oktober. Allgemeiner Laubab-
fall

29. Oktober. 1. Frost über dem See

2. November. Leuciscus cephalus, Ankunft am Seeufer — offizieller Winter-
beginn für die Fischer

5. November. 1. Frost am Seeufer

18. November. 1. starker Schneefall

Umgebung Münchens, 1922
(Beob. H. Gams)

5. März. 1. Kreuzotter
Huflattich, 1. Blüten

9. März. Kornelkirsche, 1. Blüten
Syringa vulgaris, Aufbrechen der
Blattknospen
Sambucus nigra, ebenso

Wien, 1922
(Beob. Max Onno)

1. März. Eranthis hiemalis blüht

10. März. Huflattich blüht

25. März. Viola odorata blüht
Anemone blüht

30. April. Tulipa silvestris blüht

1. Mai. Pirus spectabilis blüht

5. Mai. Roßkastanie blüht

6. Mai. Lamium luteum blüht

9. Mai. Flieder blüht

18. Mai. Goldregen blüht
Viburnum lantana blüht

25. Mai. Holunder blüht
Robinia pseudacacia blüht
Trifolium pratense blüht

31. Mai. Falscher Jasmin (Philadelphus
coronarius) blüht

Wien-Schönbrunn, 1922
(Beob. Max Onno)

1. Juni. Salvia pratensis blüht

3. Juni. Rosa canina blüht

5. Juni. Schneebeere blüht

6. Juni. Rosa centifolia blüht

10. Juni. Linde blüht

13. Juni. Johannisbeere, Fruchtreife
20. Juli. Winterroggenernte
 1. August. Cucubalus baccifer blüht
 3. August. Carlina acaulis blüht
 1. September. Herbstzeitlose blüht
12. September. Roßkastanie, Fruchtreife

Hermannstadt und Umgebung,
Siebenbürgen, 1922
(Beob. Prof. A. Kamner.)

Daten für die Blütezeit im Jahre 1922:
Ackerschachtelhalm, 9.—24. April
Ahorn, Spitz-, 10. April
Akazie (Robinia), ergrünt 8. Mai, blüht
    17. Mai—5. Juni
Aland, Deutscher, 30. Mai
Alpenampfer, 17. Mai—29. Juni
Alpenaster, 17. August
Alpenbärenwurz, 15. Juni—31. Juli
Alpenbibernell, 17. August
Alpenhornkraut, 31. Mai—17. August
Alpenjohannisbeere, 1. Juni reif
Alpenjohanniskraut, 17. August
Alpenlauch, 17. August
Alpenmilchlattich, 18. Juli—13. August
Alpenrebe, 28. Mai—17. Juli
Alpenrose (Rhododendron myrtif.),
    2. Juni—8. August
Alpensandglöckchen, niedriges, 19. Mai
    bis 1. Juli
Alpensonnenröschen, 17. August
Alpenveilchen (Viola alpestris), 14. Juli
    bis 18. September
Alplattich, 17. Mai—10. Juli
Apfel, 2. Mai
Aprikose, 10. April
Augentrost, gebr., 30. Juni, 8. Juli,
    19. Oktober
Baldrian, dreiblättriger, 12. Mai bis
    16. Juni
—, fünfblättriger, 21. Juli
—, gebr., 17. August
Barbarakraut, 28. April

Bärenwurzel, 1300 m Höhe, 9. Juli
Bärlapp, Keulen-, 17. Mai
—, Tannen-, 17. Mai
Beinwell, gelber, 30. April—12. Juni
Bergnelkenwurz, gelbe, 14. Mai—29. Ok-
    tober
Bergsandglöckchen, 28. April—3. Juni
Besenginster, 22. Juni
Betonie, gebr., 19. Juli
Bibernell, kleine, 14. Oktober
Bienensaug, purpurroter, April—12. No-
    vember
—, gefleckter, 4. Juli
—, gelber, 10. Mai—17. Juni
Bingelkraut, ausdauerndes, 9. April bis
    11. Mai
Birke, ergrünt, 9. April
Birne, 24.—30. April
Bocksdorn, 15. Mai
Bocksbart, Wiesen-, 22. Juni
Brennessel, grünt 28. April, blüht 29. Juli
Brunelle, gem., 22. Juni—8. Oktober
Brunnenkresse, 28. April—10. Juni
Buche, Weiß-, grünt 6. April, blüht
    9. April
—, Rot-, grünt 8. Mai, blüht 15. Mai
Buschwindröschen, weißes, 26. März bis
    28. Mai
—, gelbes, 26. März bis 14. April
Christophkraut, ähriges, 15. Mai bis
    8. August
Dachpippau, 20. Mai—8. Juli
Distel, maskierte, 31. Mai—8. August
Dost, gem., 8. Juli—2. August
Drüsengriffel, Alpen-, 21. Juli
Dürrwurz, kanadischer, blüht bis 12. Ok-
    tober
Eberesche, grünt 12. Mai, blüht 12. Juni,
    Fruchtreife 17. August
Edelweiß, 2. Juli—20. August
Ehrenpreis, glatter, 25. März
—, efeublättriger, 26. März
—, Gamander-, 28. April—19. Oktober

Ehrenpreis, Alpen-, 17. Mai—1. Juli
—, nesselblättriger, 20. Mai—10. Juli
—, großer, 8. Juli
—, ähriger, 29. Juni, 16. Juli, 16. September, 13. November
—, österreichischer, 30. April
—, echter, 19. Oktober
Eiche, Stiel-, grünt 28. April, blüht 2. Mai
Einbeere, vierblättrige, 16. Mai—17. Juni
Eisenhut, blaßgelber, 22. Juni
—, rispiger, 31. Mai—23. August
Enzian, stengelloser, 14.—28. Mai
—, schwalbenwurzblättriger, 9. August bis 8. September
—, gem., 19. August
—, Karpathen-, 12. Juli—25. August
Erdbeere, blüht 10.—28. April, reif 22. Juni
Erle, blüht 15. März, grünt 6. April
Farn, Eichen-, 17. Mai—7. August
—, weibl. Wald-, 17. Mai
—, Rippen-, 17. Mai
—, borniger Schild-, 17. Mai—17. August
—, Buchen-, 17. Juni
—, Adler-, 30. Juni
—, Haarmilz-, 18. April
—, Wurm-, 8. Juli
Feldkratzdistel, wenigblütig, 17. August
Feldstiefmütterchen, 18. April—8. Oktober
Felsennelke, Alpen-, 17. August
Fetthenne, rote, 17. August
Fichte treibt 29. Mai, blüht 31. Mai
Filzblume, 8. August—19. Oktober
Fingerhut, blaßgelber, 5. Juni—19. August
Fingerkraut, goldgelbes, 29. April bis 18. Oktober
Flatterulme, 28. März
Flieder, grünt 25. März
Fliegenpilz, 8. August
Flockenblume, ledrige, 30. Juni—19. Juli
—, Kotschys, 17. August
—, gem., 19. Juni
—, federige, 12. Juli—16. September

Flockenblume, rheinische, 27. Juli bis 25. August
Frauenflachs, 30. Juni
Frühlings-Fingerkraut, 25. März bis 11. Mai
Frühlings-Walderbe, 18. April—14. Mai
Gaisraute, 8. Juni
Gebirgserle, grüne Zäpfchen 10. Juli
Gebirgsrose, 10.—30. Juni, Fruchtreife 16. Oktober
Gemsenheide, liegende, 17. Mai
Gemswurz, Karpathen-, 4. Juli bis 17. August
Giersch, gem., 8. Juli
Gilbstern, 26. März—2. Juni
Ginster, deutscher, 19. August
—, geflügelter, 15. Mai—30. Juni
—, Färber-, 22. Juni—8. Juli
—, Besen-, 30. April—8. Juni
Glockenblume, Wiesen-, 5. Juni—8. Juli
—, Acker-, 5. Juni
—, Tannen-, 10. Mai—8. Oktober
—, Alpen-, 18. August
—, Karpathen-, 18. August
—, Becher-, 1.—17. Juni
—, pf.rsichblütige, 22. Juni—8. Oktober
—, geknäuelte, 22. Juni—2. August
—, Bologneser, 8. Juni—25. August
—, grasblättrige, 12. Juli
—, ausgeschnittene, 20. Juli
Goldrute, wilde, 17. August
Graue Schildkresse, 20. Mai—8. Juli
Grindkraut, glattblättriges, 9.—17. August
Grindflockenblume, 16. September bis 8. Oktober
Habichtskraut, orangerotes var. vanilleduftendes, 1000—1800 m Höhe, 11. Mai—18. September
—, siebenbürgisches, 29. Mai—17. Juni
—, Mauer-, 17. August
—, gem., 10. Juli—24. August
—, kleines, 25. September bis 12. November

Hahnenfuß, Alpen=, 17. Mai—17. August

—, Karpathen=, 17. Mai

—, knolliger, 20.—28. Mai

—, Berg=, 8. Mai—10. August

—, Gold=, 11. Mai

—, glatthaariger, 30. April

—, goldhaariger, 14.—24. April

—, vielblättriger, 1. Mai—18. Juli

—, Feld=, 17. Mai

—, eisenhutblättriger, 31. Mai—1. August

—, wolliger, 1. Juni

—, scharfer, 12. Juni

—, Berg=, 15. Juni

—, brennender, 17. August

—, kriechender, 18. Mai—18. Juli

Hainmiere, 30. April—29. Juli

Hainsimse, 1. Juni

—, kahle, 30. Mai

Händelwurz, große, 4. Juli

Hartheu, 8.—25. Juli

—, durchlöchertes, 4. Juli—16. September

Hartriegel, 20. Mai—5. Juni

Hasel, blüht 18. März, grünt 9. April

Hasenlattich, purpurroter, 1. Juli

Hauhechel, stinkende, 22. Juni

Heckenkirsche, gem., blüht 1. Juni, Fruchtreife 24. August

—, schwarze, 13. Mai Blüte, Fruchtreife 21. Juli

Heidelbeere, blüht 29. Mai, Fruchtreife 29. Juli

Heilbetonie, 5. Juni

Herbstzeitlose, 6. September

Hexenkraut, gem, 29 Juli

Himbeere, grünt 12. Mai

Himmelsschlüssel, Frühlings=, 9. April bis 2. Mai

—, Zwergprimel, 18. Mai—18. August

Hirtentäschel, 9. April—18. September

Hohlzahn, Acker=, 25. August

—, roter, 16. September

—, zweispaltiger, 25. September

Holunder, Trauben=, grünt 18. April, blüht 31. Mai, Fruchtreife 8. Juli

—, schwarzer, grünt 15. März, blüht 22. Juni, Fruchtreife 8. September

Hornklee, gem., 16. September

Hornkraut, geknäueltes, 10. Juni

Huflattich, 15. März—2. Mai

Hundszahn, 12. März—9. April

Hungerblümchen, Frühlings=, 29. Mai

Johannisbeere, grünt 19. April

Kamille, Hunds=, 16. September

Karpathenprimel, 19. Mai—1. Juni

Karthäusernelke, 20. Mai—12. November

Käsepappel, 5. Juni

Katzenpfötchen, 29. Mai—30. Juni

Kirsche, Trauben=, blüht 14. April bis 5. Mai, Fruchtreife 22. Juni

Klappertopf, lanzettblättriger, 19. Juli bis 14. August

—, zottiger, 20. Mai—19. August

Klebdistel, 17. August

Klee, weißer, 30. Juni—8. Oktober

—, gem., 10. Oktober

—, liegender, 12.—21. Juli

—, roter, 15. Mai—8. Oktober

Klette, 29. Juli

Knabenkraut, gem., 8. Mai—30. Juni

Knautie, Acker=, 9. August

—, langblättrige, 21. Juli

Knoblauchshedrich, gem., 18. Mai

Knotenfuß, stengelumfassender, 9. August

Knöterich, pfirsichblütiger, 12. November

—, Wiesen=, 20. Juli

Kohlröschen, 30. Juni

Königskerze, gelbe, 8. Juli

—, phönizische, 20. Mai

Kornblume, 8. Juli

Kresse, Pyrenäen=, 5. Juni

Kreuzblume, schopfige, 8. Mai

Kreuzkraut, Sarazenen=, 19. Juni

—, Jakobs=, 29. Juni—16. Juli

—, rankenblättriges, 19. August—12. November

Kreuzkraut, kahles, 17. August
Kronwicke, bunte, 5. Juni—10. Juli
Kuckuckslichtnelke, 15. Mai—1. Juni
Küchenschelle (Pulsatilla nigricans),
    25. März
Labkraut, gekreuztes, 28. April—8. Juli
—, Wiesen-, 5. Juni
—, Sudeten-, 17. August
—, echtes, 29. Juni—12. Juli
—, gem., 8. Juli
Lärche, grünt 12. Mai
Lauch, gelber, 18. August
Lauchkraut, weißes, 18. April
Läusekraut, quirliges, 1. Juni—6. August
Leberblümchen, dreilappiges und sieben-
    bürgisches, 12. März—15. April
Leimkraut, gem., 30. Juni—16. Sep-
    tember
—, aufgeblasenes, 30. Juni—17. August
—, Garten-, 8. Juli
—, dalmatisches, 22. Juni
Lerchensporn, C. solida und cava,
    17. März—17. Mai
Liguster, grünt 25. März, blüht 5. bis
    25. Juni, Fruchtreife 1. Oktober
Linde, grünt 24. April, blüht 5. Juni
Löwenzahn, 9. April—10. Juli
Lungenkraut, offic., 26. März—16. Juni
Luzerne, Futter-, 5. Juni
Mädlesüß, 20. Mai
Marbel, behaarte, 24. April—2. Juni
—, Wald-, 11. Mai
Maßliebchen, 20. Mai
Mauerpfeffer, scharfer, 8. Juli
Meerzwiebel, bifolia und amoena,
    26. März—17. Mai
Milchlattich, Alpen-, 8. Juli—13. August
Milzfarn, weibl., 21. Juli
Milzkraut, wechselblättriges, 26. März bis
    2. Juni
Minze, Wald-, 29. Juli
Mohn, roter Klatsch-, 8. Juli
Moosbeere, 17. August—19. Oktober

Möringie, moosartige, 17. August
Muschelblümchen, 17. März—14. Mai
Nachtkerze, zweijährige, 8. Juli
Nachtlichtnelke, 20. Mai—21. Juli
Natternkopf, blauer, 5. Juni—9. Oktober
Nelkenwurz, Berg-, 12. Juni
Nessel, Hanf-, bunter Dauer-, 8. Juli bis
    20. September
Nieswurz, H. purpurescens, 26. März
    bis 9. April
Ochsenauge, gebr., 30. Mai
Orcha, bunte, 10. Mai
—, gefleckte, 22. Juni—8. Juli
Pechnelke, rote, 17. Mai
—, weiße, 9.—18. August
Pestwurz, rote, 16. März—17. Mai
—, weiße, 26. März—30. Mai
Pfennigkraut, L. numularia, 8. Juli
Platterbse, Wiesen-, 5. Juni
Prachtnelke, 18. August
Preißelbeere, grünt 15. April, blüht
    30. Juni und Fruchtreife 25. August
Pyramidengünsel, 18. April—30. Juni
Quendel, Feld-, 11. Juni—19. Oktober
—, kriechender, 17. Mai—19. Oktober
—, schönster, 30. Juni—2. August
Reiherschnabel, kl., 28. April—8. Mai
—, schierlingblättriger, 8. Mai—19. Ok-
    tober
Rittersporn, Feld-, 5. Juni
—, hoher, 17. August
Rose, Gebirgs-, 10.—30. Juni, Frucht-
    reife 16. Oktober
Roßkastanie, grünt 24. April
Ruchgras, 1. Juni
Rudbeckie, geschnitzte, 19. August
Ruhrkraut, norwegisches, 8. Juli—6. Ok-
    tober
Rührmichnichtan, 8. Juli—17. August
Safranteufel, 15. März—11. Juni
Salbei, gebr., 5. Juni—8. Oktober
—, klebriger, 8. Juli—25. August

Salomonssiegel, quirlblättriges, 1. bis 16. Juni

Sandgänsekraut, 31. Mai

Sandkraut, zweiblättriges, 20. Juli bis 18. August

Saudistel, Garten-, 12. November

Sauerampfer, 30. Juni—4. Juli

Sauerklee, 9. April—29. Juni

Schachbrettulpe, 26. März

Schafgarbe, 22. Juni—12. November

Schattenblümchen, 30. April

Schaumkraut, Wiesen-, 14. April bis 10. Juni

—, kleinblütiges, 19. Mai

—, bitteres, 24. Mai—20. Juli

Schildkresse, grau, 22. Juni

Schlangenwurz, rosenrote, 8. Juli bis 13. August

Schlehe, blüht 9. April, Fruchtreife 19. August

Schlüsselblume, Frühlings-, 14. April bis 2. Mai

—, Karpathen-, 1. Mai

Schneeball, gem., 15.—28. Mai, Fruchtreife 19. August

—, wilder, 28. Mai, Fruchtreife 1. Oktober

Schneeglöckchen, 12. März—18. April

Schotenklee, 17. August

Schwalbenwurz, weiße, 22. Juni—8. Juli

Schwarzwurz, knollige, 30. April

Segge, frühzeitige, 26. März—10. Juni

Seidelbast, 26. März

Sibirische Schwertlilie, 15. Mai

Silberblatt, ausdauerndes, 17. Mai

Skabiose, gelbe, 30. Juni

—, Tauben-, 16. September—19. Oktober

Spierstrauch, ulmenblättriger, 15. Mai bis 21. Juli

Spindelbaum, warziger, grünt 25. März

—, Pfaffenhütchen, Fruchtreife 1. Oktober

Stechapfel, 14. August

Steinbrech, traubiger, 17. August

—, immergrüner, 17. August

—, gelbgrüner, 29. Juli

—, Stern-, 8. Mai—18. August

Steinklee, 5. Juni

Steinpilz, 2. Juni—2. August

Stendelwurz, zweiblättrig, 8. Juli

Sternbolde, große, 2.—25. August

Sternmiere, 30. April—17. Juni

Stiefmütterchen, 25. September

Storchschnabel, großwurzeliger, 1. bis 10. Juni

—, Wiesen-, 12. Juni

Sturmhut, wahrer, 1. August

Sumpfdotterblume, 26. März—19. Oktober

Sumpfschachtelhalm, 22. Juli

Tagnelke, weiße, 12. Juni

Tanne, treibt 17. Mai

Tarant, punktierter, 17. August

Taubnessel, weiße, bis 12. November

Tausendgüldenkraut, 8. August—8. Oktober

Tausendschön, 26. März—18. September

Telekie, schöne, 17. Mai—25. August

Teufelsabbiß, 5. Juni—16. September

Thuja, 8. Juli

Türkenbund, 3.—8. Juli

Ulme, Flatter-, 28. März

Veilchen, Hunds-, 6. April—17. Mai

—, duftendes, 5. März—17. Mai

—, zweiblättriges, 30. Mai

Vergißmeinnicht, 25. April—6. August

Vogelwicke, 20. Mai—2. August

Wachsblume, kleine, 5. Juni

Wachtelweizen, Wiesen-, 5. Juni

Waldfarn, Gebirgs-, 21. Juli

Waldmeister, 11. Mai—21. Juni

Waldnelke, rote, 17. August

Waldrebe, Federfrüchte vom Vorjahr 2. April, Blüte 13. Mai—8. Juli

—, blaue, 20. Mai

Waldsternmiere, 28. April

Wallwurz, gem. rote, 22. Juni

Wasserdorn, gem., 10. April

Wasserliesch, dolbiger, 17. August

Wasserschierling, 31. Mai—8. Juli

Wasserschwertlilie, 15. Mai

Wegerich, mittlerer, 20. Mai—2. August

Wegwarte, 5. Juni—15. September

Weichselbaum, 14. April—2. Mai

Weide, Bruch-, blüht 22. März, grünt 6. April

—, Sal-, blüht 15. März, grünt 6. April

—, Korb-, blüht 22. März

—, Trauer-, 28. März

Weidenröschen, schmalblättriges, 8. Juli bis 25. August

Weiderich, Blut-, 29. Juni—16. Juli

—, rutenförmiger, 19. August

Weißdorn, blüht 1.—17. April, Fruchtreife 19. August

Wicke, Zaun-, 16. September

Wickenesparsett, 15. Mai

Wiesenhornklee, 20. Mai—18. September

Wiesenraute, akeleiblättrige, 10. Mai bis 17. Juni

Wiesensalbei, 20. Mai

Wiesenstorchschnabel, 15. Mai—21. Juli

Wildapfel, 17. Mai

Wildkirsche, 9. April

Wildrose, blüht 5. Juni, Fruchtreife 1. Oktober

Witwenblume, mittlere, 25. August

Wolfsmilch, Zypressen-, 26. März bis 30. Juli

—, Esels-, 30. April

—, mandelblättrige, 17. März—14. April

—, weidenblättrige, 31. Mai

Wollgras, 30. Mai—29. Juli

Wucherblume, große Wiesen-, 22. Juni bis 19. Oktober

—, Berg-, 19. Oktober

—, ungleichblättrige, 12. November

Zahnwurz, drüsige, 15. März—31. Mai

—, zwiebeltragende, 11.—28. Mai

Ziest, Wald-, 8. Juli—20. September

Zwetschge, 14. April

Daten über den Vogelzug 1922.

Bachstelze, weiße, 10. März

—, gelbe (sulphurea), 22. März

Fischreiher, 20. März

Haubentaucher, 27. März

Kuckuck, 28. März

Rauchschwalbe, 1. April

Ringamsel, Alpen-, 2. April

Steinschmätzer, April

Storch, weißer, 4. März

Zu den phänologischen Karten 1922.

Zur ersten Auswertung des eingegangenen phänologischen Materials für 1922 wurden drei Karten konstruiert zum Überblick über den Eintritt der Apfelblüte, der Winterroggenblüte und der Winterroggenernte im Deutschen Reich. Ihnen wurden die Karten der Apfelblüte (des Frühlingseinzugs) von Ihne und der Roggenblüte und -ernte von Schrepfer für das Mittel vieler Jahre zugrunde gelegt. Da ein Farbendruck sich nicht ermöglichen ließ, konnten die einzelnen Zonen nur durch verschiedene Schraffen dargestellt werden, und deshalb mußte auch von einer Eintragung der einzelnen Stationen aus Gründen der Übersichtlichkeit abgesehen werden. Die schraffierten Flächen zeigen den Umfang der Zonen für 1922. Wo eine Änderung gegenüber ihren Grenzen für das Mittel vieler Jahre eingetreten ist, sind diese in gestrichelten Linien eingetragen. Da Meldungen aus einigen Gebieten, wie Mecklenburg, Pommern und Schlesien, noch fast ganz fehlen, mußte hier manche Linie gezogen werden, wenn eine Verschiebung der Zonengrenzen gegen das Mittel im Vergleich mit den Daten klimatologisch ähnlicher Gebiete wahrscheinlich war, für die unmittelbare Angaben zum Teil nicht vorhanden sind. Zum genaueren Studium wird auf die tabellarische Zusammenstellung der phänologischen Daten für 1922 verwiesen.

Die Karte der Apfelblüte 1922
(S. 186)

zeigt eine allgemeine Ausdehnung der kälteren Zonen gegen die wärmeren. Eine Untersuchung über den Zusammenhang des Eintritts der Apfelblüte mit der Witterung, deren Veröffentlichung auf S. 191 ff. folgt, hat ergeben, daß im wesentlichen die Temperatur etwa der letzten drei Monate vorher für den Blühbeginn bestimmend ist. Prüft man daraufhin die Temperatur von 1922, so ergibt sich für Februar und April ein Zurückbleiben des Monatsmittels der Temperaturen um durchschnittlich je 1,5°, für März ein um 0,5° wärmeres Mittel. Für alle drei Monate bleibt also ein Minus von 2,5°, das die Verzögerung des Blühtermins verursacht.

Auf der Karte sind die 5 Ihneschen Zonen der besseren Übersicht halber auf vier verringert. Es fällt der Blühbeginn in der 1. Zone vom 22. bis 28. April, in der 2. vom 29. April bis 5. Mai, in der 3. vom 6. bis 12. Mai und in der 4. vom 13. bis 26. Mai und später. Eine starke Verzögerung hat die 4., die späteste Zone, erfahren. Ihre Grenzen sind um alle süd- und mitteldeutschen Gebirge zum Teil recht erheblich verschoben, ebenso rückt in der Norddeutschen Tiefebene die Grenze mit Ausnahme des Ostens weit nach Süden, etwa bis zur Linie Leer–Bremen–Havelberg–Küstrin.

Größere Ausdehnung erlangt auch die 3. Zone im Nordwesten über das Weser- und Emstal und im Südosten über die höheren Lagen des Donau-, Inn- und Salzachtales. Die früheste Zone fällt fast ganz aus bis auf die Gegend der Bergstraße (Heppenheim). Allerdings fehlen hier Meldungen aus dem oberen Rhein- und dem Moseltale.

Karte der Apfelblüte 1922 verglichen mit dem vieljährigen Mittel.

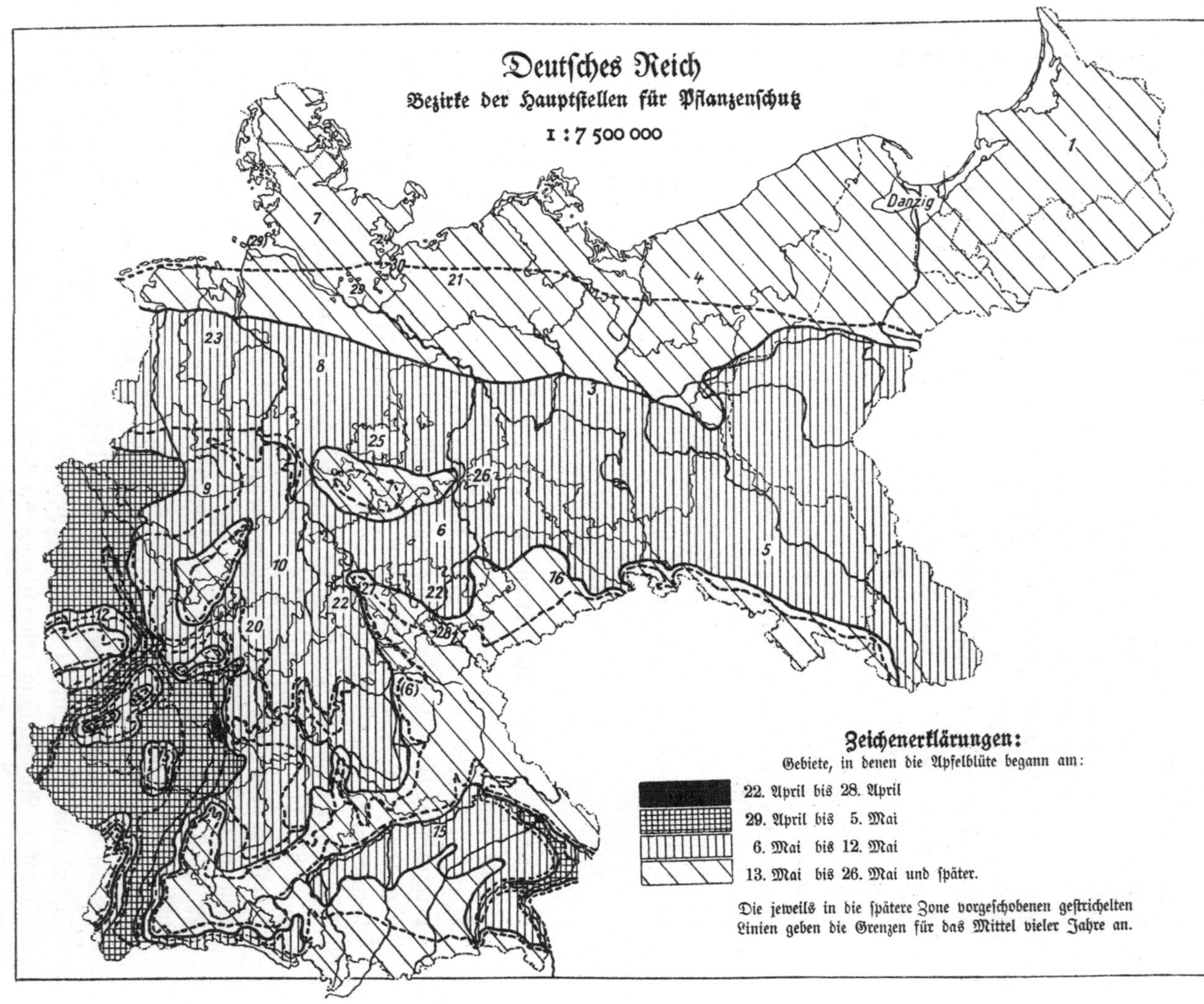

Karte der Roggenblüte 1922 verglichen mit dem vieljährigen Mittel.

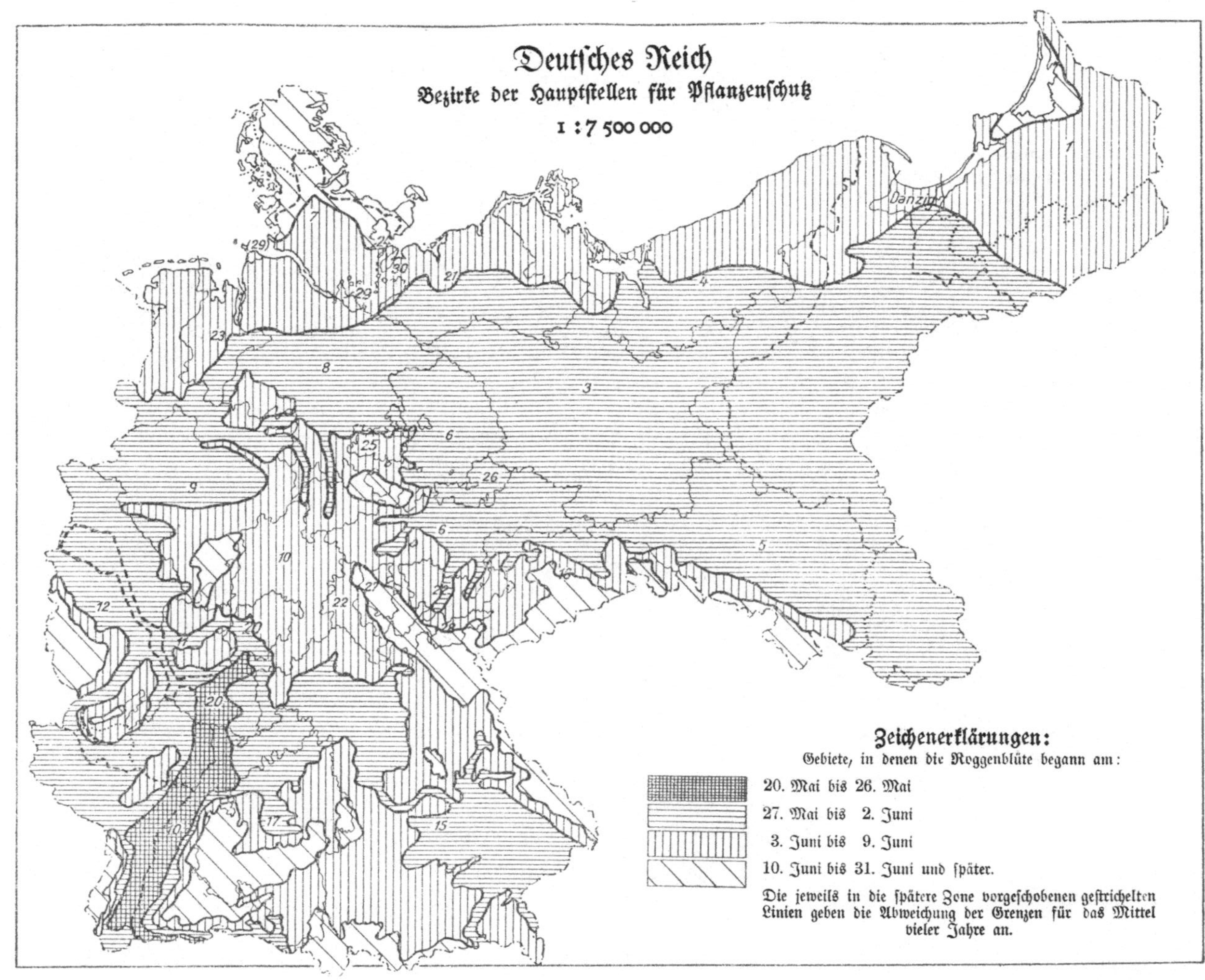

Karte der Roggenernte 1922 verglichen mit dem vieljährigen Mittel.

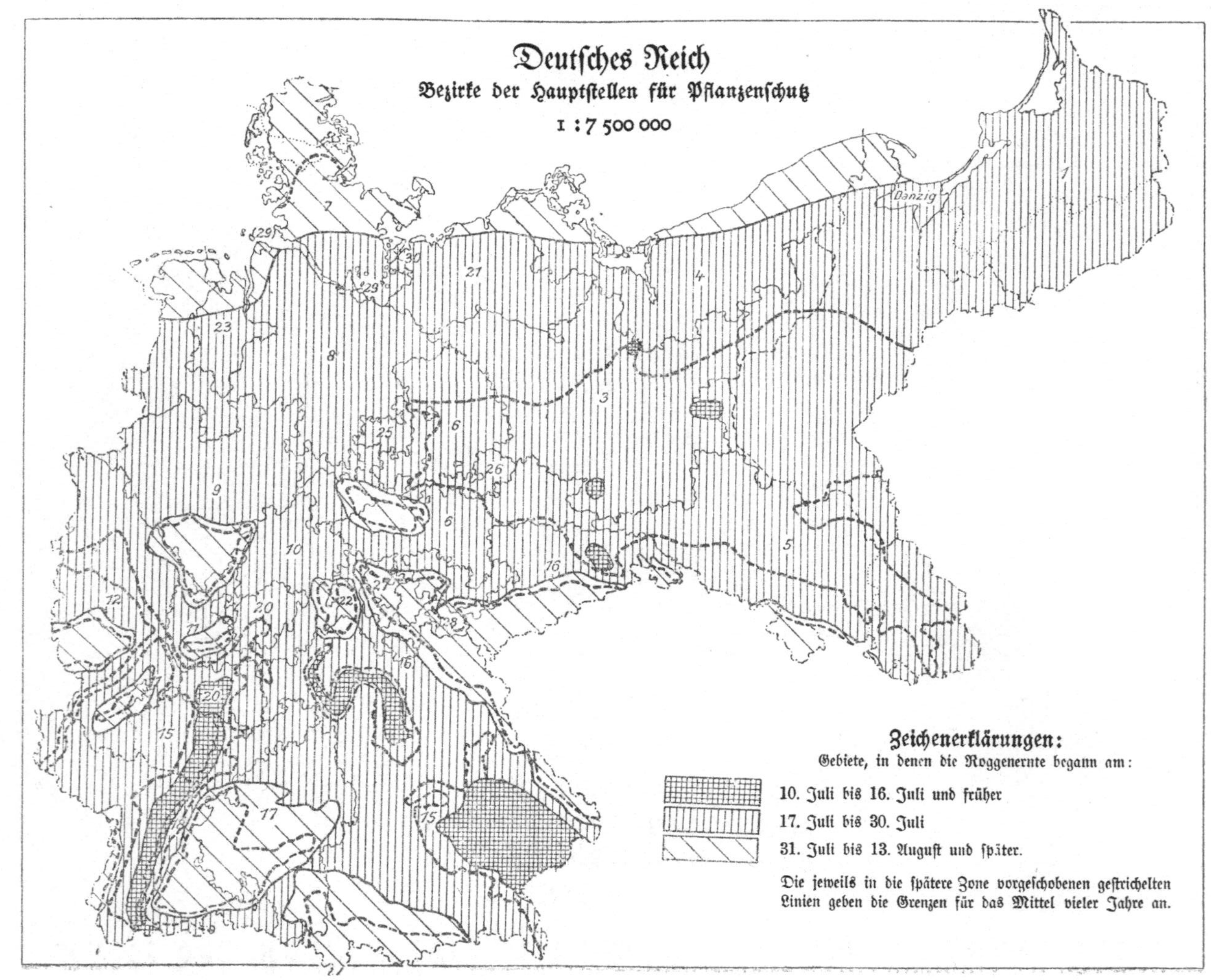

Karte der Winterroggenblüte 1922.
(S. 187)

Im Gegensatz zur Apfelblüte trat die Roggenblüte nahezu zu normalem Zeitpunkt ein. Das Ergebnis der Untersuchung über die Witterungseinflüsse auf die Entwicklung des Roggens ließ in der Hauptsache die Wichtigkeit der Temperatur der letzten drei Monate erkennen, also März, April, Mai, für die späteren Termine auch z. T. noch Juni. 1922 war im Durchschnitt der März um 0,5° wärmer als im Mittel, April 1,5° kälter, Mai 1,0° wärmer. Der Juni war in den späteren Blühgebieten kaum verändert gegen das Normaljahr. Es besteht demnach im Mittel keine merkliche Abweichung von der Normaltemperatur, die Grenzen zeigen aus diesem Grunde kaum eine Verschiebung.

Es sind auch hier wie bei der ersten Karte die beiden letzten Zonen zusammengefaßt. Die erste Zone umfaßt die Blühtermine vom 20. bis 26. Mai, die 2. vom 27. Mai bis 2. Juni, die 3. vom 3. bis 9. Juni, die 4. vom 10. bis 23. Juni und später. Eine Abweichung ergibt sich einmal in Schleswig-Holstein, wo die 4. Zone sich etwas nach Süden über Eutin und Kiel vorschiebt, und ferner in der frühesten Zone, wo das untere Rheintal etwa von Mainz abwärts diesmal ganz in die 2. Zone fällt. Während zur Begründung der Verspätung in Schleswig-Holstein die meteorologischen Unterlagen fehlen, findet sie für das Rheinland ihre Erklärung in dem Zurückbleiben der sonst im Januar und Februar hier wirksamen ozeanischen Erwärmung, wogegen in der oberrheinischen Tiefebene die Temperatur nicht im selben Maße gesunken war.

Karte der Roggenernte 1922.
(S. 188)

Auf dieser Karte sind an Stelle der 5 Zonen Schrepfers nur 3 dargestellt, da sich sonst das Bild wegen der vielen schmalen Zonenstreifen und kleinen Inseln zu sehr kompliziert hätte. Es sind unterschieden: 1. Zone (Frühdruschgebiete) vom 10. bis 16. Juli, 2. Zone vom 17. bis 30. Juli, und 3. Zone vom 31. Juli bis 13. August und später.

Die Reife des Roggens verzögerte sich 1922 vielerorts ganz erheblich. Da die Roggenblüte normal begann, kann diese Verspätung nur in der Witterung der Zeit zwischen Blüte und Ernte, also der Monate Juni und Juli, begründet sein. Es hat sich in der Untersuchung über die Phänologie des Winterroggens ergeben, daß für die Reifedauer die Temperatur, außerdem aber auch die relative Feuchtigkeit bzw. die Niederschlagsmenge der Vormonate bestimmend ist. Für 1922 bestand nun im Juni wenig Unterschied der Temperatur gegen das Normaljahr, der Juli war dagegen etwa um 1° kälter. Die Regenmenge betrug für Juni und Juli im Durchschnitt, besonders für das nordöstliche Frühdruschgebiet, 150% des Mittels, und damit erklärt sich der fast völlige Ausfall dieses Bezirks. Wenige Stationen meldeten hier frühe Ernte. Sie sind als Inseln in der Karte eingetragen. Nur für die Gegend von Dresden sind gleichzeitig auch die meteorologischen Daten vorhanden, und hier ergibt sich eine ausreichende Übereinstimmung mit der kurzen Reifezeit. Juni und Juli zeigten nämlich in der Temperatur keine Abweichung vom Mittel, die Regenmenge betrug für beide Monate sogar nur 64% des Normalwertes, die klimatischen Voraussetzungen einer frühen Ernte waren damit also gegeben. In ähnlicher Weise läßt sich auch in anderen Gebieten die Verschiebung des Erntebeginns auf eine Änderung der Witterung gegen den Mittelwert zurückführen.